云南专史丛书

主　编　杨正权
副主编　沈向兴　陈光俊　侯　胜　陈利君　黄小军
执行主编　杜　娟

云南省社会科学院历史、文献研究所 编

蒋文中 著

云南专史丛书

云南茶史

云南人民出版社

图书在版编目（CIP）数据

云南茶史 / 蒋文中著. -- 昆明：云南人民出版社，2022.12（2024.10重印）
（云南专史丛书）
ISBN 978-7-222-21829-1

Ⅰ.①云… Ⅱ.①蒋… Ⅲ.①茶文化—文化史—云南 Ⅳ.①TS971.21

中国国家版本馆CIP数据核字（2023）第017145号

首版编辑	郭木玉
重印编辑	溥　思
助理编辑	巫孟连
封面设计	张力山
责任印制	代隆参

云南专史丛书

云南茶史

蒋文中　著
云南省社会科学院历史、文献研究所　编

出　　版	云南人民出版社
发　　行	云南人民出版社
社　　址	昆明市环城西路609号
邮　　编	650034
网　　址	www.ynpph.com.cn
E-mail	ynrms@sina.com
开　　本	787mm×1092mm　1/16
印　　张	24
字　　数	360千
版　　次	2022年12月第1版　2024年10月第2次印刷
印　　刷	昆明美林彩印包装有限公司
书　　号	ISBN 978-7-222-21829-1
定　　价	108.00元

云南人民出版社
微信公众号

序

  对于此刻的我们来说，过去就是历史。然而，我们却不能反过来说，历史仅仅就是过去。因为现实的存在，一般都有着或长或短、或隐或显的历史。历史既属于过去，又属于现在，或许还能延伸到未来。它似乎能穿越时空：通过能够承载和传递信息的各种方式，通过鲜活的记忆、生动的影音、枯燥的文献，乃至尘封的文物和细微的痕迹，或者通过经验的积累、知识的传播和文明的传承。

  于是，人们常常回顾过去，理解历史。期望通过理解历史部分达成对现实的理解，以减少、消解现实与未来发展中面临的种种不确定性。人们或许还以自己的理解为基础，对历史、历史与现实做出阐释，与别人分享自己的理解。而在理解与阐释中，人们已自觉不自觉地进行文化的传播和文明的传承，有意无意地为现在、为将来的发展，做着或许有益的准备和铺垫。

  历史延绵不绝，每天都在添加新的内容，对历史的理解与阐释，同样持续而日新；历史内涵丰富、复杂而多样，对历史的理解与阐释，更不免各不相同，仁智互见。于是，人们尝试以专业化的方式，加深对历史的理解，强化对历史的阐释。而历史理解、历史阐释的专业化，又与文化自觉、文化自信互为表里，并在与文化自觉、文化自信以及跨文化交流的相互作用中，培育形成了历史学，不断丰富、完善和发展着历史学。

  诚然，不同时期、不同条件下，人们对历史、对历史学的热情不可能、也没必要特别炽热。现实的紧迫、匆忙、奔波与疲惫，不会给我们留下太多怀旧的闲暇，还不免加速着我们对过去的遗忘。倒是社会的重大变化与发展，特别是文化自觉的唤醒与跨文化交流的拓展，易于引起人们对过去的回顾，使人们关注历史。于是，理解和阐释历史，更多地与增强文化自信、增进跨文化交流，与理解、认识乃至改变现实的期望，相互交织在了一起。远的姑且不说，在20世纪的中国史上，新文化运动中人们关注历史、反思历史，30年代中国社会史论战渐入高潮，50年代系统编纂中国通史的同时，开展了规模浩大的少数民族社会历史大调查……

在系统编纂中国通史、全面开展中国少数民族社会历史调查的背景下，云南省历史研究所的前身——云南少数民族社会历史调查研究所于1956年正式成立。1980年又以历史研究所等研究机构为基础，建立了云南省社会科学院。当然，院内也设了历史研究所。56年来，从云南地方史料的搜集整理、摘抄出版，到揭示云南历史发展特点及其与中国历史发展的整体性；从云南少数民族社会历史调查，到各民族史志和《云南少数民族》的编写；从研究中国云南与周边国家关系的历史与现状，到探讨全球化进程中的云南对外开放；从探究人类在云贵高原的起源、梳理古代云南历史发展的脉络，到阐述近现代中华民族复兴进程中的边疆发展；从参编《云南各族古代史略》到出版《云南近代史》，到编纂6卷本《云南通史》……在文化自觉与文化交流曲折发展的进程中，云南省历史研究所、云南省社会科学院的区域史、地方史、专门史研究，沿着系统化、专业化、专题性的方向，逐步纵深推进。

自然、生态、民族、社会、文化及其相互关系的多样性，与历史本身多样性的叠加，进一步丰富了云南区域史、地方史的内涵。以往的区域史、地方史、专门史研究，业已揭开了立足云南历史多样性开展专题研究的新篇章，揭示了继续推进专门史研究的广阔空间；也为理解云南历史、现状，探索云南的发展，做出了贡献。而日益提升的文化自觉，逐步增强的文化自信，不断扩大的跨文化交流，特别是边疆民族地区科学发展与中华民族伟大复兴的紧密依存，及其与信息化、全球化之间的多边互动，也已初步昭示了云南专史研究的广阔前景。于是，在云南省社会科学院的"十二五"规划中，把"历史文献整理与重大历史课题研究"列为未来五年将进一步深化、拓展的重点研究领域。我们主要依托历史研究所、文献研究所，在丰富而多样的区域史、地方史领域，力所能及地为专业化、专题性的历史研究、文献整理搭建一个平台，编辑出版"云南专史丛书"。

云南省社会科学院历史、文献研究所将秉承专业化、专题性的宗旨，立足云南历史发展的多样性，立足历史学对差异性、多样性的理解与包容，从整体史观、全球史观的角度，以前沿性、创新性的史学著作为重点，兼顾各种史料及中外文献的搜集、整理、翻译，综合确定选题，编为专书，逐年出版。希望通过一段时期的积累，形成一个新的、和而不同的专史系列；并希望借助历史本身的连续性，为现在及将来的文明传承、跨文化交流与文化创新，为社会的科学发展做一些力所能及的准备和铺垫。

诚然，这是我们的初衷，也仅仅是我们良好的愿望。沿着这个方向能走出多远，当然需要乐于参与这项工作的全体作者、编者齐心努力，更需要得到社会各界和学界同仁的支持、帮助和赐教。我们真诚地希望能得到大家的关心支持和批评指正，共同为史学研究的深化与拓展，为文化的繁荣和发展，为云南的科学发展，做一些有益的工作。

王文成
2012年1月20日

目 录
CONTENTS

序 ·· 001

前 言 ·· 009

绪 论 ·· 013
  云茶历史发展概述 ·· 014
  云茶在中国乃至世界茶业中的地位及作用 ················ 023
  云茶发展源流与区域茶文化形成 ······························ 037

古代云南茶业 ··· 063
  云南种茶业的开篇 ·· 064
  元、明时期云茶的发展 ··· 085
  清代云茶生产贸易的大发展 ····································· 107

近现代云南茶业 ·· 171
  普洱茶的外贸出口 ·· 172
  帝国主义对云茶经济的掠夺 ····································· 192
  抗战中凤凰涅槃的云茶 ··· 204

当代云南茶业 ·· **227**
  新中国成立至改革开放前的云茶 ················ 228
  改革开放　厚积而薄发 ································ 244
  一韵千年的跨世纪发展 ································ 263
  调结构、育品牌、拓市场 ···························· 274
  实现千亿产值大产业 ···································· 291

茶与云南民族社会历史发展 ··························· **301**
  茶与云南民族社会经济 ································ 303
  茶与民族关系及边疆巩固 ···························· 309
  茶与多元民族文化的交流与融合 ················ 311
  茶马古道的历史意义和作用 ························ 316

云茶大事记（前 1066—2020 年）··············· **325**

后　记 ·· **369**

序

多年前，当我捧读陈椽老先生的《茶叶通史》时就在想：什么时候能有一本《云南茶叶通史》就好了。

为何这样讲？如今，人们都知道茶源于中国，中国的茶文化古老而博大，但是茶界以外的许多人至今仍然不了解"茶树主要原产地在云南"这样一个茶之基本事实。

查阅古时历朝历代浩如烟海的史料，很难发现其中有关于云南产茶的记载。虽然个中原因极为复杂，但对以茶文化影响世界的中国、对茶树原产地云南而言，不能不说是一大缺憾。

时光如梭。一眨眼，牛年接近尾声，虎年正在向我们招手。这个愿望终于实现了。

作为2022开年读的第一本书——《云南茶史》，我认真读完后感慨良多。书的作者是云南茶文化界的知名大咖蒋文中先生。

认识文中先生时间不长，但印象颇深。那是2021年7月10日在西南林业大学举办的首届云之南茶文化研讨会上。会前，我与他还不认识。那天上午，我应邀在研讨会上做了一个"从云南看茶文化传播"的主题演讲；中午正在学校食堂吃自助餐时，老朋友郑晓云教授忽然带一人走到我面前引见，我与文中先生这才认识。文中先生夸我上午的演讲好、研究得深，我向他表示了感谢。那时，我还从未读过他写的任何一本专著。

下午，会议休息间隙，文中先生又过来与我交谈。

当我们聊起都是七九级大学生、都是同年生人属虎时，相互间的距离一下子拉近了许多，共同语言和共同话题也自然多了起来。特别是我们都喜欢普洱茶，也都喜欢茶文化，这让我们共同探讨的内容就更加丰富多彩。

本以为这样一次礼貌性的交流会随着会议的结束而如往昔类似的经历一样就此画上句号。孰料，此后文中先生数度邀我品茶，并陆续送给了我几本他已经出版的著作，有《爱随茶香》《茶马古道研究》《云茶史志辑考》，这让我对他的治学与为人有了更多的了解，也对他与普洱茶的一些机缘奇遇留下了深刻的印象。

序

去年年底的一天，我得知他的《云南茶史》书稿已经脱稿，准备交出版社出版时，便表示希望他大作出版后能送我一部，不想这反而给我"惹"来了一桩让我为难的事。他当即提出请我为他的这部专著写序。我想，或许是文中先生注意到了我这些年在《光明日报》发表的一些关于云南茶文化、云南茶产业文章的缘故。

我连忙推辞。我跟他讲，我大学是念中文的，现在干的又是新闻，不是学历史的，加之我对历史研究，特别是对云南的茶叶史研究十分欠缺，怎好给这样一部学术专著写序呢？但他一再恳请我为此作序。盛情难却，也考虑到近些年我为了写《洱海传》对云南古代历史下了点小功夫，于是，我便答应勉为其难。

细说起来，我对云南茶叶问题的兴趣缘起于20世纪90年代。当时，我作为《人民日报》派驻云南的记者，时常到滇南边远民族地区采访当地的脱贫问题。那时候，谁又能想得到那漫山遍野、见惯不惊的茶叶竟然能成为让他们摆脱贫穷的"金叶子"呢？包括普洱茶在内的云南茶叶，当时远没有今天这样值钱，大都一两块、几块钱一斤，所以当时那些地方的布朗族、哈尼族、基诺族、拉祜族、佤族等少数民族群众仍然十分贫穷。后来随着普洱茶的崛起，茶叶改变了那里的落后面貌。

近些年每当我为了报道云南的脱贫攻坚问题，常常到西双版纳、普洱、临沧、保山等地的茶山调查茶产业为当地少数民族群众脱贫所做的重要贡献时，我就深深地感到茶叶这样一片树叶竟产生了神奇而巨大的作用，也常常想深挖茶叶背后的历史文化，痛感学界至今还缺乏一部专门写云南茶叶通史的专著。

令人欣慰的是，时至今日，幸有文中先生挺身而出，为大家、为社会奉献了这样一部急时代之所需的茶史著作。

《云南茶史》洋洋洒洒数十万言，确实是一部分量不轻、字数不少的学术专著。这是一部关于云南茶叶发生发展的通史性专著。文中先生从茶叶在远古时候的利用，一直写到当代的今天，时间跨度很长，所牵涉的史料很多，工作量之大、困难之多非常人所能想象。最值得称道的是，它填补了云南茶叶通史研究出版的一个空白。

在我国古代很长的一个历史时期里，云南一直被中原主流文化视为遥不可及的"蛮夷落后之地""化外之邦"。与中原、沿海等地区相比，历代的历史文献里有关云南的记载本就缺乏，而其中关于云南茶叶的史料更是少之又少。

虽然远古时炎帝神农氏就发现并利用了茶叶，但直到唐宋时期才形成举国上下的"饮茶之风"，茶文化这时也才开始在西安、开封、洛阳、杭州、徽州、建瓯、泉州、广州等中原及沿海一带大规模地传播开来。

奇怪的是，那个时候的古人虽然好饮茶，却在很长一段历史时期里以为只有浙江、安徽、福建一带产茶，并不知道茶叶最早源出云南，所以史料中鲜有关于云南茶叶的记载，间或偶尔有之也多为只言片语，且道听途说、以讹传讹者居多。

原因何在？交通的阻隔起了严重的封闭作用。清朝光绪年间由官办的云南课史馆编撰的《全滇纪要》，在讲述普洱府（这里是云南普洱茶主产区）时有句话很形象——"秦汉以后不通中国。"正是由于云南与中原内地相距太过遥远，且有重重高山险峰与激流滚滚的江河所构成的天堑阻挡，才使得历代中央王朝对云南的统辖一直是鞭长莫及和心有余而力不足。秦朝开凿五尺道，原本想打通中原到云南的通道，可惜很难。古滇国、南诏国、大理国这些地方政权能够长期存在并割据一方，更是说明了交通的封闭成了他们自我保护的一道天然屏障，所以云南和中原内地互不了解便是很自然的事了。这种封闭状况一直持续到了元朝才开始有了较大的改变。

到1253年，元世祖忽必烈亲率蒙古铁骑，灭掉了割据云南数百年的大理国，同时一改北宋不敢染指云南的做法，把云南设为元朝的一个行省，以"武统"实现了云南与中央王朝的政令统一，但云南与中原内地的交通依然充满了艰难险阻，十分不便。

也正是因为这"难于上青天"的交通极大地限制并阻碍了云南与中原的文化与经贸往来和交流，所以几千年来中原对云南了解很少

很少,误解与谣传却很多很多。再加上受到交通、植物学等因素的制约,不像如今这样有先进便捷的互联网通信技术,中原人不知云南有茶这一现象就很好理解了。

就连被尊为"茶圣"的唐人陆羽也对此茫然无知。他在其影响力巨大的《茶经》中,把当时唐朝所辖的产茶区做了一个大致划分,分为八大产区。但是由于时代局限和历史局限,陆羽没有到过云南,自然不可能对云南的茶山做考察,其书中自然就缺失了云南茶叶的记录。

另外,就笔者分析,可能还有一个重要因素——云南一带的地界上当时存在着一个势力不俗、敢与吐蕃联手和大唐对抗的南诏国。陆羽写《茶经》的时间为唐朝的上元初年,皇帝是唐肃宗李亨,这是在李亨的父亲唐玄宗发动唐军攻打南诏国的天宝战争后不久,双方处于敌对状态,作为大唐子民的陆羽很可能认为南诏国不应算在大唐的地盘里,所以他在《茶经》中丝毫没有谈及云南茶叶。

目前见诸史籍资料中、学界公认的最早最确切记载普洱茶乃至云南茶叶的史料当是唐代樊绰所著的《蛮书》,其中有这样简单的几句话:"茶出银生城界诸山。散收,无采造法。蒙舍蛮以姜、椒、桂和烹而饮之。"文中的"银生",经史学专家考证,指的是几乎与唐王朝共存的南诏国下辖的银生节度,其治所就在今天普洱市的景东县城。该书的成书年代大约在唐懿宗咸通三年(862年),比陆羽的《茶经》要晚100年。不过,樊绰在书中对云南茶叶也只是点到为止,并没有过多讲述。

依我浅见,崇山峻岭与"远在天边"所导致的"茶信息"不通是十分重要的原因之一。新中国成立后,云南铁路、公路、航空等基础设施日臻完善,特别是当代高科技手段互联网的出现,以往这种"茶信息"不通的状况才有了根本的改变。

近些年来,随着茶产业的飞速发展,云南茶文化研究风生水起,出版的茶书很多,但多偏重于普洱茶、红茶等的常识性的介绍或者是某方面断代史的研究,总体上缺乏一部从古至今完整讲述云南茶叶历史的通史性研究专著。因此,《云南茶史》的写作与出版实乃应需而生,恰逢其时。

我特别注意到,作为一个几十年从事云南地方史研究的学者,文中先生从云南的实际出发,逐渐养成了在研究中尽可能地与田野调查相结合的学术品格,而这一优点恰恰是不少从事学术研究者需补上的短板。

从文献到文献、从资料再到资料,这在以往众多的学术研究中,是一个基本且常见的套路。这次,《云南茶史》与其他人的学术专著有一个很大的不同,就是文中先生在写作的时候,打破了固有的一些学术藩篱,走出书斋故纸堆,走出大城市,走进深山老林,将审阅史料和现实印证相结合,把理论研究与田野考察相结合,真正做到了把茶山写在茶书上,把茶叶写在茶文里。为了实地考察茶马古道,他曾经多次沿着当年马帮运茶进藏的山间小路,跋涉12000多公里,从茶乡西双版纳走到西藏,直至尼泊尔,创造了自己一生中考察时间最久、线路最长、海拔最高、穿越雪山最多的纪录。

不仅如此,文中先生还长期坚持深入云南边远山区的布朗族、哈尼族、傣族、基诺族、拉祜族、佤族等聚居的山寨,与各少数民族茶农广交朋友,实地调查云南茶叶的现状,亲自参与普洱茶的加工,甚至自己捐资帮助某山寨的少数民族群众建立茶叶合作社,发展茶叶生产。如此义举,早已经超出了做学问的范畴。这就使这本著作更加接地气,更加有人文情怀,更加与云南茶业的实际相吻合,也更加不同凡响。

"尽信书,则不如无书。"这是先哲孟子早就教导我们的。在近20年的云南茶史研究中,文中先生在查阅了大量相关史料的基础上,结合自己的实地田野调查,披沙拣金,做了许多分析与证伪。在本书中文中先生对一些似乎已经被众人视为"定论""公论"的观点,不仅敢于质疑,还敢于坚持独立思考、亮出自己的新的学术观点。比如,文中先生对樊绰《蛮书》中的"茶出银生城界诸山"提出了与一些史学专家不同的解释,他认为"银生城界诸山"作为

南诏国开南节度使（后改银生节度使）管辖界内的茶山，不仅指西双版纳一带的"六大茶山"，还应包括普洱及临沧等澜沧江中下游地区，因为这一地区同样是国际茶界公认的世界茶树原产地中心地带和普洱茶的主产区。

再如，"普洱本地本不产茶"是茶界流行至今的一个主流观点，清代阮福在其著名的《普洱茶记》中称："所谓普洱茶者，非普洱府界内所产。"这一说法为后人广为引用。而文中先生通过认真查阅其所能找到的各种史料，辅以去普洱市的实地考察，进行了重新考证，认为上述观点纯属一种误解，并提出古时候普洱茶之所以叫普洱茶，是与当地有一座"普洱山"有关。他的这种勇于探求真理、不人云亦云、不迷信史料与权威的精神着实难能可贵。

需要说明的是，文中先生对云南茶史的研究不是一时兴起，也不是跟风赶时髦。他说："我们研究继承的不只是一个简单的茶叶经济和历史文化，更是一份保护与传承中华民族优秀的茶文化遗产及弘扬民族精神的责任与使命。"从他这些年的经历与已出版的著作中，人们能够深深感受到文中先生对茶文化的极端热爱与坚持。我在与他的几次茶叙中得知，早在2005年，长期在云南省社会科学院从事云南地方史研究的文中先生就已经有了不少普洱茶方面的专著出版。

不过少有人知的是，他的茶文化研究之路并非一帆风顺。至今，仍有个别人对他关于云南茶文化的研究表示质疑，甚至有人嘲讽他："你一天到晚茶来茶去，一片小树叶能做出大文章吗？"然而，为了汲取云茶传统价值并探索云茶的现当代发展方向，为构建云南甚至中国茶史及茶文化在学界的话语体系贡献一份力量，文中先生顶着压力与诸多困难，始终初心不改，甘于坐冷板凳，乐于爬茶山，勤于著述，撰写、参编并出版了《中国普洱茶》《中华普洱茶文化百科》《古茶乡韵》《云南普洱茶春夏秋冬》《中国普洱茶百科全书》《云茶大典》《茶马古道研究》等，著述颇丰，为云茶产业的发展、茶文化的传播和人才培养等都做出了贡献。让人刮目相看的是，早在2008年11月，在广州由中国国际品牌协会、中国新闻传播中心举办的2008

中国茶品牌大会"金芽奖""陆羽奖"活动中，文中先生被评为2008首届"陆羽奖"国际十大杰出贡献茶人。这也从一个侧面说明了他的努力获得了社会的肯定。

正是凭着这样的情怀与坚守，嗜茶如命的文中先生几十年如一日，终于在云南茶文化研究领域闯出了一条属于他自己的光明之路。

写到这里，我想起了文中先生的一段感言："茶如大地和人生的史诗，世界上没有哪个地方如云南茶如此之古老，没有哪一个地域像云南有如此众多的民族围绕着茶相依共融，没有哪一条路如茶马古道可唤起人们对这片高原大地如诗的吟诵！作为历史悠久的普洱茶文化，不仅是云南，也是中国和全世界共同拥有的一笔宝贵的自然和文化遗产，深入发掘云茶历史文化价值有着重大的现实意义。"

文中，文中，文如其名，果然能文且中！

任维东[①]
2021年10月于昆明

[①] 任维东，高级记者。先后任《人民日报》驻云南记者站副站长、深圳记者站站长，2003—2022年一直任《光明日报》云南记者站站长。

前 言

茶源于中国，传于世界，自古以来就被誉为中华民族的"国饮"，并逐渐成为一种文化象征。茶文化历经千年，成为中华优秀传统文化的组成部分。茶从历史深处走来直至今天，对中国乃至世界的物质文明和精神文明都发挥着重要作用。经过几千年的发展与传播，茶叶的种植和使用早已跨越了一个地区或民族的界线，成为一种有着经济、文化等多重意义的产业。它发源于云南，传入中原地区，再传到世界各地，形成了蔚为壮观的"茶叶世界"。从北京奥运会开幕式的巨幅"茶"字，到习近平主席在多次出访和与外国元首茶叙中介绍论述茶，不仅宣扬显示了茶文化在中华文明中的分量，而且以中国茶文化之"和"诠释了人类文明的兼容性。2021年3月22日，习近平主席在武夷山考察时指出，"要把茶文化、茶产业、茶科技统筹起来"，让茶产业"成为乡村振兴的支柱产业"，为茶业发展指明了方向。

当前是中国全面建设社会主义现代化国家的重要阶段。5000年悠久灿烂的中华茶文化，为人类文明进步做出了巨大贡献，它不仅是中华民族生生不息、国脉传承的重要精神纽带，而且是中华民族物质与精神生活的一项重要内容。弘扬茶文化，加快云茶产业发展，使之不仅可成为促进经济发展、巩固拓展脱贫攻坚成果、促进乡村振兴和共同富裕的重要补充，而且能在促进物质与精神文明协调发展、激发民族生命力、增强民族凝聚力、提高民族创造力等方面发挥不可忽视的作用。

茶有益于身心健康，有利于人际交往。中国茶文化中的"和、静、怡、真"体现了中国人民对美好生活的向往和追求。随着经济的发展和人民物质生活、精神生活需求的日益提高，作为国饮的茶受到了人们前所未有的关注，中国茶文化研究在应用于茶产业的建设方面也越来越体现出巨大价值，受到政府和社会的高度重视，从而要求我们不断拓宽研究领域，跟上时代发展的步伐，在促进科研成果转化应用中责无旁贷地承担起弘扬中国茶文化的责任。

云茶作为中国绿色经济产业和文化产业之一部分，同中国其他名优茶产品一样正迅速发展为又一重大经济和文化亮点，与此相应的在茶文化方面的研究同样也发展迅速，特别是对普洱茶的研究已相当丰富，但至目前为止，仍有许多方面需继续深入，尤其是缺少一部从宏观到微观、全面系统深入完整地对云南茶史进行专门研究的著作。本书的研究出版，不论是对政府发展云茶产业，还是对茶界人士从事教学科研，均具有一定的历史借鉴及学术研究参考价值。

当前，以普洱茶为首的云茶产业的发展仍迫切需要加大文化内涵的支撑。云茶产业的文化根本在于历史文化和民族文化，只有不断丰富和加深其中历史和民族文化的内涵，才能使普洱茶成为云南甚至中国又一真正的特色品牌，才能推进普洱茶及中国茶文化产业走向全国乃至全世界。

本书始终坚持以历史唯物主义的史学研究方法对云南茶史加以科学而客观的研究，体现在：一是将云南茶史放在中国茶史的文化背景及与内地相互影响的交流中去研究；二是将以普洱茶为代表的云南茶史放在云南的特殊人文地理环境和不同时期历史发展中加以研究；三是在云南民族茶文化与内地茶文化的比较研究中找出普洱茶文化的特征和云南民族文化对普洱茶文化的影响等。只有这样，才能真正去认识云茶、发展云茶，弘扬中国茶文化。

本书在编写过程中得到了云南省社会科学院历史、文献研究所所长杜娟，光明日报社云南记者站站长、高级记者任维东先生，云南省社科联原主席范建华教授，以及《云南日报》理论部主任、高级编辑耿嘉先生的帮助和支持，参阅了茶学、茶文化学及历史学众多学者如陈椽、庄晚芳、方国瑜、林超民、邓时海、黄桂枢、蒋铨、张顺高、李旭、江燕等的研究成果及云南省人民政府办公厅茶叶产业发展办公室、云南省农业农村厅、云南省茶叶流通协会的一些统计数据及报告，在此向这些辛勤耕耘的学者和为本书的出版提供大力支持的部门致以衷心的敬意和感谢。

由于水平有限，书中不当之处敬请批评指正。

蒋文中
2021年10月于昆明

绪论

云茶历史发展概述

中国云南是世界茶树的原产地中心和最早的茶文化发祥地之一。云南古茶树种质资源十分丰富且年代久远。截至2009年,全世界发现的茶属植物有4个系、37个种和3个变种,几乎都分布在中国西南,仅云南茶区就分布有4个系、31

临沧凤庆香竹箐3200年的"锦秀茶祖"

个种和2个变种,占世界已发现茶种总数的82.5%,其中云南独有25个种、2个变种,且不断有新种和变种发现。[1] 得天独厚的云南大叶种茶树占茶树种植面积的90%以上,形成全世界茶树植物重点分布区域。世界上最早的距今约3540万年的茶科植物景谷宽叶木兰化石在云南景谷的出土及现还遗存的从几百年到两三千年的20多万亩大叶种古老茶树,是较印度阿萨姆种更原始、起源更早的茶树,充分证明了中国云南不仅是茶树的原产地,而且其丰富的古茶树种质资源在全世界绝无仅有,是茶源于中国、传于世界的有力见证,对当代茶科学、茶文化研究与产业开发具有十分宝贵的价值。

世居于云南的少数民族最早发现野生茶叶并加以利用,也最早驯化、栽培、种植和使用茶,对茶叶的传播有重大贡献。经研究发现,

---

[1] 参见字光亮:《论云南古茶树种质资源和群落分布在世界上的地位和作用》,《农业考古》2009年第2期。

云南大量上千年栽培型古茶园、古茶树是云南古老先民濮人最早种下的。至今，布朗族、基诺族、德昂族等多个民族仍把鲜茶叶当作菜肴，被称为茶史中以茶为食的"活化石"。

作为世界上最早的茶农，云南少数民族与我国其他各民族一道，共同创造了历史悠久和丰富多彩的茶文化。各民族在长期的丛林生活中，懂得了利用丛林进行生产和生活，从而发现和利用野生茶叶，并广泛流传。他们在对茶叶进行长

采茶的基诺族妇女

期的生产及加工、饮食中，不断积累经验，在与其他各民族进行茶文化交流及相互影响下，对茶叶有了更科学的认识，不断将茶叶发展为有一定生产、加工和销售规模的农业组成，使之最终成为云南山区各民族持续发展至今稳定的经济来源之一。

云南各民族千百年来在对茶的栽种、加工、储存、药用、食用及饮用中积累了无比丰富的经验和技艺，并在与中原文化交流的过程中形成了各个民族独特而又无比丰富多彩的茶文化，并不断将这种文化积淀为一种民族文化，体现于日常饮食习俗中，以茶礼、茶俗展现出来，显示出自己独有的茶艺、茶道。如傣族、拉祜族和佤族的竹筒茶，以及僾尼人的土锅茶、基诺族的凉拌茶、布朗族的青竹茶、佤族的烧茶和烤茶、哈尼族的哈尼节节、白族的三道茶、纳西族的龙虎斗、傈僳族的雷响茶和油盐茶、藏族的酥油茶、彝族的打油茶等，成为中国茶文化百花园中具有云南独特地方文化的绚丽奇葩。其中，根植于云南民族茶文化发展起来的、具有悠久历史的普洱茶，积淀了博大深厚的文化内涵，并发展成为世界著名的中国历史名茶。

今天仍广袤分布在云南各大茶山的珍贵的古茶树种质资源和古老茶园、茶马古道等遗迹，以及各个民族古老独特而又无比丰富多彩的茶文化，是中国乃至世界茶业发展的活历史。至今仍存活的众多

有着上千年树龄的古茶树与众多史籍文献记载一起构成了一座历史悠久的集植茶、做茶、饮茶、贸易和茶文化于一体的活宝库，是研究世界茶文化的资源库，是人类发现、利用、驯化、培育、传播、发展茶叶的活文化。

现有大量研究表明，云南茶叶发展始于商周，兴于两汉，传于三国，商于唐宋，名于明代，盛于清朝，衰于民国，享誉并大发展于现代。云南茶叶在中国茶业史上一直发挥着重要作用，并成为云南经济的重要组成部分。自古以来，云南茶业发展与边疆社会经济发展及历史上的普洱茶贸易联系紧密。普洱茶在唐宋时就已通过茶马古道不断销往四面八方，尤其是销往西藏。清代阮福《普洱茶记》记载："西蕃之用普茶，已自唐时。"[1] 宋代茶马互市，云南以盐、茶、马为主要商品，贸易达到了前所未有的兴盛，进一步推动了云南茶叶的发展。明代中后期至清代及近代是普洱茶发展的鼎盛时期。明万历年间《滇略》卷三载："士庶所用，皆普茶

镇沅千家寨2700年的野生茶王树

采茶的民族妇女

也。"[2] 清代，因贡茶需求不断增大，清政府特对今普洱茶区及西双版纳古六大茶山实施管理，并推行茶叶生产发展措施。以攸乐、革登、倚邦、莽枝、蛮砖、曼撒为主的西双版纳古六大茶山等产茶区，在清代中期已年产干茶8万担（旧衡制100斤为1担）。据史料记载，清

---

[1] 道光《云南通志·物产三·普洱府》。另见方国瑜主编：《云南史料丛刊》第十二卷，云南大学出版社2001年版，第529页。
[2]（明）谢肇淛：《滇略》卷三，第235页。

顺治十八年（1661年）仅销往西藏的普洱茶就达3万担之多。茶业的兴盛带动了滇南、滇西南及茶马古道沿线社会经济的发展。

从清代至民国初年，在云南南部广袤的沃土上到处有种茶、制茶、卖茶的踪迹。茶山马铃回荡，商旅塞途，茶叶生产贸易十分兴盛。清代嘉庆四年（1799年）檀萃的《滇海虞衡志》中写道："普茶名重于天下，此滇之所以为产而资利赖者也。出普洱属六茶山……周八百里，入山作茶者数十万人，茶客收买，运于各处。每盈路，可谓大钱粮矣。"[1]记载了普洱茶贸易的盛况。此外，《云南通志》《普洱府志稿》《大清一统志》都有"蛮民杂居，以茶为市，衣食仰给茶山"[2]的记载。除古六大茶山外，还有西双版纳以今勐海为中心的南糯、勐宋、布朗、巴达等茶山，思茅景迈、普洱、景东、景谷、澜沧，以及临沧今双江、永德、凤庆、云县等沿澜沧江中下游广大区域都是普洱茶的主产区域及其贸易的重要集散地，并围绕茶业贸易不断拓展从景洪、普洱、临沧到大理、丽江、迪庆再到西藏直至南亚东南亚的茶马古道，以及从玉溪、昆明、曲靖、昭通至贵州、四川直至北京的贡茶大道。茶叶贸易进一步促进了云南交通网络和众多商业集镇的形成，极大地带动了西南众多民族的交往交流交融及社会经济的发展。

但遗憾的是，由于西方列强及日本帝国主义的入侵和社会动荡，历史上盛极一时的云茶经济走向了衰落，直到中华人民共和国成立以后，云茶生产才逐步恢复过来。从20世纪五六十年代起，云南省政府便致力于抓茶叶发展，垦复老茶园、大力发展新茶园，并重点发展云南大叶种红茶及绿茶，以满足国际茶叶市场的需要。20世纪70年代，云南茶叶进出口公司开始自营出口普洱茶、红茶，为满足外销市场对普洱茶的需求，首先在昆明茶厂成功试制了现代普洱茶，形成了生普洱、熟普洱并驾齐驱的发展模式。

党的十一届三中全会后，在云南省委、省政府的坚强领导下，各

---

[1] 方国瑜主编：《云南史料丛刊》第十一卷，云南大学出版社2001年版，第220页。
[2] 郑绍谦等：《普洱府志稿》卷九《风俗》。

产茶区不断加大全省的茶叶种植生产,并且云南于1986年在全国率先提出了生态茶园的理论,进行生态茶园研究推广,在速成高产的基础上开创了云南茶树栽培生态化发展方向。至今,云南省茶树栽培围绕着生态化、良种化、标准化进行茶叶商品生产基地建设,以生产生态安全的绿色食品茶、生态茶、无公害茶和有机茶为目标,建设云茶大产区。20世纪90年代,随着改革开放的不断深入和社会经济的发展以及人民生活水平的不断提高,茶叶进一步成为人们的生活必需品,云茶的生产得到了较快发展。

今仍存的百年号级普洱七子饼圆茶

在云南的许多地区,茶产业成了区域性支柱产业。香港回归前夕,大量存于香港的陈年普洱茶被发掘出来,普洱茶的价值不断被人们重新发现。在香港、台湾地区,越陈越香的普洱茶被视为最益于人体健康的茶饮品、"绿色黄金"和最具收藏价值的"能喝的古董",掀起了一股收藏、品饮普洱茶热。随着1993年4月首届普洱茶叶节和中国普洱茶国际学术研讨会暨中国古茶树遗产保护学术研讨会在思茅(今普洱市)的举办,国内外围绕普洱茶的研讨和茶事活动越来越多,形成了国内外的普洱茶巨大的需求市场,带动了云南茶叶经济的大发展。特别是2004—2007年,随着普洱茶在全国的热销,云南省新种茶园面积以平均每年10万亩以上的速度递增,茶叶综合产值翻了3倍。

2007年是云茶产业发展最为迅猛的一年,以普洱茶为标志的云茶产业呈快速发展的态势,成为云南省农业农村经济发展中的一大亮点。2007年上半年,在云南省委、省政府的进一步重视和普洱茶品牌的有力带动下,全省茶叶种植面积突破300万亩,居全国第一;全省茶叶综合产值达105.2亿元,居全国第三。全省129个县(市、区)中有110多个县(市、区)生产茶叶,其中茶园面积超万亩的县(市、区)

有49个，涉及茶产业的人口达1100多万，其中有农业人口600多万。①茶产业已成为云南又一支柱产业，随着普洱茶的品牌影响力和市场占有率不断扩大，各种茶事活动蓬勃开展，茶文化不断被发掘、推广和弘扬，推动着云南整个茶产业的繁荣发展。在茶经济的带动下，云南茶文化产业也快速发展起来并成为促进经济发展的重要补充。

但2007年底后，随着普洱茶市场出现波动和国际金融危机的蔓延，云南省茶业市场受到冲击。2008年云南的茶叶总产量自2000年以来首次出现减产，企业和茶农效益降低，云茶产业的稳定和发展面临巨大压力和严峻挑战。2008年云南省茶业经济出现大滑坡，新兴的茶产业经受了严峻的考验。茶产业是云南省的传统优势产业，是高原特色农业的重要组成部分。云南省委、省政府历来高度重视云茶发展，出台了一系列扶持茶产业发展的政策措施，针对普洱茶市场波动的情况，及时采取了"稳定面积、调整结构、培育品牌、开拓市场"的应对措施，夯实基地建设，强龙头、拓市场、树品牌，稳定了云茶产业的健康发展。同时，根据当时国内市场仍对绿茶和花茶需求最大的趋势，在省委、省政府的指导下，云南各茶区不断调整产品结构，恢复了名优绿茶、花茶茶坯、红茶等优势品种的生产，从根本上改变普洱茶产量增长快于消费增长的局面，形成普洱茶、滇红茶和名优绿茶协调发展的格局，以保障云茶产业稳定发展，满足广大消费者和饮茶爱好者的多样化需求。同时，云南各级政府加大了对茶产业的扶持，帮助企业渡过茶市低迷难关。经过市场洗礼，人们对普洱茶开始从以往更多为收藏增值进入以饮品为主的理性消费阶段，很多企业对茶业市场的认识更加理性，更专注于产品开发、品牌和销售市场渠道建设，这对稳定云茶产业发展起到了积极作用。2010年，云南省茶叶种植面积发展到490万亩，茶叶总产量达15万吨，比2006年全省茶叶种植面积370万亩、茶叶总产量13万吨分别增长了120万亩和2万吨。

2010年，云南省政府出台了《关于进一步加快茶产业发展的意见》，明确了云茶产业发展的总体思路、发展目标、区域布局、重点

---

① 《2017年云南茶产业基本情况》（云南省茶叶流通协会提供）。

工程和保障措施，云茶又出现了一个快速发展时期。2014年，经过5年的发展，全省茶园面积达到595万亩、茶叶总产量达33.5万吨，实现茶叶综合产值370亿元，茶农人均茶产业收入达2400多元。至2016年，全省茶叶种植面积达610万亩，采摘面积达575万亩，茶叶总产量达37.5万吨，综合产值达670亿余元，茶农人均茶产业收入达2900余元。同年，在全国茶叶公共品牌评选中，普洱茶品牌价值达57.09亿元，位居全国第三，被评为"最具传播力品牌"，云茶产业又开始走向稳步快速发展阶段。

2016年是我国社会发展和国民经济"十三五"规划开局之年，也是云南省实施高原特色农业现代化战略的起步之年，在云南省委、省政府的领导下，以打造"千亿云茶"为目标，以转方式、调结构、抓质量、拓市场、增效益，推进云茶产业供给侧结构性改革，挖掘发展潜力，推进云茶新一轮发展。至2017年，全省茶园面积达615万亩，茶叶总产量达40万吨（其中普洱茶产量17万吨）。全省15个州（市）100多个县（市、区）产茶，涉茶人口达1100多万人，茶产业成为云南一大朝阳产业，并催生和带动了茶文化及相关产业的迅猛发展。

1937—2017年云南茶叶发展情况统计表

年份	茶园面积（万亩）	茶叶总产量（万吨）	普洱茶产量（万吨）	茶叶综合产值、出口创汇、企业数量及全国排名等
1937 年前	50	0.9750		
1949 年前	25	0.2500		
1959 年	52.15	1.3145		
1962 年	35.24	0.6250		
1972 年	94.05	1.4550		
1978 年	149.4			面积居全国第三
1989 年	239.75	4.28		
1990—2000 年	240—251	7—7.94	1—5	

续表

年份	茶园面积（万亩）	茶叶总产量（万吨）	普洱茶产量（万吨）	茶叶综合产值、出口创汇、企业数量及全国排名等
2006年	370	13	9	
2007年	500	17	9.9	
2008年	350—400	9.5	4.5	初制所（厂）5170个、精制厂1000多个
2010年	490	15	5	
2013年	500	20.55	9.7	企业产值达96.68亿元，出口7500吨，创汇6000万美元
2014年	595	33.5	10	产值370多亿。全省产值超1000万元的茶企有170多家，超亿元的茶企有20多家。涉茶人员600万人，提供就业岗位30余万个。茶农人均收入达2400多元。采摘面积全国第一，茶叶产量第二，综合产值第三
2016年	610	37.5	16	产值670余亿元。茶农人均收入2900余元。在全国茶叶公共品牌评选中，普洱茶品牌价值达57.09亿元，被评为"最具传播力品牌"
2017年	615	40	17	全省15个州（市）100多个县（市、区）产茶，共有茶农600多万人，涉茶人口达1100多万人，茶区主要分布在普洱、西双版纳、临沧、保山、德宏、大理、红河、文山等8个州（市）。云南在全国茶区采摘面积居第一，茶叶产量居第二，但产值仍居第三

资料来源：根据云南省政府办公厅茶叶产业发展办公室和云南省茶叶流通协会提供资料整理。

2019年,全省茶产业按照《云南省人民政府关于推动云茶产业绿色发展的意见》要求,着力产业转型升级,提质增效,围绕到2022年实现全省茶园绿色化,力争有机茶园面积、绿色加工达一流水平,茶产业产值达到1200亿元的目标,着力扩大茶园绿色及有机化生产。2009年云南省有机认证茶园面积达71万亩,绿色食品认证茶园面积44万亩。茶园结构逐步得到优化,为茶叶品质的提升奠定了基础。至2022年底,云南省茶叶总产量达43.1万吨,其中普洱茶占50%,支撑起了云茶产品的半壁江山,红茶次之,绿茶占比略低于红茶,另有乌龙茶、白茶等;全省茶产业综合产值达936亿元,出口7958.57吨,出口金额达20.2亿美元。在省委、省政府的领导下,云南将发展茶业作为打造世界一流"绿色食品品牌"的重要抓手,并以"文化+旅游+科研+康养+特色产业"为主题,推动茶产业在三产融合中跨越发展。①

2020年,受新冠疫情影响,全国上下对大健康产业高度关注,这是一次史无前例的全民健康教育,同时以绿色生态见长的云茶,尤其是普洱茶对人体的健康作用也受到人们的更多关注。2020年,云南省茶园面积仍稳中有增,达720万亩,比2019年增长6.4%;全省茶叶综合产值突破千亿元大关,达1001.4亿元,比2019年增长近7%;同时全省有机茶园和绿色茶园认证面积达127.4万亩,居全国首位。茶叶作为精准扶贫的重要产业之一,在云南脱贫攻坚战中发挥了重要作用。2020年,云南省茶产业涉及茶农600多万人,人均茶产业收入达4050元,茶产业为精准脱贫做出了积极贡献。

2021年进入"十四五"规划后,云茶贯彻落实习近平总书记"把茶文化、茶产业、茶科技统筹起来"以及让茶产业"成为乡村振兴的支柱产业"等重要指示精神,继续围绕打造世界一流绿色食品品牌,大力推进"大产业+新主体+新平台"建设,培育"一县一业",同时处理好产业主体与产业特色、现代茶园茶产品与古树茶产品、国内市场与国际市场、茶文化与茶产业融合发展、品饮与收藏的关系,努力实现到2025年云茶产业综合产值再上新台阶,推动云茶在高质量发展和绿色品牌建设中更快更好地走向全国乃至全世界。

---

① 《2019年云南茶产业基本情况》(云南省茶叶流通协会提供)。

云茶在中国乃至世界茶业中的地位及作用

一、世界茶树的原产地中心

茶树在植物学分类中属于被子植物门（Angiospermae）双子叶植物纲（Dicotyledoneae）原始花被亚纲（Archichlamydeae）侧膜胎座目（Parietales）山茶亚目（Theineae）山茶科（Theaceae）山茶属（Camellia）。1981年，著名植物分类学家张宏达教授在其专著《山茶属植物的系统研究》中将历史上被广泛利用、制作商品茶的茶树列入茶亚属［subgen.thea（L.）Chang］茶组（sect. Thea）茶系（Ser. Sinenses Chang）的两个种——'茶种'［Camellia sinensis（L.）O.Ktze］和'普洱茶种'［Camellia assamica（Mast.）Chang］。也就是说，茶树在植物学上属山茶科山茶属茶亚属，包括'茶种'和'普洱茶种'。近年来，随着种质资源及相关学科研究的深入和发展，世界'茶种'原产于滇、川、黔三省交界的云贵高原及古巴蜀地区，'普洱茶种'原产于以云南澜沧江中下游今云南临沧、普洱、西双版纳等滇南、滇西南地区的论点，已逐渐在国内外植物学界形成共识，同时认为，'普洱茶种''茶种'都是由亿万年前出现的原始茶种演变而来，两者之间有亲缘关系，却没有从属关系，前者'普洱茶种'比后者'茶种'的历史更悠久。

古老的大茶树

云南是世界上古茶树种类最多、分布面积最大且最为集中的地区，其中存活着世界上最古老、最高大的古茶树。亿万年来，虽然世界上的生态及物种已发生了巨大变化，早期的茶树已难觅踪迹，但在中国云南，迄今尚遗存着庞大的古茶树群落，其中大量集中分布着世界最原始古老的野生型大茶树、过渡型和栽培型大茶树。据近年来各州市在保护古茶资源的普查中统计，云南几乎全省都有古茶树种质资源分布，面积多达50余万亩，占全国分布区的75%，成为世界上野生茶树种类最多、分布最为集中的地方。

作者在千家寨调研古茶资源

据2004年中国科学院西双版纳热带植物研究所普查，西双版纳境内古茶树、古茶园面积达13万亩，其中植株连片较多的百年以上古茶园共有82234亩（勐腊县27793亩、景洪市8225亩、勐海县46216亩），主要有南糯山栽培型古茶园、勐腊古六大茶山和勐海曼裴、勐宋曼迈、南峤曼恩等人工栽培型古茶园以及巴达大黑山、同庆河野生古茶树。

据普洱市2007年普查结果，普洱市古茶园和古茶树群落面积达100多万亩。从茶叶品种资源看，云南茶树种类之多可谓世界之冠，且形态上存在着不同程度的连续性变异，大叶、中叶、小叶种类俱全，展示了茶叶从野生型、过渡型到栽培型的转化。

1981年，中国农业科学院茶叶研究所、云南省农业科学院茶叶研究所和临沧地区茶叶研究所组成的茶树种质资源考察组，对凤庆、云县、临沧、双江、永德、镇康6个县32个村（点）做了全面考察，采集茶树标本77份，其中栽培型茶树标本50份、野生型茶树标本23份、近缘植物标本4份，经分类学家张宏达教授和中国农业科学院茶叶研究所、云南省农业科学院茶叶研究所鉴定分类，临沧地区共有4个茶系8个茶种，其中大苞茶为独有种；古茶园和古茶树群落面积达200多万亩，其中双江县勐库野生古茶树群落是目前国内外所发现的海拔最高、面积最广、密度最大的野生古茶树群落。

据调查，保山市百年以上的古茶树面积约1.5万亩，集中分布于腾冲、龙陵、昌宁及高黎贡山海拔1700—2500米的高山密林中。在保山市昌宁县等地还存续有大量千年以上的古茶树。

此外，近10年来，考察人员在德宏、红河、文山等州均发现有不少古茶树分布。如：德宏州芒市的勐戛野茶、瑞丽市的弄岛野茶、梁河县的大厂大山茶、陇川县野茶，红河州元阳县的胜村野茶、金平县的铜厂苦茶，文山州广南县的革佣野茶、马关县的八寨涩茶、麻栗坡县的金厂大树茶，等等。

这里特别值得一提的是临沧凤庆香竹箐3000多年的栽培型古茶树。在滇西临沧凤庆县城以东50多公里处的小湾镇锦秀村境内，古茶树资源十分丰富，有栽培型古茶园2000亩、天然野生古茶树3000多亩，海拔在1750—2580米之间。其

马帮从"锦秀茶祖"前走过

中，最大的茶树代表就是闻名世界的香竹箐大茶树。该古茶树被称为"锦秀茶祖"，高达10.6米、基围5.84米。1982年，北京市农展馆馆长王广志以同位素方法推断出其树龄超过3200年；之后，中山大学植物学博士叶创新对其进行了研究，所得结论一致；2004年初，中国农业科学院茶叶研究所林智博士及日本农学博士大森正司对其进行了测定，亦认为其年龄在3200—3500年之间；2005年，美国茶叶学会会长奥斯丁对其考察后认为，"锦秀茶祖"是迄今世界上发现的最大的古茶树，再加上它是栽培型的，对人类茶文化的历史将具有无与伦比的意义。"锦秀茶祖"这株"地球上最大的古茶树"，如果目前对其3200年的树龄推断是可靠的，那么其相当于在中国商朝就已被种下，可以说是人类3000多年悠久种茶历史的有力证明。与史料记载相对照

看，说明商周时西南夷中的古濮人已经种茶。

据初步统计，云南在27个县境内发现1米以上干径的古茶树有16棵。这些现今存活于地球上最粗壮、最古老、最珍贵的古茶树是世界茶树原生地的活见证，对茶叶科学与生产应用等具有重要的价值。1米以上以粗度为序的古茶树有：临沧凤庆的香竹箐栽培型古茶树，干径1.85米；红河金平的野生型古茶树，干径1.8米；保山高黎贡山的野生型古茶树，干径1.38米；保山龙陵镇安乡小田坝余家寨的镇安过渡型古茶树，干径1.38米；普洱镇沅县千家寨的龙潭野生型古茶树，干径1.2米；临沧凤庆腰街乡新源村的新源野生型古茶树，干径1.15米；保山龙陵镇安乡小田坝子三社的田坝过渡型古茶树，干径1.15米；普洱澜沧富东乡邦崴村的邦崴过渡型古茶树，干径1.14米；临沧凤庆大寺乡岔河村羊山社的羊山栽培型古茶树，干径1.13

古茶树与拉祜族

米；保山潞江乡德昂旧寨的过渡型古茶树，干径1.08米；大理永平伟龙村的伟龙过渡型古茶树，干径1.07米；保山高黎贡山的挂蜂岩野生型古茶树，干径1.07米；西双版纳勐海的南糯山栽培型古茶树，干径1.04米；临沧双江勐库镇大雪山野生型古茶树，干径1.03米；西双版纳勐海巴达大黑山的巴达野生型古茶树，干径1.03米；普洱镇沅的千家寨野生型古茶树，干径1.02米。这些粗壮、高大的古茶树实属世界罕见、云南独有，是云南古茶树种质资源孕育出的当今世界上存活着的树龄最长的、生长年代非常久远、最粗壮的古茶树，是人类的宝贵遗产。

我国各方面的有关专家、学者经过长期的调查研究论证，到目前为止，有论证文字记载树龄最长的是临沧凤庆的香竹箐栽培型古茶树，其次是普洱镇沅的千家寨野生型古茶树。黄桂枢的《论普洱茶的历史地位和现实意义》一文载："……镇源县千家寨古茶树，1996年

11月经国家、省、地的10人专家考察论证,1号古茶树,茎部干径1.2米,树龄2700年;2号古茶树,茎部干径1.2米,树龄2500年。"① 关于西双版纳州勐海县南糯山古茶树,《中国古茶树·云南古茶树的分布与保护》中载:树干直径1.04米,据傣文记载测算,树龄已有800余年。其余还有众多古茶树,树龄大都没有实数记载,用千年以上的大概数字表述。根据树干直径用同位数计算,再加上其他综合方法测算,这些古茶树树龄应该有1000年、2000年、3000多年不等。云南存活着当今世界上树龄最长的古茶树,拥有古茶种质资源,为茶树的起源、传播、驯化系统提供了最有说服力的活证据。

近年来,成片的、大面积的野生茶树群落及野生大茶树又陆续不断地在云南40多个县的深山密林中被发现,科学工作者将茶学和植物学研究相结合,从树种及地质变迁、气候变化等不同角度出发,对茶树原产地做了更加细致深入的分析和论证;从自然条件入手,在茶树形成和发展的关系、茶树近缘植物、茶树的原种、茶叶生产化和茶树的分布等方面再次论证了印度发现的野生茶树是从中国传入的,同属中国茶树之变种。这也再次有力地证明了云南是世界茶树的起源地,云南西南部的临沧、保山、普洱、西双版纳以及南部的红河是茶树起源的中心地带。

二、世界最丰富的茶叶种质资源库

中国地域辽阔,地理差异较大,不同地区的土壤、水热、生态等的差异造就了不同类型和不同品种的茶树,从而决定了茶叶的品质及其适制性和适应性,形成了一定的茶类结构。其中:乔木型及小乔木型大叶类品种主要分布在岭南、台湾、海南及滇南、滇西南的元江河谷、澜沧江中下游的丘陵和山地;灌木型中小叶种主要分布于长江中下游的沿江、江南丘陵山区、四川盆地周围、云贵高原、大别山、桐柏山及其以南及西藏雅鲁藏布江下游、察隅河谷的丘陵山地。在全国各大茶区中,西南茶区的云南高原地形复杂,海拔高低悬殊,气候差别很大,适宜各种茶树生长,灌木型、小乔木型、乔木型茶树均有分

---

① 黄桂枢:《论普洱茶的历史地位和现实意义》,《农业考古》2003年第2期。

布,是茶树资源最为丰富的原产地和我国最古老的茶区。茶组植物的4个系37个种3个变种在云南就分布有4个系35个种3个变种,且有26个种和2个变种是云南独有的。云南茶树资源不仅种类多,而且形态上存在着不同程度的连续性变异,大叶、中叶、小叶种类俱全,展示了茶叶从野生型、过渡型到栽培型的转化。仅在国家种质勐海茶树分圃中就保存了以云南大叶茶为主的各类种质830余份,其中栽培型600份、野生型206份、过渡型2份、野生近缘种22份。

澜沧县邦崴过渡型古茶树

云南省通过审定的国家级良种有5个(无性系良种2个、群体良种3个),国家级、省级无性系良种有10多个,还有众多的地方良种和优质单株,为发展我国名优茶提供了丰富的种质资源。特别是古茶树种质资源,它们经过数千年风霜雨雪的侵袭,抗性强、适应范围广、生命力旺盛,不少古茶树种质资源现仍能直接生产出高优生态茶叶来,是培育优质丰产高优生态茶树的重要原始材料,是科学选育各种新型品种的基因源。有了这些基因源,任何优质茶树品种都可以培育出来。目前,利用古茶树种质资源直接生产优质的高优生态产品和培育茶树良种的研究正不断推进,发展前景无限广阔。

多年来,云南茶树资源在培育良种、生产高优生态茶叶上发挥了较大作用,全省已发掘利用的有40多个品种,一些云南的茶树良种已被引种到省外适宜地区,成为出口红茶的当家品种;一些云南大叶群体材料被省外科研单位广泛应用于育种中,通过驯化、杂交等手段,培育出福云系、蜀永系、黔湄系等一系列优良茶树品种。据不完全统计,我国77个国家级茶树良种中,有33%的良种明确含有云南茶树种质资源成分。尤其是云南大叶茶,具有发芽早、芽头肥壮、白毫多、生长期长、持嫩性强、内含成分丰富的特点,其中茶多酚、儿茶素和咖啡因等茶叶的主要成分高于中小叶种30%—50%,较有代表性的品种有勐海大叶茶、勐库大叶茶、凤庆大叶茶、云抗10号、云抗14号等；中小叶种较有代表性的品种有昆明十里香、宜良宝洪茶、昭通苔茶等，抗逆性较强，较云南大叶种耐寒旱，所制的茶香高，茶滋味较其他中小叶茶区的浓醇，为云茶发展奠定了独特的品质基础。

三、中国最大的茶叶种植基地

中国是世界上栽培茶树、饮用茶最早的国家，茶业是中国传统的优势产业。中国茶区平面分布在东起东经122°的台湾东部海岸、西至东经95°的西藏自治区易贡、南起北纬18°的海南岛榆林、北到北纬37°的山东省荣成市，共有21个省区市的900多个县市产茶。中国是世界上唯一生产绿茶、白茶、青茶、黄茶、红茶、黑茶等六大茶类的国家。2013—2017年，中国在茶园面积和茶叶产量方面稳居世界首位，在成为世界头号产茶大国的基础上正努力向茶叶强国奋进。2018年，我国茶叶出口至128个国家和地区，出口总量达35.5万吨，出口额达16.1亿美元，出口均价4.54美元/公斤。随着全国各产茶区政府积极发展茶园面积、优化茶树品种、加强茶园管理、提高加工技术、提升茶叶质量，全国呈现出六大茶类全面开花、蓬勃发展的局面。智研咨询发布的数据显示，至2019年，我国茶园面积占世界茶园总面积的60%，茶叶产量占世界的近50%，居世界首位。在"一带一路"倡议、"脱贫攻坚计划"以及一系列富农惠农政策的指引下，特别是2017年农业部出台的《关于抓住机遇做强茶产业发展的意见》中表明，有条件发展茶产业的地区，政府通过出台奖励、补贴等政策支持山区农民通过种植茶叶脱贫致富。2019年，全国18个主要产茶省区市茶园面积为4597.87万亩，较2018年增加202.27万亩，同比增长4.60%。其中，可采摘面积达到3690.77万亩，较2018年增加213.99万亩。2021年，全国茶叶产量已达到318万吨，国内茶叶消费量突破230万吨。

从主要产茶省份的茶园面积来看，超过300万亩的有6个，分别为云南（699.9万亩，排全国第一，成为全国茶园面积最大的茶叶生产区域）、贵州（698.7万亩）、四川（575.0万亩）、湖北（495.0万亩）、福建（327.8万亩）、浙江（306.0万亩），合计面积在全国的占比达到67.47%。而海南、甘肃等地的茶园面积较小，分别为3.6万亩、18.2万亩。从产量看，2017年云南茶叶总产量为39.35万吨，排全国第二位，产值及出口居第三位，茶区主要分布在普洱、西双版纳、临沧、保山、德宏、大理、红河、文山等8个州市。从2014年起，云南在全国茶区采摘面积居第一位，产量居第二位，产值居第三位。

云南茶区有悠久的茶叶生产历史，有丰富的种质资源和低纬高原气候优势，是世界公认的茶树原产地和中国重要的茶叶生产基地，有国家级良种勐库种、勐海种、凤庆种和云抗10号、云抗14号等省级良种10多个；生产茶类众多，主要有红茶、普洱茶、绿茶。云南的滇西、滇南茶区是我国生产红碎茶、滇红工夫茶的最佳区域，所生产的大叶种红碎茶、滇红工夫茶具有浓、强、鲜的品质特点，创汇率高，出口价格远远高于中小叶种红碎茶；滇南所生产的普洱茶浓醇，回甘耐冲泡，在明清时期名重天下，为云南省独有的茶类，现已经通过普洱茶商标的产地认证；绿茶有昆明十里香、宜良宝洪茶、大理感通茶、南糯白毫、化佛茶、翠华茶、墨江银针、绿春玛玉茶、云海白毫、龙山云豪等。早在1986年，凤庆、云县、临沧、永德、腾冲、龙陵、普洱、勐海8县就被列为国家出口茶商品生产基地，昌宁县被列为全国4个优质茶生产基地之一。云南已成为全国重要的茶叶生产基地，从2005年开始，云南省茶叶种植面积占全国总面积的20%，居全国第一。至2020年，云南省茶园面积720万亩，仍稳居全国第一；总产量为46.6万吨，为全国第二；茶叶综合产值达1001.4亿元，成为名副其实的"千亿产业"。①

四、云南茶区的自然概况及其分布

云南是一个高原山区省份，属青藏高原的南延部分。云南地形以山地为主，地势大致由西北向东南呈阶梯状递降，海拔相差很大，海拔由最高点的6740米降到最低点的76.4米，造成了自然条件的多层性，且每一个局部范围都有这种层次结构的存在，山地、高原、丘

---

①云南省农业农村厅提供的数据和云南省茶叶流通协会发布的《2020年度云南省茶产业报告》。

陵、盆地相间分布，自然条件的垂直变化十分明显，构成了云南地貌高原波状起伏、高山峡谷相间、地势阶梯递降、河川湖泊纵横的地貌特征。滇南的哀牢山、无量山、邦马山和临沧大雪山，属中山宽谷山地，坡度较缓和，海拔一般在1500—2400米之间。滇东南、滇西南、滇南的边缘一线的中山山地，海拔在1000米左右，它们均是云南大叶种茶的主要种植地区。滇东的高原地势较平坦，海拔在1000—1900米之间，其北纬25°以南的低山浅丘，适合栽培大中叶种茶。滇东北地面起伏较大，是云南中叶种茶的种植区。保山、永平、下关一线以北，山地海拔一般为3000—4000米，坡面陡峭，多属高寒山区，大部分不适合种植茶树。据调查，云南省80%的茶叶种植在海拔1000—2100米的中山山地，其中种植在海拔1200—1800米的面积约占总面积的70%。

云南北依亚洲大陆，南临印度洋及太平洋，正好处在东南季风和西南季风的控制之下，又受西藏高原区的影响，从而形成了复杂多样的自然地理环境。云南地势西北高、东南低，气候类型多变，立体气候明显，同一地区包含寒、温、热带气候。全省气候干湿季分明、降水充沛，茶叶主产区分布在海拔800—2300米，年平均温度为14.5—21℃，年降水量多为1500毫米左右，年温差小、日夜温差大，无霜期长，这样的气候条件适宜各种类型的茶树生长，尤其适合大叶种茶树生长。全省产茶区集中分布在澜沧江、怒江、大盈江、李仙江和元江的中下游的贡山、怒山、无量山、哀牢山等山区。全省可发展茶叶的范围约30万平方公里。茶园相对集中分布在哀牢山以西的澜沧江、怒江中下游水系，包括临沧、保山、普洱、西双版纳、德宏以及大理南部，这些区域的茶叶栽培面积占了全省的80%左右，而滇东南一线的茶叶栽培面积占全省的10%左

奔流的金沙江

右。由于地貌、气候、土壤、日照、温差、植被等类型的复杂多样,共同构成了云南产茶区独特的茶叶生产环境条件,并形成了云南茶叶类型的多样性及分布的复杂性。根据综合因素,云南茶区可做如下划分。

(一)滇西茶区

滇西茶区位于北纬23°28′—25°07′,包括临沧市、保山市、德宏州3个州市的19个县,为云南主要产茶区,自然条件优越,大部分属中亚热带、北亚热带,少数县为南亚热带山地高原季风气候,年平均温度为14.7—19.5℃,除腾冲、龙陵、昌宁较低(14.7—14.9℃)外,大部分地区的年平均温度在15℃以上,年积温4000—7500℃,全年有霜日少。年降水量除腾冲、龙陵较多为1415—2100毫米外,其他地区年均降水量为1100—1330毫米,云县、施甸年降水量较少,只有893.8—908.6毫米,相对湿度75%—85%。该区土壤以山地红壤为主,部分为砖红壤性红壤、黄壤,pH值5.0—5.5。茶园面积占全省总茶园面积的50%,产量占全省的60%,系云南大叶种茶栽培地区,种质资源相当丰富,共分布着4个茶系10个茶种,即大苞茶、厚轴茶、五柱茶、大理茶、滇缅茶、勐腊茶、德宏茶、拟细萼茶、茶、普洱茶。该区是云南茶叶的集中产区,也是滇红的主产区,其余生产滇青和滇绿、普洱茶。其中,主产滇红的凤庆、云县、临沧、双江、永德、昌宁、龙陵、腾冲、潞西等地区的滇红产量占全省滇红产量的75%,凤庆红茶在国内外有较高的声誉。

(二)滇南茶区

滇南茶区位于北纬21°08′—24°28′,包括普洱市、西双版纳州、红河州、文山州4个州市的24个县市。该茶区大致分属北亚热带、南亚热带,少数属北亚热带的高原季风和亚热带湿润气候,年平均温度为16.4—21.7℃,年积温为5069.2—7629.0℃,极端最低温度为-5.5—-0.5℃、极端最高温度为31.5—41℃,全年有霜日较少,80%以上的县年均有霜日在15天以下。年降水量充沛,大多数县在1200毫米左右,少数县如西盟、江城、绿春、金平为2054.8—2280.0毫米,全年降水量80%集中在5—10月,冬春雾日长达100天以上。该区植茶土壤为砖红壤性红壤、红壤等,系云南大叶种种植区,该区种质资源极其丰富,分布有4个茶系22个茶种2个变种,即茶、广西茶、广南茶、五室茶、滇缅茶、大理茶、老黑茶、园基茶、厚轴茶、勐腊茶、哈尼茶、马关茶、邹叶茶、多瓣

保山茶园

茶、秃房茶、紫果茶、多脉茶、榕江茶、突肋茶、白毛茶、苦茶、普洱茶、多萼茶、细萼茶。该区茶园面积占全省茶园面积的36%,产量占全省茶产量的28%,其中西双版纳为普洱茶的主产地。滇南茶区是我国著名的普洱茶之乡,过去除主产普洱茶外,还生产滇绿、滇红。该区西南部多数县是云南古老的茶区,栽种制茶历史悠久。在勐海、澜沧、景谷等地保存有大面积的古茶园,通常树高10—20米,目前单产并不低于新中国成立后的新植茶园,种植方式是四方棵、顺山坡,大部分茶园均有树木遮阴,比较典型的如勐海的有樟树遮阴,所产茶叶品质优良。

(三)滇中茶区

滇中茶区位于北纬23°06′—25°22′,包括昆明、大理、楚雄、玉溪4个州市的共20个县市区。大致分属中亚热带、北亚热带直至南温带气候类型。个别县属燥热河谷区(如元江县),年平均温度各地悬殊,大部分在14.7—19℃,极端最低温度-4.5℃,有的还稍低一些,年积温大部分地区为4500—6800℃,元江最高为8687℃,师宗、富源、嵩明、漾濞稍低为3900—4200℃。滇中茶区无霜期也区别较大,因地而异。年降水量分布较不均衡,多数为800—1200毫米,年相对湿度70%—79%。植茶土壤大部分为山地红壤和少部分黄壤,pH值为5.0—5.6,为大、中、小叶种混交过渡地区,大叶种只适合在局部区域地带,该区分布有3个茶系7个茶种,即茶、元江茶、普洱茶、大理茶、老黑茶、滇缅茶、勐腊茶。滇中茶区茶园面积占全省茶园面积的

8%，产量占全省茶叶产量的5%，主产各种滇青、滇绿及各种名茶，如昆明十里香、宜良宝洪茶、大理感通茶、罗平萝松茶等，其中下关是云南沱茶的主产地。滇东茶区种植茶叶的自然条件虽次于最适宜区，但由于该地区农业耕作水平稍高，只要增加投入、精心培育管理也可获得高产。

（四）滇东北茶区

滇东北茶区位于北纬24°21′—28°41′，包括昭通、曲靖两个市，共12个县产茶。年平均温度一般在13.0—17.8℃，极端最低温度一般在-10.7—-0.1℃，年积温3500—4800℃，一般霜期较长。年降水量800—1100毫米，年相对湿度70%—80%。植茶土壤大部分为山地红壤和少部分黄壤，pH值5.0—5.6。为中小叶种种植区，在特定的条件下亦有大叶种种植，但生长适宜性不佳，在该区分布有3个茶系5个茶种，即茶、高树茶、大厂茶、疏齿茶、假秃房茶。该区茶园面积占全省茶园面积的4%，茶叶产量占全省茶叶产量的5%，主产绿茶。

（五）滇西北茶区

滇西北茶区位于北纬25°21′—28°23′，包括丽江、怒江、香格里拉，茶园面积占全省茶园总面积的0.16%，产量占全省茶叶产量的0.12%，面积小、产量微，为小叶种种植地区，大部分区域由于环境条件限制，宜茶地域分散，发展潜力有限。该区分别有1个茶系2个茶种，即茶、普洱。主产绿茶。

近年来，云南的茶类结构发生了很大的变化，随着市场对普洱茶需求的增长，普洱茶成为云南除了滇红之外的一大当家产品。根据《2020年度云南省茶产业发展报告》，2020年，全省茶园面积720万亩，干毛茶产量46.6万吨，2015—2020年年均增长5.1%。2020年全省成品茶35.7万吨，精制率达76.7%。普洱茶产量16.2万吨，占45.4%；红茶8.8万吨，占24.6%；绿茶10.1万吨，占28.3%；其他茶类0.6万吨，占1.7%。普洱茶区广大，主要普洱茶产区为普洱、西双版纳、临沧、保山等地的茶区。

普洱茶区分布着千家寨、景迈、邦崴等八大茶区，是普洱茶的重要产区，有着茶树生长的极佳的气候环境条件和丰富的茶树种质资源，以及保存完好的景迈山古茶园、困鹿山古茶园等诸多的古茶园。普洱土地总面积为4.5万平方公里，是云南省土地面积最大的市。同时，普洱茶园多分布在山区、半山区，远离污染源，受地理条件、经济发展水平和种植习惯的影响，茶叶农药残留量低于全国平均水平，为无公害茶、有机茶的开发提供了很好的基础条件。

西双版纳茶区大部分为热带、亚热带季风气候，得天独厚的自然条件非常适宜茶树生长，茶树种质资源非常丰富。茶业是西双版纳极古老的传统产业，经千年不衰，悠久的植茶历史与多民族文化相互交融，形成了多姿多彩的独特茶

西双版纳茶园

文化，积淀了丰厚的普洱茶文化。全州茶叶种植总面积达43.8万亩，居全省第三位，是云南省普洱茶的重要产区之一。该区古茶树、古茶园分布区域面积达12万亩，百年以上古茶园面积共82234亩，其中勐海县有46216亩、勐腊县有27793亩，这些保存较为完好的古茶园、古茶树具有稀有性、垄断性的特点，是研究茶叶历史的珍贵资源，也是生产高档普洱茶的优质资源。设置在西双版纳勐海县的省茶叶研究所，利用境内丰富的茶树种质资源，先后繁育出了云抗10号、云抗14号、矮丰、长叶白毫、云抗27号、云选9号等云南大叶茶种无性系良种。

临沧茶区地处澜沧江、怒江两大水系中下游。"高山云雾出好茶。"这里的茶园大多在温暖湿润、云雾缭绕的茶树原产地——澜沧江两岸的深山密林中，远离污染源，是天然优质的无公害茶，品质卓越。早在1982年，我国著名茶叶专家吴觉农就提出在临沧建世界一流的大茶园。临沧是云南第一产茶大市，是普洱茶原料的最大产地、勐库大叶种茶的原生地，同时也是闻名中外的"滇红之乡"。至今全市茶园总面积170多万亩，其中野生古茶树群落及栽培型古茶园有40多万

亩。普洱茶市场的繁荣给临沧茶产业的发展带来了生机与活力。临沧作为普洱茶的主要产区，其品牌形象相对滞后，制约了临沧普洱茶产业的发展。因此，要想发展提升临沧普洱茶产业，研究具有临沧茶叶产品特性和民族特色的品牌就显得尤为重要。

临沧茶园

保山茶区在云南4个主要产茶区中纬度最高、平均海拔最高、气温最低、降水量最少。整个茶区内昌宁县、腾冲市、龙陵县、施甸县等地都有大面积的茶叶生产。保山境内自然条件优越，适宜茶树生长，茶树品种资源丰富，是云南滇红及普洱茶的重要产地，1986—1987年，昌宁、腾冲、龙陵被列为全国首批优质茶基地县和国家出口红茶商品基地县。保山市茶业产值达全市生产总值的5.4%，成为该区的支柱型产业，居云南省第四位。

绪 论

云茶发展源流与区域茶文化形成

一、从中国茶文化看云茶发展源流

云南是世界茶树原产地和最早种茶、用茶的地区。虽因云南地处边疆以及历史上长期的闭塞，相关的茶文化文献记载缺失，但却也因此保留下大量延续至今的早期历史发展遗存，堪称中国茶文化的活化石，为今天的茶文化研究提供了田野调查的广阔空间，让我们看到了中国茶文化的历史源头及发展脉络。

唐代陆羽的《茶经》是中国也是世界上的第一部茶书，还是对中国茶历史源头及发展脉络最早有充分记述的著作。陆羽《茶经·一之源》载："茶者，南方之嘉木也，一尺二尺，乃至数十尺。其巴山峡川有两人合抱者，伐而掇之，其树如瓜芦，叶如栀子，花如白蔷薇，实如栟榈，蒂如丁香，根如胡桃。"这里所说的见于巴山峡川的大茶树，在今长江上游如宜宾等地还生长着。陆羽时代云南还鲜为外界所知，故《茶经》中没有对云南茶的记录也属正常。

陆羽《茶经》

从最早制茶用茶看，陆羽的《茶经·七之事》说："广雅云荆、巴间，采叶作饼，叶老者，饼成以米膏出之，欲煮茗饮，先炙令赤色，捣末，置瓷器中，以汤浇覆之，用葱、姜、橘子笔之。其饮醒酒，令人不眠。"① 若以"广雅"之说，则至少在三国时期，荆、巴

---

① （唐）陆羽：《茶经》，西泠印社出版社2011年版。

间已有饼茶制作。《广雅》是我国最早的一部百科词典，记载了中国最早见之文字的饼茶。《广雅》的作者张揖乃魏国清河（今河北）人，曾任明帝太和中博士，其中"太和"即魏明帝年号，当属三国时代。也就是说，早在陆羽《茶经》问世的500余年之前，中国饼茶就已然见诸史籍。此外，《广雅》所云用葱、姜、橘子等与茶烹饮的方法与《蛮书》中云南"蒙舍蛮以椒姜桂和烹而饮之"相同。一个是三国时期的饼茶饮啜法，一个是唐代晚期"蒙舍蛮"的饮啜法，两者相隔虽达500余年之久，但吃茶方法竟如出一辙。而"以椒姜桂和烹而饮之"的方法今天还大量被保留于云南少数民族的饮茶习俗中，如彝族的打油茶、白族的三道茶等。

有专家认为，就《广雅》所指的"荆、巴间"地域而言，不仅泛指现今的四川、湖北一带，还应包括现今的云南、贵州一带。三国时期，云南是否有饼茶制作虽尚需进一步考证，但云南发现的大量千年以上的古茶园、古茶树和众多保留于少数民族中的古老的吃茶方法、习俗以及延续至今的各种普洱紧压饼茶制作均可印证"茶叶作饼"的历史悠久。

中唐之后，在中原内地，随着上层社会对饮茶的崇尚，饮茶之风日盛，茶饮广泛流传开来成为国饮，虽当时已开始出现由蒸青法制成的散茶，但直至宋代，茶叶制作仍以团茶、饼茶为主，称为"龙团凤饼"。用茶以烹煎为主，将茶饼碾碎成末烹煮，有加调味品的，也有不加的。也就在这一时期，陆羽《茶经》也应运而生，第一次较全面地总结了唐代以前有关茶叶诸方面的经验，不仅大力提倡饮茶，而且对当时种茶、采茶、茶具选择、煮茶火候、用水以及如何品饮等都有详细的论述，这表明唐代已开始注重品饮艺术，这与唐代之前茶主要是药用或者是粗放型的食用形式相比，是一个质变的过程。从《茶经》看，唐人饮茶讲究鉴茗、品水、观火、辨器。在饮茶方式上，唐代有煎茶、庵茶、煮茶等方式。陆羽在《茶经》中力倡煎饮法，对煎茶方法做了详细的叙述。唐代的茶有粗茶、散茶、末茶、饼茶4种。煎茶法用的茶是饼茶，经过炙、碾、箩3道工序后，将饼茶加工成细末状颗粒的茶末,再进行煎茶。碾得好的茶末像细米粒,还要经过箩的细筛,筛下的茶即成待烹的茶末,存放在茶盒里备用;烤茶的燃料用木炭,要打碎后再投入风炉烧水,水的选择以山泉水为最好,其次是江河的水,井水再次之。

煮茶分为3个阶段,即"三沸"。当水煮烧至第一沸,加入适量盐调味;当锅边缘连珠般地向上冒水泡时,是第二沸,取茶末,投入水涡中心,再加以搅动;当水面翻腾,溅出沫子时,也就是第三沸了,这时把茶沫上形似黑云母的一层水膜去掉。(陆羽认为,茶汤的精华就是茶汤上面的沫饽。薄的叫沫,厚的叫饽,细而轻的叫花。花就像枣花在圆形的水池上面浮动,像曲折的潭水和凸出的小洲间新生长的青萍,又像晴朗天空中鱼鳞状的浮云;沫就像浮在水边的绿钱,又像散在杯盘里的菊花瓣;饽是指煮茶的渣滓,水一沸腾就有很多白色泡沫重叠积聚于水面,一片纯白状如积雪。)

酌茶,即用瓢向茶盏分茶,其基本要领是使各碗沫饽均匀。一锅煮出的茶头三碗最好,较次一等的最多煮到第五碗。饮茶要趁热,将鲜白嫩柔的茶沫和咸香的茶汤一起喝下去。

唐代茶的饮法除煎茶法外，在民间仍保留有庵茶、煮茶等。将茶叶先碾碎，再煎熬、烤干、舂捣，然后放在瓶子或细口瓦器之中，灌上沸水浸泡后饮用的，称为庵茶。煮茶即把葱、姜、枣、橘皮、薄荷等物与茶放在一起充分煮沸，或者使汤更加沸腾以求汤滑，或者煮去茶沫。虽然陆羽认为这样煮出的茶"斯沟渠间弃水耳，而习俗不已"不宜采用，但是直至今天，中国很多地方喜爱的打油茶、擂茶等，尤其是云南很多少数民族聚居区的竹筒庵茶、土罐烤茶等仍保留着这种饮茶方式，可视为原始的煮茶遗风。云南地处边疆，虽不可能达到陆羽《茶经》里说的将饮茶做到煎茶、酌茶、赏茶以及赏器、鉴水、列具、烹煮、品饮等若干环节美学境界的茶文化高度，但茶同样成了云南地区人们物质生活与精神生活的重要组成部分。

到宋代，制茶、饮茶又有了新的突破，且饮茶的方法进一步程序化，并辅以美学思想，从而形成优美的意境和韵律，将茶饮上升到了艺术的高度。高雅饮茶文化不仅与宫廷饮茶相适应，且在社会各个阶层中盛行，成为人们日常生活

高级茶艺师卞娅兰女士

中不可或缺的物品并深入民间生活的各个方面，出现了比唐代煎茶法更讲究的点茶法，包括炙茶、碾箩、候汤、熁盏、点茶等一套典雅精致的艺术程序，从城市到乡村，王公贵族、文人、僧侣、百姓无不点茶。南宋理宗开庆元年（1259年），点茶又经日本僧人南浦昭明传至日本，后经日本茶道创始人千利休改造而成为日本茶道。

宋代点茶虽高雅，但仍用饼茶，需炙烤加工后使用，即用炭火烤干水汽，然后将茶饼碾碎成粉末，筛得越细越好。候汤则是要掌握点茶用水的沸滚程度，这是点茶成败的关键。掌握水沸的程度，冲点出色、香、味俱佳的茶汤，只能凭点茶人个人的经验来完成。置茶尤为不易。先要将适量的茶粉放入茶盏中点泡一些沸水，将茶粉调和成清

状,然后再添加沸水,边添边用茶匙击拂。点泡后,如果茶汤的颜色呈乳白色,茶汤表面泛起的"汤花"能较长时间凝住杯盏内壁不动,这就算是点泡出了一杯好茶。点茶追求茶的真香、真味,不掺任何杂质,并且十分注重点茶过程中的动作优美协调。点茶以茶粉作为原料,再用沸水点冲,所以人们饮用时要连茶粉带水一起喝下。

宋代特别盛行斗茶之风,也称茗战,以此评比调茶技术和茶质的优劣。当新茶制成后,茶农们为了评比新茶品的优劣以及斗茶者点汤、击拂技艺的高低而进行比赛,决定胜负的因素一是汤色、二是汤花,最后综合评定味、香、色。汤色指茶汤的颜色,当时的标准是以纯白如乳为上,其他色泽则等而下之。汤色是制茶技艺的反映,如果色纯白,则表明茶质鲜嫩,制作精良;如果色偏青,则表明蒸时火候不足;如果色泛灰,则表明蒸时过了火候;如果色泛黄,则表明茶叶采制不及时;如果色泛红,则表明烘焙时火候太过。汤花是指汤面泛起的泡沫。汤花的色泽要求和汤色的要求是一致的。汤花泛起后,如果茶末研碾细腻,点汤、搅动都恰到好处,那么汤花匀细,就可紧咬盏沿而且久聚不散,这种效果叫作咬盏,即为好茶。茶汤要做到味、香、色三者俱佳才能算是最后获胜。

宋代斗茶之风盛行,上自帝王将相、达官显贵、骚人墨客,下至市井细民、浮浪哥儿皆喜斗茶。宋徽宗赵佶经常在宫中召集群臣斗茶,直至将他们全部斗倒为止。与此同时,宋代还流行一种泡茶游戏——分茶,又称茶百戏。玩法是将茶末放入茶盏,注入沸水,用茶筅击拂茶汤,使茶乳变幻成图形或字迹。茶汤泛出汤花时,汤花瞬间消失殆尽,要使汤花在这极短的时间内显现出奇幻莫测的物象,则需要高超的技艺。有一种方法是只需单手提壶,将沸水由上而下注入

北宋斗茶图

放好茶末的茶盏之中，茶面会立即显现出奇丽的图形或文字，饮茶者从中感受这种品饮的技趣。

云南地处西南边地，民族众多，唐宋高雅的茶文化及艺术对于地处彩云之南割据地方的南诏大理国来说自然不能望其项背，故而唐代晚期唐使樊绰《蛮书》仅记有"茶出银生城界诸山，散收，无采造法，蒙舍蛮以椒姜桂和烹而饮之"之文字与此相印证。明代钱古训《百夷传》也载："宴会则贵人上坐，其次列坐于下，以逮至贱。先以沽茶及萎叶、槟榔之啖沽茶者，山中茶叶，春夏间采煮之，实于竹筒内，封以竹箬，过一二岁取食之，味极佳，然不可用水煎饮。"①前面说的是以沽茶及萎叶、槟榔混合啖食，后面说竹筒茶的制作和食用。明代何乔新《椒邱文集》还记有："……成化十九年二月三日，曩罕弄等逾大小南牙山，令其孙思混等诣公献谷茶，且云来日诣营听谕。谷茶，叶如建茶，以盐水和蜜渍之，蛮人以为珍味。"②这两处史料是明代云南仍存在的以茶为食的记载。直至民国时，罗养儒《云南掌故·芦茶铺》有一段芦茶同食的有趣记载："在百数十年前，中国西南各省的人民，可云不能脱尽边地夷族人的习尚，在云南省内，能从昆明人的嗜好上看出。往昔的昆明人，都喜于饭后咀嚼槟榔与芦子，而且要和着点熟石灰来嚼，如是而能使嘴唇皮上现出红色。故而，昔时的芦茶铺，在柜台的一端，都放着一罐熟石灰供人取用。称为芦茶铺者，是以芦子、槟榔、茶叶为主要货物，若草纸、烟叶等，都为附属货物。芦茶行的生易（意）颇大，所以此一行业中的人，在得胜桥外，曾建有一芦茶会馆。逮至光绪末叶，日嚼槟榔、芦子的人渐少，其营业遂衰。但是，茶叶之销行转盛，此亦算市风上有一小变动。惟是在云南边地上，今尚有几种夷族人，仍是离不开槟榔、芦子，一样的和着熟石灰来嚼。"③直接将茶食用，在云南很多少数民族中可以说是一直延续至今的平常事。然在中原内地，

---

① （明）钱古训撰、江应樑校注：《百夷传》，云南人民出版社1980年版，第71页。
② （明）何乔新：《椒邱文集》卷二十。
③ （民国）罗养儒撰：《云南掌故》卷十五，云南民族出版社1996年版，第507页。

唐宋以来，将茶叶直接食用已越来越少，至元末明初，饼茶生产渐趋衰退，散茶开始被人们接受，用沸水冲泡散茶的更方便的饮茶方式走进了人们的生活。

元代作为宋、明两代的过渡期，虽然历史较短，但是在饮茶法上却进一步走向成熟，可以说这一时期是中国制茶、饮茶方式转变的一个重要阶段。元代除了继续饼茶的生产和使用外，散茶也渐渐在茶叶消费中占有了一席之地。饼茶的使用主要在王公贵族之中，散茶的消费则主要在民间。除了继承前人的饮茶方式外，元代的饮茶也出现了一些新的趋势。元代在饮茶方式上的改变与革新为明清时期茶文化的再创新打下了重要的基础。

明代是中国茶饮的又一个高潮，在制茶工艺上，团、饼茶完全为散茶所取代，六大茶类品类齐全；饮茶方式也发生了具有划时代意义的变革，改为更讲究的泡饮法，将茶叶加工和品饮方式推向简单化，盛行了几个世纪穷工极巧的饼茶及"唐烹宋点"也变革成简单用沸水冲泡的瀹饮法。明代饮茶方式的变革与大环境和明太祖朱元璋下令贡茶改制、体察民情、减轻负担等有直接关系。这让制茶饮茶方式走向了简约化。

最早提倡饮茶方式从简，并且在实际操作上改革传统茶具和茶艺的是明朝的宁王朱权。朱权的"崇新改易"主要体现在瀹饮法上，即以沸水直接冲泡茶叶的方法。瀹饮已无须经过以往的炙茶、碾茶、箩茶3道工序，只要有干燥的茶叶即可。其法一是先用上品泉水洗涤茶具，务鲜务洁；然后以热水洗涤茶叶，水不可滚，滚则一洗无余味矣；以竹筋夹茶于涤器中，反复涤荡，去尘土黄叶老梗净，以手搦干置涤器内，少顷开视，色清香洌，急取沸水泼之。二是候汤，这乃是重点。首先汤要纯熟，即水开到没有响声或气直冲贯方是纯熟。三是

投茶，投茶要有序，由下投到中投和上投。春秋季宜中投，夏季宜上投，冬季宜下投。投茶多寡宜酌，茶多则味苦香沉，水多则色清气寡。四是强调茶汤应香、色、味俱全并保持真味。味以甘润为上、苦涩为下。茶自有真香、真色、真味，一经点染，便失其真，如在水中加盐、加作料或果子之类，都会使茶汤失其真味。五是茶壶以宜兴紫砂陶壶并以小为贵。每一客，壶一把，任其自斟自饮，方为得趣。壶小则不涣散，味不耽搁。同时由于瀹饮对茶汤色、香、味的追求，刺激了白瓷以及青花瓷的发展。

瀹饮法只要懂得茶中趣理，具体程序不必如煎茶、点茶那样严格，给人留下自我发挥的空间。明清以来，这种品饮方式广泛深入社会各个阶层，植根于广大平民百姓之中，成为整个社会的生活艺术。这种沸水冲泡散茶的饮用方法还促进了我国茶叶生产技术的进步，至清代，散茶的品种迅速增多，除绿茶外，青茶、红茶、黄茶、白茶、黑茶及花茶等茶类也出现并发展起来。直到今天，茶叶制作、茶具和冲泡方法与明清时期相似。

云南虽具有自身的原生茶文化特点，但随着中央王朝对云南治理的不断加强，中央王朝对云南社会经济及茶文化的影响也不断加大。云茶与内地茶文化的交流和大发展始于元明时期。从元代开始至明代，云南完全被纳入中央政权统治，除元明时几十万军队进入云南并留守屯垦外，明代大量内地移民不断迁入云南，加快了云南的发展。云南茶除普洱茶仍保留着与唐宋时期一脉相承的团茶、饼茶制作外，还有了较高级的散茶及绿茶制作。明代谢肇淛《滇略》载："滇苦无茗，非其地不产也，土人不得采取制造之方，即成而不知烹瀹之节，犹无茗也。昆明之太华，其雷声初动者，色、香不下松萝，但揉不匀细耳。点苍感通寺之产过之，值亦不廉。士庶所用，皆普茶也，蒸而成团，瀹作草气，差胜饮水耳。"[①]这里说的太华、感通细茶指绿茶，也是当时较有名的云南名茶，不过在谢肇淛看来，虽茶叶品质不错，但加工仍差于内地。"士庶所用，皆普茶也，蒸而成团"中的普

---

① （明）谢肇淛：《滇略》卷三，第235页。

茶即普洱茶，这是普洱茶第一次作为专有名词出现。只不过在从茶文化发达、饼茶早已绝迹的福建到云南为官的谢肇淛眼里，仍用"蒸而成团"方式制作的普洱茶自然是十分原始粗糙的。

从明代起，关于云南茶叶开始有了一些文献记载，较多的还是普洱茶，尤其是万历年间后，有关普洱茶的记载越来越多。明方以智《物理小识》："普雨茶蒸之成团，西番市之，最能化物。与六安同。按：普雨，即普洱也。"①"普雨茶"即普洱茶，其

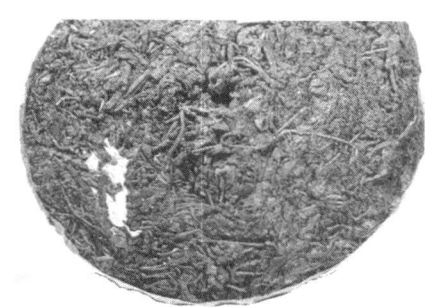

百年普洱圆茶

加工的一大特点是"蒸而成团"。清吴大勋《滇南闻见录》也记录："团茶产于普洱府属之思茅地方，茶山极广，夷人管业。采摘烘焙，制成团饼，贩卖客商，官为收课。每年土贡有团有膏，思茅同知承办。团饼大小不一，总以坚重者为细品，轻松者叶粗味薄。其茶能消食理气，去积滞，散风寒，最为有益之物。煎熬饮之，味极浓厚，较他茶为独胜。"② 这段文献同样证明了在明代云南普洱茶仍是古风遗存的"蒸之成团"的龙团凤饼，也就是用晒青毛茶蒸软后压制成的紧压茶。

普洱茶依据压制的形状有团茶、沱茶、砖茶、饼茶等。清代文献中对普洱茶制法有不少记述，如《幻影谈》载："普洱茶，亦滇产之大宗也，元江、思茅、他郎皆有茶山。茶味浓厚，过于建茶，能去油腻、消食，惟山口有高下优劣之分，名目各异。初皆散茶，拣后，用布袋揉成数两一饼，或团如月形，或方块，蒸黏压紧，以笋箬裹之，其最佳者，制如馒头，形色味皆胜，所出无多，价亦数倍，多为外人购去，即在滇省，殊不易得。其入滇普通行销者最低，迤西庄、四川

---

① 方国瑜主编：《云南史料丛刊》第六卷，云南大学出版社2000年版，第691页。
② （清）吴大勋：《滇南闻见录》下卷《物部·团茶》，第36页。

庄较优。"① 作为后发酵茶的普洱茶，经蒸压存放后才更具有醇和、耐泡、陈香等特点，不仅口感好，而且有利于去油腻、消食，并在整个清代深受王公贵族的喜爱，岁岁列入云南地方必贡之茶。这也构成了普洱茶区别于其他茶叶的特点和价值，此古老制茶工艺一直延续到了今天。

由此看来，云南保留至今的最早饼、团茶的制作及烹煮食饮，至少从唐代以来到今天也基本没改变，在内地茶叶高度精细化发展的主流茶文化中，以普洱茶为代表的云南茶自成一脉，不仅构成了云南茶文化发展的主要源流，而且仍充分保留着自身历史的完整性及其鲜明古老原始特点及保健功能的优点，从而形成了以普洱茶为代表的独具特色的云茶区域文化发展源流。

二、云茶区域文化的形成因素、特征及文化内涵

具有综合性文化特点的中国茶文化，是由中国的各民族文化所养成的，是中华文化的重要组成部分，带有东方农业民族的生活气息和艺术情调，其形成于民族茶俗，上升至茶礼、茶德、茶艺、茶道等各个方面的行为及价值观并最终

易武茶山的少数民族妇女

形成了中国的茶文化。其以一定的民族生活及环境氛围为基础，以种茶、采茶、制茶、置茶、吃茶、品茶为核心，以语言、动作、器具、装饰为体现，以饮茶过程中的思想和精神为内涵，是社会整套礼仪和个人修养的全面体现，是有关修身养性、学习礼仪和进行交际的综合文化活动与特有风俗。因而，茶俗又是一定社会政治、经济、文化形态的产物，它随社会形态的演变而变化。在不同时代、不同地方、不同民族、不同阶层、不同行业，茶俗的特点和内容也不同。因此，不

---

① 清代谈者己巳居士、次者未山道人：《幻影谈》，方国瑜主编《云南史料丛刊》第十二卷，云南大学出版社2001年版，第142页。

同的茶俗使中国茶文化呈现多元化走向，极具深刻的内涵。

最早发现野生茶叶并加以利用的是云南少数民族，他们在长期的丛林生活中懂得了如何利用丛林进行生产和生活，从而发现野生茶叶并加以利用。他们不仅很早就种茶，而且创造了一套自己的加工食用方法，并发展成自己特有的茶艺、茶礼和茶俗，还将茶与宗教、祭祀相联系，无论是在无形的体现茶文化价值核心的茶道方面，还是在有形的茶艺、茶俗方面，都深深打下了云南民族文化的烙印，并发展成为中国茶文化百花园中的一朵奇葩。

（一）影响云南区域茶文化形成的因素

一是环境因素。环境是文化赖以形成和发展的自然生态基础，越是在文化发生发展的早期，环境对文化的影响就越大。云南的民族文化特征，不像内地那样呈现出一个明显的发展顺序，而是五光十色、各不相同、各有特点，这与地理条件密切相关，如横断山脉区、云南高原区和滇南山间盆地区均有不同的文化特征。

二是族源因素。受自然地理影响，云南各民族有了各自一定的活动范围，形成了属藏缅语族的氐羌族系、属壮侗语族壮傣语支的百越族系、属孟高棉语族的濮族系、属苗瑶语族的苗瑶族系（此族系进入云南的时间较晚，基本是明清时期从湖南、贵州和两广迁来的）。横断山脉区及往南的滇南寻形山系及河谷地区，从新石器时代到战国时期都是甘青高原和东南亚地区民族往来的通道，而滇南山间盆地区的南盘江、元江流域又是我国东南沿海地区及越南同云南各民族来往的通道，不同民族因生活习俗不同，从而其饮茶文化也形成了不同特点。

三是民族迁徙和文化交流因素。在横断山脉区及云南高原区，甘青高原上的古氐羌人的一部分沿着横断山脉的几条大江南下，同当地居民相会，经过融合分化而形成新的族群。这就是云南今天藏缅语族彝语支、景颇语支和缅语支的各少数民族的先民。同是在这一地区，最早北上的属南亚语系孟高棉语族的族群与当地居民融合而成为今天属孟高棉语族的佤族、德昂族及布朗族的先民。傣、壮两族的先民则

采茶的景迈山傣族少女

是原来分布于今广西、云南南部以及东南亚各国的古越人。在横断山脉区和云南高原区主要受西北内陆文化的影响,而在滇南山间盆地区,则主要受东南沿海文化的影响。

四是居住因素。在漫长的历史发展进程中,各民族经过不断的交往、交流、融合与分化,以各自的生产生活方式为基调,形成了同一民族大分散、小聚居,同一地区不同民族交错杂居而又和谐共处的分布格局。如:藏缅语族各族多分布于海拔较高的横断山脉区和云南高原区,壮侗语族壮傣语支各族多分布于海拔较低的滇南山间盆地区的坝子,孟高棉语族各族多分布于滇南山间盆地区的山区或半山区,苗瑶语族各族多分布于滇中、滇东的高海拔地区和滇南的低海拔山区。根据云南的立体地形,各民族分居住坝子和河谷地区、居住半山区、居住高山区3种类型。

五是发展的差异性因素。云南民族不仅有起源上的差异,也由于发展的过程中条件的差异造成了文化的多样性。具体说,居住在坝子及云南内地的民族,由于交通的便捷和外来人口流动的频繁,社会的开放程度较高,对异文化的吸取也比较多,文化的发展也比较快。

六是文化变迁因素。由于历史上云南社会与中原王朝及周边地区的关系因时变化,与不同的文化都产生过碰撞,易形成不同的文化变迁,如白族、纳西族、回族等。居住在边远山区的民族与外界的接触相对较少,社会变迁程度低,文化的形成更易受传统和自然地理的影响,文化更具有原发性特点和地域性特点。另外,对于一些文化较为丰富、成系统的民族,如傣族,抗拒变迁的能力更强一些;而一些文化形态发育尚不够充分的民族,抗拒变迁的能力就相对弱一些。

总之,复杂的自然地理及生态环境、复杂多变的社会历史条件(云南大多数历史时期与中原王朝关系密切,少数时期与周边东南亚地区关系密切,向印度洋开放,中原王朝对云南的政策时有变化),以及多种族群的迁徙、交汇、碰撞,这些都是丰富多彩的区域茶文化形成的重要影响因素。

(二)云南区域茶文化的特征及表现

一是多样性特征。云南区域茶文化作为云南民族文化的一个整体,从外部看,它具有自身个性特征,是中国茶文化中的多元文化之一;从内部看,它又由若干不同层次、不同特色的民族茶文化所组成。因此,多样性可以说是云茶区域文化的第一个鲜明特征。云南有25个世居少数民族,是全国世居少数民族最多的省份,在这25个世居少数民族中,又有15个少数民族为云南所独有。对云南民族学的研究,一般根据各民族不同发展程度、人口以及各民族不同、相同或相近的族源来划分,同属于氐羌系的民族有彝族、白族、哈尼族、傈僳族、阿昌族、景颇族、独龙族、基诺族、普米族、藏族等,同属于百越系的民族有傣族、壮族、布依族、水族等,同属于百濮系的民族有布朗族、佤族、德昂族等,同属于苗瑶系的有苗族、瑶族等。

西双版纳傣尼人在制作竹筒茶

在漫长的历史长河中,几千年的分化、融合、重组形成了各个独立民族有别于其他民族的文化。如不同的民族有不同的语言、习俗、宗教、节庆、建筑居住模式等等。各民族千百年在茶的栽种、加工、储存、药用、食用及饮用过程中积累了无比丰富的经验和技艺,并在与内地文化交流的影响下,形成了各个民族独特而又无比丰富多彩的茶文化,并将这种文化积淀为一种民族精神,于日常饮食习俗中以茶礼、茶俗展现出来,显示出自己独有的茶艺、茶道,如白族三道茶、傣族竹筒茶等。

二是乡土性、边缘性和俗文化特征。如果说多样性是云南民族文化所表现出的鲜明的外在特征，那么乡土性和俗文化则是其内在特性。乡土性由费孝通先生于20世纪40年代首先提出。所谓乡土性，就是与土地关系密切，人口流动性很小，社会的开放程度也很低。按费先生的观点："不流动是从人和空间的关系上说的，从人和人在空间的排列关系上说就是孤立和隔膜。孤立和隔膜并不是以个人为单位的，而是以住在一处的集团为单位的。"① 云南民族社会是整个中国社会的一个局部，由于云南民族社会的发育程度低且参差不齐，加之云南地处边疆，对于内地的主流文化来说，云南民族文化也就成为一种边缘性文化。这种边缘性的表现之一就是此地的茶文化中的中国传统主流茶文化的色彩相对淡薄，并掺杂着不同质的文化因子。就全省而言，各地理单元地处偏远，山高水急，封闭性使得云南民族社会的乡土性更突出、社会关系更初始，从而保留了现代社会中已经不可多见的包括茶文化在内的文化遗存。云南的茶文化很多都属民间性，与人们的生产生活息息相关，充满了浓厚的各民族地区的俗文化乡土气息，它与内地高雅茶文化相较，更直接地与劳动者的生产生活紧密相连。

民族茶艺表演

三是兼容性、亲和性文化特征。各个民族在长期的文化交流中，既发展了自己的文化又"和而不同"。各个民族的文化中都有其他民族文化的因子并受到影响，而这些不同文化间的相互汲取又非原样照搬，它们总是在汲取的过程中经过一番或多或少的本土化、民族化的改造，这样才为本民族的成员所认同，成为本民族文化的一个组成部分。不同文化的互相认同汲取的这种亲和性表现在民族文化性格或民族社会价值观上就是崇尚团结、热情好客。云南的各个民族在分布上都呈现出大杂居、小聚居的格局。往往一个地区，甚至一座山

---

① 费孝通：《乡土中国》，北京大学出版社2012年版，第3页。

上，同时居住着若干个不同的民族，这种现象是很普遍的。这些不同的民族杂处一地却彼此尊重，充分体现了民族间的相互认同和文化上的亲和性。在许多民族口耳相传的神话故事中，不同的民族都是一母所生或一神所造或一处所出的兄弟。如：彝族神话史诗《梅葛》说汉族、傣族、彝族、傈僳族、苗族、藏族等民族都是从一个葫芦里诞生出来的亲兄弟。[①] 类似这样不同民族是兄弟的说法广泛地存在于云南的怒族、独龙族、纳西族、白族、傣族、景颇族、拉祜族、哈尼族、佤族、布朗族、阿昌族、壮族等民族的神话传说中。不同民族是兄弟的神话传说突出地反映了云南民族文化的亲和性和崇尚团结的价值取向。因而，各民族茶俗虽各不相同，但并不排斥和冲突；各民族茶文化既互相影响、互相借鉴，又保持了各自不同的特点。热情好客以茶敬客、以茶行礼、以茶达意、以茶传情的道德观、价值观是各民族日常的茶礼习俗，不论是布朗族、傣族、基诺族、佤族、回族等民族的酸茶和青竹茶、竹筒茶、凉拌茶、烧茶、罐罐茶，还是傈僳族、白族、藏族、纳西族、汉族等民族的雷响茶和油盐茶、三道茶、酥油茶、龙虎斗、烤茶等，都较好地体现了各民族崇尚团结、热情好客的民族文化性格。

云南民族文化的亲和性不仅表现在对待他人、他族的亲和上，还表现在对自然的亲和上。如：各民族都普遍地存在着对自然的崇拜和保护自然的禁忌；在进行种植或狩猎活动时的祭祀和对神山的保护；彝族的密枝林、白族的山神庙、哈尼族的龙树或龙林等都是神圣不可侵犯的，每年都要大规模祭祀；布朗族、拉祜族每个村寨也都有一片树木繁茂的神林，禁止砍伐、放牧或狩猎，每

作者在布朗山调研

---

① 云南省民族民间文学楚雄调查队搜集翻译整理：《梅葛》，云南人民出版社1978年版，第44—46页。

年的傣历十二月，村社都要举行一次集体的祭祀山林的活动；等等。

（三）云南区域茶文化的内涵

世界茶树原产地和普洱茶故乡的云南的民族茶俗可谓丰富多彩，各民族都有自己不同的茶俗，并由此发展为各民族独具特色并有着丰富文化内涵的云南区域茶文化。在今天的茶文化研究田野调查中，研究者们找到了大量关于民族茶文化的资料，进一步丰富了普洱茶的文化内涵。云南的少数民族，特别是云南南部最早种茶用茶的布朗族、佤族、德昂族、彝族、傣族、哈尼族、基诺族等少数民族，至今仍存的用茶方法，堪称茶史中的活化石。中国许多著名茶学专家认为，云南民族丰富的饮茶习俗也是研究世界茶树原产地和茶文化起源的重要内容之一。云南各民族的日常饮茶、用茶习俗充满了鲜活生命力的精神内涵。

首先，在云南各族心中，茶是高洁的圣物，并最早将其用于祭祀，有"无茶不祭"之说，他们将茶与祖先、鬼神、社会交往联系在一起。阿佤人用茶祭司岗里祖先，用茶祭太阳神、月亮神，生娃娃道喜、老人去世、劳动干活、腰酸

祭茶树仪式

头痛、生疮生病都要用茶、吃茶。哈尼族把茶叶奉为吉祥之物，婚、丧、嫁、娶等要办的所有事情都离不开米、蛋、茶这3样东西。其用茶旨在祈求消灾灭病、清吉平安，期望发达兴旺、昌盛繁荣。在西双版纳，傣族、哈尼族、拉祜族、布朗族把南糯山称为孔明山，民间传说茶是由孔明插下的拐杖生长而成，他们把孔明奉为茶祖祭拜至今。当地各民族历史同源、民族同宗、习俗相似，采茶前祭奠茶树王以及七月半祭茶祖、放孔明灯习俗源远流长。云南世居有26个民族，各民族虽都有自己的语言、服饰、风俗、习惯、信仰和崇尚，但其人文背景都与茶息息相关、相依相伴，都把茶当成一种高洁典雅的物品，认为

茶是上通天神、中达祖宗、下连亲友的媒介和信物。茶叶不仅是云南各民族的经济依靠，还是其社会交往的信物，是崇拜自然物的民族哲学的重要表达方式和精神信仰的物质体现。

其次，云南各民族丰富多彩的饮茶礼仪习俗都有着以茶敬客、以茶行礼、以茶协调人际关系的意义。各民族的茶饮，如藏族酥油茶、白族三道茶、纳西族龙虎斗、基诺族凉拌茶等都不只是个人独饮，其所包括的以茶待客的基本礼仪，反映出了人们亲密无间的欢乐与和谐的统一。吃茶能使人们绷紧的心灵之弦得以松缓、倾斜的心理得以平衡。在自然质朴中和诚处世、以礼待人，在热情好客中奉献爱心，和睦相处、相互尊重、相互关心。这同样体现了茶之为用十分高洁，茶之内涵极其深邃。

最后，云南各民族茶俗虽各有意境、百花齐放，但都体现出质朴自然注重实用之性。中国茶文化最讲究道法自然、崇尚简净。道法自然就是与自然相一致、相契合，物我两忘，发自心性；崇尚简净，则是以简为德，心静如水，怡然自得，返璞归真。云南民族饮茶之美还表现在自由旷达、毫不造作上，注重内省、不拘一格，没有严格规范要求、不僵化、率性而为的饮茶风俗充满着浓郁的生活气息和生命活力。在云南各民族生活中，茶是用来喝、用来吃、用来抒情达意的，是开门七件事之一，是与生活息息相关的。他们在饮茶、用茶中不仅关注冲泡过程，还关注茶解渴提神的作用，同时把茶的滋味感觉、心理感受和社交很好地融为一体，追求一种对美好生活的感受。

三、历史传承下的云南民族饮茶文化

云南各民族茶文化在上千年的文化交流中，既充分吸收了内地传统茶文化，又充分保持发扬了地方民族茶文化的特点。各具特色的云南各民族茶文化尽管发展阶段不同，且随今天各民族生活条件的大大改善而有所改变，但早已深深融入各民族生活和历史记忆中的饮茶文化就如同饮食文化一样，不仅仍有自己丰富独特的创造性，且从远古流传至今。

(一)傣族的竹筒茶

很多民族都有饮竹筒茶的习惯。傣族的竹筒茶别有风味。其制法有两种:一是采摘细嫩的一芽二三叶,经铁锅杀青、揉捻,然后装入生长期一年的嫩甜竹(又叫香竹、金竹)筒内,这样制成的竹筒茶既有茶叶的醇厚茶香,又有浓郁的甜竹清香;又一制法是将0.25公斤一级晒青春尖毛茶放入小饭甑里,甑子底层堆放厚度6—7厘米浸透了的糯米,甑心垫一块纱布,上放毛茶,约蒸15分钟,待茶叶软化充分吸收糯米香气后倒出,立即装入准备好的筒口直径5—6厘米、长22—25厘米的竹筒内。装茶时边装边用小棍杵紧,然后用甜竹叶或草纸堵住筒口,放在离炭火高约40厘米的烘茶架上,以文火慢慢烘烤,约5分钟翻动竹筒1次,待竹筒由青绿色变为焦黄色时筒内茶叶已全部烤干,剖开竹筒即成竹筒茶。这种方法制成的竹筒茶三香齐备,既有茶香又有甜竹的清香和糯米香。

(二)僾尼人的土锅茶

土锅茶,僾尼语叫"绘兰诺博",这是一种古老而方便的饮茶方法。其做法是:用大土锅将山泉水烧开后,放入南糯山上特制的南糯白毫,煮约5—6分钟后将茶水舀入竹制的茶盅内即成。这种茶水清香可口,回味无穷。传说很久很久以前的一天,一位勇敢而憨厚的僾尼小伙子在深山里猎到一只为害僾尼山寨人畜的凶豹,他用大锅将其煮好后邀约全寨男女老少去分享,大家一边吃、一边说笑,还跳起舞,跳啊跳,跳了一个通宵,跳得口干舌燥……憨厚的小伙子又请大家喝锅里的开水,这时一阵大风吹来,许多树叶纷纷落到锅里,大家喝了锅里的开水,感到这水苦中带甜还有清香,非常爽口,从此僾尼人就把这树叶称为"诺博"(即茶叶),并开始种植使用。

(三)基诺族的凉拌茶

凉拌茶是基诺族的一种较为原始的食茶方法,它的历史可以追溯到数千年以前。凉拌茶,其实是一道菜肴,主要是吃米饭时当菜吃。把用鲜嫩茶叶制作的凉拌茶当菜食用是极为罕见的吃茶法。将刚采收来的鲜嫩茶叶揉软搓细放在大碗中加上清泉水,随即投入黄果叶、酸笋、酸蚂蚁、大蒜、辣椒、盐巴等配料（一般可根据个人的喜好而定）拌匀便成为基诺族喜爱的"拉拨批皮"，即凉拌茶。

（四）布朗族的青竹茶和酸茶

青竹茶是布朗族的一种方便而又实用的饮茶方法，一般在离开村寨务农或进山狩猎时饮用。布朗族喝的青竹茶，制作方法较为奇特。首先砍一节碗口粗的鲜竹筒当作煮茶器具，将一端削尖，插入地下，再向筒内加泉水，然后找些干枝落叶当作烧料，点燃于竹筒四周，当筒内水煮沸时，随即加上适量茶叶，待3分钟后，将煮好的茶汤倾入事先已削好的新竹罐内即可饮用。这种青竹茶将泉水的甘甜、青竹的清香、茶叶的浓醇融为一体，滋味十分浓烈，喝起来别有风味。

民族茶艺表演

布朗族还保留有食酸茶的习惯。酸茶的制茶时间一般在五六月份。在高温高湿的夏季，将采下的幼嫩鲜茶叶用水煮透，趁热装入土罐后放在阴暗处10余日让它发霉，然后将其装入竹筒内再埋入土中，经月余即可取出晒干食用，吃时放入口中嚼细咽下，可帮助消化、解渴。除自食外，布朗族人还把酸茶作为互相馈赠的礼物。

（五）佤族的烧茶、烤茶

居住在云南省沧源、西盟、澜沧的佤族饮用的是烧茶。这种饮茶方法流传已久，现在佤族中仍保留有这种饮茶习惯。烧茶，佤语叫"枉腊"，是一种与烤茶相似而又独具一格的饮茶方法。首先用烧水壶将泉水煮沸，再用一块薄铁板盛上茶叶放在火塘上烧烤，至茶色焦黄闻到茶香味后，将茶倒

佤族制茶

入烧水壶内煮。这种茶水苦中有甜、焦中有香，有东汉华佗《食论》中写的"苦荼久食益思意"的感觉。

佤族除了用铁板来烧茶以外，还会使用瓦片、芭蕉叶甚至是纸来进行烤茶。使用瓦片烤茶时，要将茶叶放置于瓦片内，放在火塘上烘烤，烘烤时用筷子加以搅拌使茶叶受热均匀；使用芭蕉叶时，要将茶叶用芭蕉叶包好，置于火塘上烘烤，烘烤时要注意不停地翻转使茶叶受热均匀，烤到芭蕉叶由绿变黄时里面的茶叶也就烤好了；使用纸进行烘烤时，要用佤族特制的一种纸，将茶叶放置于纸上，烘烤时双手要不停地抖动，既要使茶叶受热均匀又不能让纸烧着，这需要相当高的技艺。

（六）哈尼族的"哈尼节节"

自古以来，哈尼族就与茶叶结下了不解之缘，哈尼人擅长种茶、制茶，日常生活更是离不开茶，因而形成了独具特色的哈尼族茶文化。据考证，哈尼人种植茶树已有千年的历史，是世界上最早种植茶叶的民族之一。

哈尼族世代居住在深山老林里，传说很久以前，哈尼祖先在山里用土锅烧水，山风吹来，树叶掉进锅里，顿时香气四溢，喝后苦中回甜，于是发现了茶树，并将茶叶称为"拉白"，将吃茶称为"哈尼节节"，并将吃茶、种茶世代延传了下来，成为哈尼人生活的一部分。哈尼人认为：金山银山花得尽，牲口粮食吃得光，留下"拉白"保健康。他们极为尊重山上的一草一树，认为万物皆有灵性，对茶树更如对天神般虔诚、对生命般爱惜，对茶有无比的依恋。

每逢有贵客光临和喜庆之时，哈尼族会把从茶山里采回的新鲜"拉白"放入大铁锅中炒制，随后放在簸箕里揉制杀青，待茶叶条索成形，再加入一种叫"节节"的植物，一起放入瓦罐和水煮，水沸腾了，一锅味醇汤浓、气味芬芳的"哈尼节节"就制成了。整个过程环环相扣，一气呵成。"哈尼节节"汤色浓似琥珀，味香如兰。

（七）白族的三道茶

白族散居在云南省大理白族自治州，这是一个十分好客的民族。

白族人家，不论是在逢年过节、生辰寿诞、男婚女嫁、拜师学艺等喜庆日子里，还是在亲朋好友登门造访之际，主人都会以"一苦二甜三回味"的三道茶款待宾客。

三道茶，白语叫"绍道兆"，是白族待客的一种风尚，大凡宾客上门，主人都会一边与客人促膝谈心，一边吩咐家人忙着架火烧水，待水沸，就由家中或族中最有威望的长辈亲自司茶。先将一只较为粗糙的小砂罐置于文火之上烘烤，待罐烤热后，随即摄取一撮茶叶放入罐内，并不停地转动罐子，使茶叶受热均匀。等罐中茶叶啪啪作响，色泽由绿转黄且发出焦香时，向罐中注入已经烧沸的开水，少顷，主人就将罐中翻腾的茶水倾注到一种叫"牛眼睛盅"的小茶杯中。杯中茶汤容量不多，白族认为，"酒满敬人，茶满欺人"，所以茶汤仅半杯而已，一口即干。由于此茶是经烘烤、煮沸而成的浓汁，因此看上去色如琥珀，闻起来焦香扑鼻，喝进去滋味苦涩。冲好头道茶后，主人会用双手举茶敬献给客人，客人双手接茶后通常一饮而尽。此茶虽香，却也够苦，因此谓之"苦茶"。白族称这一道茶为"清苦之茶"，寓意为"要立业，就要先吃苦"。

喝完第一道茶后，主人会在小砂锅中重新烤茶置水（也有用留在砂罐内的第一道茶重新加水煮沸的）。与此同时，将盛器"牛眼睛盅"换成小碗或普通杯子，内放红糖和核桃肉，冲茶至八分满时敬予客人。此茶甜中带香，别有一番风味。第一道茶是苦的，如果说苦尽甜来，那么第二道茶便是甜的了，白族人称它为糖茶或甜茶，寓意为"人生在世，做什么事，只有吃得了苦，才会有甜香来"。

第三道茶，将一满匙蜂蜜及3—5粒花椒放入杯（碗）中，再冲上沸腾的茶水，容量多以半杯（碗）为度。客人接过茶杯时，茶汤仍呼呼作响，一边晃动茶杯，使茶汤和佐料混合均匀；一边趁热饮下。此茶喝起来回味无穷，可谓甜、苦、麻、辣，各味俱全。因此，白族称它为"回味茶"，若是加入用牛奶熬制成的乳扇，则更是回味无穷，更能体会"先苦后甜"的人生哲理。

（八）纳西族的龙虎斗

纳西族聚居在滇西北，气候高寒干燥，主食为杂粮，缺少蔬菜，喝茶必不可少。龙虎斗，纳西语叫"阿吉勒烤"，其饮用方法非常有趣，制作方法也很奇特。首先用水壶将茶烧开，再另选一只小陶罐，放入适量茶，连罐带茶烘烤。为避免茶叶烤焦，还要不断转动陶罐，使茶叶受热均匀。待茶叶发出焦香时，向罐内冲入开水，像熬中药一样，熬得浓浓的。同时，准备茶盅，再放上半盅白酒，然后将熬好的茶汁冲进盛有白酒的茶盅内（注意不能将酒倒入茶里），这时，茶盅内会发出"滋滋"的悦耳响声，纳西族将此看作是吉祥的征兆，声音愈响，在场者就愈高兴。响声过后，就可以饮用了。有些还加上一个辣子。纳西族认为，龙虎斗是治感冒的良药，喝一杯龙虎斗后，周身出汗，睡一觉后就感到头不昏、浑身有力，感冒也治好了。因此，纳西族提倡趁热喝下，如此喝茶，香高味酽，提神解渴。

（九）冲盐巴茶

冲盐巴茶是居住在高海拔地区的纳西族、傈僳族、汉族、普米族、苗族、怒族等民族较为普遍的饮茶方法。其制法是先将特制的、容量约200—400毫升的小瓦罐洗净后放在火塘上烤烫，抓一把青毛茶（约5克）或掰一块饼茶放入罐内烤香，再将开水冲入瓦罐，罐内茶水即沸腾起来，冲出泡沫（有的地方将第一道茶汁倒掉，认为不太干净，第二次再向瓦罐中冲入开水至满），待沸腾停止后，将一块盐巴放入罐内的茶水中，用筷子搅拌三五圈后将茶汁倒入茶盅，一般只倒至茶盅的一半，再加入开水冲淡即可饮用。边饮边煨，一直到瓦罐中的茶味消失为止。这种茶汤色橙黄，既有强烈的茶味，又有咸味，喝起来特别消解疲劳。一般每烤一次可以冲饮三四道。过去缺少蔬菜，故常以喝茶代替食用蔬菜。现在，这里的民族有的已发展到全家每人一个茶罐，"苞谷（玉米）粑粑盐巴茶，老婆孩子一火塘"，清早起来一边吃苞谷粑粑或在火塘里煨熟的麦面粑粑一边喝茶，吃饱喝足后再去劳动；中午和晚上劳动回来后都要喝一次茶，茶叶已成为他们不可缺少的生活必需品，每日必饮3次茶。"早茶一盅，一天威风；午茶一盅，劳动轻松；晚茶一盅，提神去痛；一日三盅，雷打不动。"

(十) 傈僳族的油盐茶、响雷茶

傈僳族主要分布于怒江、迪庆地区。油盐茶，傈僳语叫"华欧腊渣渣"，是一种古老而被普遍使用的饮茶方法。傈僳族喝的油盐茶，其制作方法奇特，首先将小陶罐放在火塘（坑）上烘热，然后在罐内放入适量茶叶后继续放在火塘上烘，并不断翻滚，使茶叶烘烤均匀。待茶叶烤至焦黄并发出焦糖香时，加入少量食油和盐。稍时，再适量加水，煮沸3—5分钟，就可将罐中茶汤倾入碗中待喝。油盐茶因在茶汤制作过程中加入了食油和盐，所以喝起来"香喷喷，油滋滋，咸兮兮，既有茶的浓醇，又有糖的回味"，解渴充饥，别有风味。傈僳族常用它来招待客人，同时也是家人团聚时常备的饮品。

傈僳族制作油盐茶

响雷茶是酥油茶的一种。先用一个能煨750毫升水的大瓦罐将水煨开，再把饼茶放在小瓦罐里烤香，然后将大瓦罐里的开水倒入小瓦罐里熬茶；熬5分钟后滤出茶叶渣，再将茶汁倒入酥油筒内，倒入两三罐茶汁后加入酥油，再加入事先炒熟、碾碎的核桃仁、花生米、鸡蛋以及盐巴或糖等；最后将一块钻有一个洞的放在火中烧红的鹅卵石放入酥油筒内，使筒内茶汁哧哧作响，犹如雷响一般。响声过后，马上使劲用木杵上下抽打，使酥油成为雾状，均匀溶于茶汁中，增加茶汁的香味和浓度，打好后倒出，趁热饮用。

(十一) 藏族的酥油茶

青藏高原有"世界屋脊"之称，空气稀薄，气候高寒干旱，当地蔬菜瓜果很少，居住在这里的藏族以放牧或种旱地作物为生，常年以奶肉、糌粑为主食。"其腥肉之食，非茶不消；青稞之热，非茶不解。"茶成了藏族人补充营养的主要来源。他们对茶极为重视,认为茶是吉祥之物。如:清晨起床,首先进食的即是茶;家中有亲人出远门,临行前,家人一定要敬上一杯茶,以祝愿亲人一路顺风、平安归来;在藏族聚居区的车站、码头、候车室里,经常可看到身围氆氇裙的老阿妈或脚蹬藏鞋的老阿爸肩上挎着装满酥油茶的暖瓶在为亲人送行;到医院去探望病人,也照例要带上一壶酥油茶,病人会因此感到莫大的安慰。

酥油茶是一种在茶汤中加入酥油等配料后经特殊方法加工而成的饮品。制作酥油茶时,先将茶叶或砖茶用水久熬成浓汁,再滤去茶渣,把茶汤注入长圆形的打茶筒内,再加入适量酥油,可根据需要加入事先已炒熟、捣碎的核桃仁、花生米、芝麻、松子仁之类,还应放上少量的食盐、鸡蛋等。最后,趁热用木杵在茶筒内上下打搅,再抽提、重压,使酥油成为雾状而均匀地溶于茶汤中。

酥油茶滋味多样,喝起来咸里透香,甘中有甜,它既可暖身御寒,又能补充营养,敬酥油茶便成了藏族款待宾客的珍贵礼仪。

(十二)打油茶

打油茶是云南省永胜县一带最为流行普及的饮茶风俗。这里聚居着彝族、白族、纳西族、普米族等众多少数民族,流传着"丽江粑粑鹤庆酒,永胜油茶家家有"的说法。

打油茶的烹制特别考究,选配的材料有米(以香米为佳)、茶(以高山无污染耐泡型茶最佳)、油(新鲜猪油)、水(以泉水为上)、糖、食盐,还可放麻子、芝麻、花生、核桃等。打油茶制作时先将土罐预热,待放入一定的新鲜猪油后再投入适量的米并不断搅动,使其均匀受热,至米六成黄、香气溢出后投入适量的茶。茶量的多少因饮茶人的习惯而异,烤茶要有一定的技术,在不断搅动中要使茶叶、香米均匀翻转,待米、茶烤至焦黄,茶香、米香、油香融为一体且香气四溢时,加入泉水。最后,再根据饮茶者的口味添加适量的糖、蜜或食盐等配料,富有营养,具有保健作用。打油茶融茶香、米香及油香于甘冽的泉水,香气浓郁、滋味纯甘、汤色乳黄,饮后沁人心脾。当地人常说"一天不喝打油茶,生活就像失去什么一样",可想打油茶在当地人们心目中的位置。

(十三)回族的罐罐茶

居住在曲靖、寻甸、马龙等地区的回族喜欢饮用罐罐茶,这种茶的茶汁十分浓烈,像烈酒一样,有时还会"醉人"。

罐罐茶,以喝清茶为主,少数也有用油炒或在茶中加花椒、核桃仁、食盐之类的。罐罐茶的制作并不复杂,使用的茶具通常一家人一壶(铜壶)、一罐(容量不大的土陶罐)、一杯(有柄的白瓷茶杯),也有一人一罐一杯的。熬煮时,先在火塘上烧一壶水,再将罐子围放在壶四周的火塘边上,倾入壶中的开水半罐,待水重新煮沸时放入茶叶8—10克,使茶、水相融,茶汁充分浸出后再向罐内加水至八分满,直到又一次煮沸时才算将罐罐茶煮好,即可倾汤入杯开饮。有些地方是先将茶进行烘烤或油炒后再煮,目的是增加焦香味,有的地方在煮茶的过程中也会加入核桃仁、花椒、食盐之类的,但不论何种罐罐茶,茶的用量都很大,煮的时间也长,所以茶的浓度很高,一般可重复煮3—4次。当地的回族同胞认为,喝罐罐茶至少有四大好处——提精神、助消化、去病魔、保健康!

(十四)汉族的烤茶

烤茶是云南的一种区域性风俗,无论是白族、彝族、汉族还是其他民族,都有喝烤茶的习惯。"进门一杯茶"是云南各民族的待客之道。随便你走进哪一户人家,不管你是远道而来的客人,还是左邻右舍的亲朋,只要进了门,主人都会为你烤上一罐浓酽、清香的烤茶。

汉族的烤茶从用具选择到烤制方法都很讲究。首先是用具,上等的用具是铜壶、砂罐和土杯。烤制时先拿出一只洗得干干净净的砂罐放在火塘红红的火上预热,等砂罐被炭火烤到一定火候时放入一大把本地特产的大叶茶,然后快速抖动簸荡,让茶叶在砂罐里翻腾。不大一会儿,茶叶就开始发泡,呈现出微黄色,并开始冒出浓郁的茶香味来。当茶烤到一定程度时,在砂罐中冲入少量铜壶中烧得滚开的热水，只听见"滋滋"几声，顿时茶水全部化作泡沫如花朵盛开般翻上罐口，茶香四溢。待砂罐中的泡沫落下后，再加入适量热水，不一会儿，砂罐中的茶水再一次滚开即可斟入杯中慢慢品味。砂罐并不大，比成年人的拳头还要小一些，一砂罐茶水只能斟那么一两杯。好在烧好的热水就煨在火塘边，茶水刚从砂罐中倒完，滚滚的热水也便添进了罐里。这样，一个小小的砂罐也能供许多人同时饮用。

古代云南茶业

云南种茶业的开篇

一、世界最古老的茶农

云南作为世界茶源和茶文化的发祥地,种茶用茶历史十分悠久,远溯商周,近追汉晋,闻于唐宋,兴于明而盛于清。虽上古时对云南茶缺少文字记录,但从东晋常璩所撰的《华阳国志·巴志》看,云南古老的土著濮人在汉晋时期便已开始种茶用茶并上贡中原王朝。

从目前已有的研究看,中国的饮茶风俗在秦实现统一之前就已经在巴蜀兴起,且可以上溯到西周初年。东晋常璩《华阳国志·巴志》载:"周武王伐纣,实得巴、蜀之师……武王既克殷,以其宗姬封于巴,爵之以子……其地东至鱼复,西至僰道,北接汉中,南极黔、涪。土植五谷。牲具六畜。桑、蚕、麻、苎、鱼、盐、铜、铁、丹、漆、茶、蜜、灵龟、巨犀、山鸡、白雉、黄润、鲜粉,皆纳贡之。……园有芳蒻、香茗……其属有濮、賨、苴、共、奴、獽、夷蜑之蛮。"① 茶学家吴觉农在其《茶经述评》说,西周初年,巴蜀向周朝进贡的物品中就有茶,且明确指出所进贡的茶叶是"园有芳纡香茗",这说明当时已有人工植茶,茶事在中国西南已发展到一定阶段。且当时所指的巴蜀包括今四川及云南、贵州部分地区,故贡品中除有四川茶外也有云南茶。

魏国吴普《本草·菜部》载:"'苦菜,一名茶,一名选,一名游冬,生益州川谷山陵道傍,凌冬不死,三月三日采干。'按《茶

---

① (东晋)常璩:《华阳国志》卷一《巴志》,光绪二年酉山房重刊本。另见(东晋)常璩撰、任乃强校注:《华阳国志校补图注》,上海古籍出版社1987年版,第4—5页。

经》注云:"疑此即是今茶,一名茶,令人不眠。"《本草注》:"按《诗》云'谁谓荼苦',又云'堇荼如饴',皆苦菜也。陶谓之苦茶,木类,非菜流。茗,春采,谓之苦茶。"① 这里的"益州"指益州郡。西汉元封二年(前109年),滇王尝羌臣服于汉,武帝赐以金质"滇王之印",封尝羌为滇王,以滇池为中心,设益州郡,郡治在滇池县(今晋宁区),领27县,包括今曲靖、玉溪、昆明、大理、保山等州市的辖区。

采茶的布朗族女性

陆羽《茶经》中提到:"傅巽《七诲》蒲桃、宛柰、齐柿、燕栗、峘阳黄梨、巫山朱橘、南中茶子、西极石蜜。"② 这里的"南中"即云南,这里列举的是一系列中外名优土产。有专家认为,"茶子"不是指茶树种子,而是成个、成块的紧茶,说明云南紧茶在汉晋时期已是与宛柰、齐柿、燕栗、巫山朱橘、西极石蜜齐名的特产。南中的茶与大宛国的花红、山东的柿子、河北的板栗、三峡的红橘、阿富汗的冰糖等中外名产列在一起,说明云南茶在三国时期已很有名。《华阳国志》卷四还记载:"平夷县……山出茶、蜜。"③ 平夷县指今云南富源县。该史料可进一步说明,早在汉晋时期云南就已广为种植茶树。

顾炎武曾在《日知录》中写道:"秦人取蜀,始知茗饮事。"指出饮茶风俗是在秦吞并巴、蜀之后,随着巴蜀地区与中原地区的经济文化交流日益加强而从西南传出。秦汉之后,巴蜀饮茶风俗沿长江流域逐渐向外传播,首先在与之毗邻的湖南、广东、江西一带蔓延开来

---

① (唐)陆羽:《茶经·七之事》(宋刻珍藏本),西泠印社2011年版。
② (唐)陆羽:《茶经·七之事》(宋刻珍藏本),西泠印社2011年版。
③ (东晋)常璩《华阳国志》卷四。平夷县,在西汉前是古夜郎国属地,西汉和东汉时平夷县县治在今富源县大河镇恩乐村;蜀汉时期沿袭,县治迁至平夷乡(今富源县县城),属牂柯郡;西晋永嘉五年(311年)置平夷郡。

并传向北方，使得饮茶逐渐蔚然成风。《三国志·吴志·韦曜传》中有"以茶代酒"的记载，《汉书·赵飞燕别传》中也有"帝赐吾坐，命进茶"的记载。

从今天大量古老的用茶习俗看，我国西南先民即已发现茶并最早将茶用于药食，并对茶树进行祭祀，将茶与祖先神灵相连在一起，有"无茶不祭"之说。从秦汉开始，中央集权加强，全国"山泽之财""平输之藏"充分集中，形成雄厚的经济实力并伸向四方，辐射出磁铁般的向心力吸引着周边各族的内聚。特别是汉武帝时开发交通经营西南夷，设置郡县，将西南夷地纳入版图，使得川滇茶叶成为边疆与内地贸易之物以及向中央王朝进贡之物，如汉史有益州上表贡茶千斤、茗300斤的记载，这说明在汉晋时期云南已有茶。当然，对"南中茶子"作为周朝贡品尚有争议。有学者认为这条珍贵的史料记载恰好与常璩所述的纳贡之茶可彼此对应起来，说明南中"山出茶蜜"，兼之昔日巴蜀之师又有布朗族之祖先古濮人，则其纳贡之茶，何尝不就是云南之茶。

也有专家认为，"南中茶子"指茶树的种子，如彭承鑑先生认为，长期以来，人们将"南中茶子"中的"子"理解为云南的紧茶、饼茶，因而淹没了祖先对植物分类学的贡献，他认为晋朝没有出现紧压茶，到唐时云南茶叶还在散收，无采造法。因而"南中茶子"中的"子"与茶叶制造无关，指的是物种，是不同于灌木型的云南乔木型大叶种茶叶。

古濮人分布虽广，但相对聚居于云南澜沧江流域，是该流域最古老的土著先民。20世纪80年代，在澜沧江中下游地区发现许多新石器，属"忙怀类型"，而"忙怀类型"属"百濮"的文化遗存，证明古代濮人很早便居住在澜沧江沿岸一带。据方国瑜《中国西南历史地理考释》考证："在景东、景谷、普洱、思茅、西双版纳、澜沧、耿马、临沧、镇康、云县、保山诸处居民，都有蒲蛮族，自称'布朗'，以往记录濮、朴、蒲，都是布的同音异写，又布朗族与佤族（自称布饶、布幸）、崩龙族（自称布雷），语言同一属系，族属亦相关（蒙古人种，亦称南亚语族），古濮人分别名号甚多，当包有今布朗、阿佤、崩龙诸族之先民。《华阳国志·南中志》记载，诸葛亮定南中后将永昌郡濮民数千部落移至云南郡和建宁郡屯田。唐代樊绰《蛮书》卷四载：'扑子蛮，开南、银生、永昌、寻传四处皆有。'"①

濮人祖居云南的历史十分悠久，是至今所能考证到的最早种茶用茶的族群，被称为世界上最古老的茶农。今天的佤族、布朗族和德昂族乃是濮人后裔，而茶业仍是他们的重要经济依靠。《云南各族古代史略》载，布朗族和崩龙族（历史上）统称仆子族，善种木棉和茶树。他们居住活动的地区不仅有适宜种茶的自然条件，而且有大量栽培型古茶园，其中有的茶树年龄高达上千年，如今天还存活的凤庆香竹箐澜沧江畔有着3200多年树龄的栽培型古茶树——锦秀茶尊。与史料记载相印证看，商周时西南夷古濮人就已经开始种茶用茶，而且把茶作为特产进贡西周王室，也因此得以载入史册，让云南茶首次为外界所知，成为云茶发展的第一个重要历史节点，故有濮人为云南种茶始祖之说。在今天的田野调查中，研究者们还陆续从考古学、民族学及茶种茶树起源的科学研究中找到了大量资料，有力地证明了云南少数民族先民中的古濮人是茶文化的创造者。

濮人是世界上最古老的茶农，因而云南也成为中国最早使用茶叶的地区，故从某种层面上也可以说茶文化发祥于云南。云南作为茶树原生地，为当地原住居民最早种茶用茶提供了先决条件，有了这些古茶树种质资源就有了茶树品种的后代在中国乃至世界的广泛传播、不断繁衍，就有了茶叶的药用、食用、饮用，并孕育了丰富多彩的茶文化，为云南茶业面向中国乃至世界的传播和发展做出了重要贡献。

二、汉晋时期云南种茶业的开启

蜀建兴三年（225年），诸葛亮（字孔明）平定南中（从东汉末年起，南中是全滇和黔西北、川西南的总称）后，充分利用南中地区

①方国瑜：《中国西南历史地理考释》，中华书局1987年版，第289页。

产茶的优势条件，进一步倡导种茶，发展南中地区经济，使南中开始了茶叶种植，促进了早期云南民族种茶业的发展，因而有"孔明兴茶"之说。

诸葛亮，与古代云南茶业发展有莫大关系。史料中有关孔明与茶的记载很多，一直到今天孔明都被云南种茶民族尊为"茶祖"并祭祀之。如清代师范《滇系·山川》（1807年）载："普洱府宁洱县六茶山，曰攸乐……皆多茶树。六茶山遗器孔明留铜锣于攸乐，置芒于莽枝，埋铁砖于曼砖，遗木梆于倚邦，埋马镫于革登，置撒袋于曼撒因以其名。又莽枝有茶王树，较五茶山树独大，传为武侯遗种，夷民祀之。"①

从历史研究看，225年农历七月二十三日，蜀国攻吴失败，南中诸郡皆叛。诸葛亮兵分三路亲自南征，以"和抚"战略，五月渡泸，七擒七纵孟获，四郡皆平。诸葛亮返蜀前采取了一系列巩固政权的措施。在政治上，将南中进一步郡县化，将五郡调整为七郡，在滇南新增雍乡（今镇康）、永寿（今耿马）、南涪（今景洪）三县；以建宁郡为南中政治、经济、文化中心，任李恢为建宁太守；为安定后方，并让吕凯、孟获、孟琰、爨习等继为各级政府机构官员，以巩固强化政权。在经济上，开垦土地，广种粮茶。将永昌地区数千濮民迁至滇中平坝区建宁、云南二郡，以实户口，使濮民屯田生产水稻，并在滇南山区广植茶叶，数年后即"赋出叟、濮，耕牛、战马、金银、犀革充继军资，于是费用不乏"。"军资所出，国以富饶"；贲、叟、青羌精锐之众以及王平所统"五部"军皆征自南中劲卒，成为伐魏主力。南中出现了安定和睦、经济发展、欣欣向荣的局面。

武侯诸葛亮在平定南中后，为安定和开发南中地区，对当地少数民族实施了一系列安抚政策和措施，其中包括派人教民用牛耕代替刀耕火种，推广先进农耕技术，帮助各少数民族发展生产、改善生活、防瘴气，倡导种茶、用茶，从而扩大了茶叶的种植和文化传播范围，推动了早期云南茶业经济的发展，这也是诸葛亮深得南中各族人

---

① （清）师范：《滇系·山川》第六册，光绪云南通志馆刊本。

民拥戴的原因之一。今天在滇南很多少数民族的传说中,有不少关于孔明让云南的官兵教(民)种茶、饮茶,教民广植茶园、发展茶叶的故事,他们将西双版纳六大茶山之一的革登山称为孔明山、茶王树称为孔明树,奉孔明为茶祖并定期

普洱各民族以大茶树为寄托的祭祀活动现场

举办茶祖会。每年的七月二十三日即孔明生日,在普洱等地,人们以大茶树为寄托举行祭祀活动。为感恩孔明,茶农们每年清明前后新茶上市时都要祭祀茶祖孔明,并将其供奉于村寨和家庭之中。

从老一辈口述史料看,旧时普洱等地的祭茶祖活动非常隆重。如在《思茅文史通讯》中何志宏回忆:"思茅茶祖会,起始那一年,我不清楚,儿时曾随父亲参加过……集会于川祝庙的前后两殿,前殿供奉刘关张塑像,后殿专供诸葛孔明塑像,时间3—5天不等,每日早晚由会长带领与会人员排列向孔明顶礼膜拜……"在普洱板山,当地的祭茶祖活动一直延续到民国时期。在思茅,茶祖会发展成有洞经音乐演奏的祭祀大会,一直持续到解放前。甚至传说"思茅"这个地名为孔明所命名——孔明率军征战至此,因见满目苍翠,不觉怀念家乡,于是给这里起名为思茅。从有关考证看,至少从乾隆年间(1736—1796年)以来,每年农历七月二十三日即孔明生日,思茅一些会馆如石屏会馆都会举办茶祖会,届时各茶庄、茶号和各商旅都要聚在一起举行隆重的祭茶祖仪式,恭读祭文、演奏洞经音乐,以祭祀孔明兴茶的功绩。

作者在普洱哈尼村寨调研时与当地茶农合影

从文献看,虽然普洱茶自西周时期就已开始被供奉给王亲贵族,

但云南有规模地种茶应始于汉晋三国时期。古之南中即今之云南省境内还存活着许多古老的栽培型大茶树,如澜沧邦崴过渡型古茶树和澜沧景迈发现的栽培型万亩古茶林,树龄达千年以上,与孔明兴茶时代相吻合。这也表明孔明"因地制宜教民种茶,发展经济,以资钱粮"的记述是可信的。此外,孔明深知如何处理民族关系,他倡导团结与和睦相处,向各民族灌输茶文化,教他们饮茶、敬茶,潜移默化地传播内地经济文化,促进云南边疆民族向和平文明性转化。孔明把茶文化与政治巧妙结合,借茶教化人民,"以茶治边",以达到治国安邦、长治久安的目的,可谓用意深远。

西双版纳攸乐山(今基诺山)属古六大茶山之首,现在基诺乡的亚诺、新司土、洛特等村寨还保存有完好的古茶园3000多亩。当地基诺族传说,攸乐本是蜀国丞相孔明的居下将士,随孔明南征时在今基诺山一带落伍,未能随主力回归,被丢落于此,后被人称作"攸乐"(即丢落)。据传,诸葛孔明担心这支落伍的队伍无法生存下去,就把自己的拐杖插在地里,使其生根发芽,变为茶树,让其得以种茶、采茶为生。虽然史籍未有诸葛孔明南征到西双版纳的真实记载,但人们把茶树、茶山与孔明联系起来,也可看出孔明当年对待少数民族的政策是深得民心的。

2004年西双版纳州古茶树古茶园资源普查结果表明,西双版纳州境内古茶树古茶园面积达13万亩,其中植株较多的连片百年以上的古茶园共有82234亩,其中:勐腊县27793亩;景洪市8225亩;勐海县46216亩,占全州古茶园面积的50%,是西双版纳州两县一市古茶树数量最多、古茶园面积最大的县份。以佛海(勐海)为中心的江外古六大茶山是西双版纳现存最大古茶山、古茶园。其中,最有名者为南糯山古茶园,面积近15000亩,是西双版纳州

孔明雕像

现存面积最大的栽培型古茶园，茶树高一般在2—5米，主干直径在0.2米以上；此外，还分布有许多年代久远的大茶树，其中著名的有"栽培型茶树王"南糯山大茶树（1994年枯死）、"野生型茶树王"巴达大茶树、曼飞龙大茶树等。

勐海县古茶树、古茶园主要分布在海拔超过1000米的山区地带，分布面积较大的乡镇有：格朗和乡15000亩、布朗山乡9505亩、易武乡8279亩、勐混镇8010亩等。古茶树树龄100—1700年不等，但大多数在200—500年之间。

属普洱市辖区的澜沧县惠民乡芒景、景迈村原始森林中的古茶园，是世界上面积最大、年代最久远的千年万亩栽培型古茶园。据芒景布朗族种系《功德碑》的傣文记载，这片古茶园的种植始于傣历57年（695年），距今已有超1320年的历史。整个古茶园在海拔1400米的山区，占地2.8万亩，实际采摘面积达10003亩。已发现的过渡型、栽培型古茶树，有的树龄高达千年，如澜沧邦崴过渡型古茶树和澜沧景迈栽培型万亩古茶林，这表明在今普洱、西双版纳一带，在武侯发展茶业的推动下，早期云南民族种茶有了新的开篇。云南无比丰富的茶资源和悠久的茶业发展历史毫无疑问地对内地特别是不产茶的地区产生了强烈的对茶叶的需求，云南也因此成为中国茶马古道最南段的源头和起点。

从上述文献及研究看，虽然商周时期云南古濮人已开始种茶，但云南有规模地种茶应始于汉晋三国时期，我们可以把225年农历七月二十三日孔明南征视为居住在云南西南部各民族大量种茶的开篇。孔明在南中地区倡导种茶，发展南中地区经济，不仅使南中茶子颇负盛名，而且促进了云南民族种茶业的第一次大发展，成为云茶发展的第二个重要历史节点。

三、隋、唐、宋时期云茶的兴起

前述及秦统一巴蜀之前，茶事在中国西南已发展到了一定阶段。笔者曾对"茶"字解析有过研究，从茶字演化形成可看出茶最早从中国西南传播出去。我国历史上关于茶名茶字的称谓和写法较复杂。在古代史料中，茶的名称很多，有"荼""槚""茶""蔎""茗""荈""葭""葭萌""椒""茶""木茶""茶荈""苦茶""苦茶""茗茶""茶茗""荈诧"等叫法和写法，如西汉司马相如的《凡将篇》中提到的"荈诧"就是茶；西汉末年，扬雄的《方言》中称茶为"蔎"；在《神农本草经》中，称茶为"荼草"或"选"；南朝宋山谦之的《吴兴记》中称茶为"荈"；东晋裴渊的《广州记》中称"皋芦"；等等。此外，还有"草中英""酪奴""草大虫""不夜侯""离乡草"等趣名。

至唐代，陆羽在《茶经》中曰："其名，一曰茶，二曰槚，三曰蔎，四曰茗，五曰荈。""槚"也就是茶树，《尔雅·释木篇》称之为苦茶；"蔎"，是茶的别名；"茗"，解释较多，有早采为荼、晚采为茗之说，也有指早采的嫩芽之说，但更多引申为"众口皆碑"的茶。"荈"，指最晚采的茶。在这5个茶叶名词中，又以《尔雅》记载的"槚，苦茶"的释文为早。《尔雅》是秦汉间的一部辞书。语言学家发现"蔎"字的字源比茶、槚更明确，如《方言》中清楚地指出"蜀西南人谓茶曰蔎"，"蔎"是蜀地方言音译。孙楚《出歌》中有"姜、桂、茶荈出巴蜀"句，这也说明了茶最早从中国西南传入中原内地。

隋唐时期，饮茶迅速普及，逐步达到繁盛。唐代及至陆羽撰写《茶经》之后进一步推动了茶业发展，特别是《茶经》中将"荼"字划掉一横成为"茶"字，从此，在古今茶学书中，茶字的形、音、义也就固定了下来。究其原因，"荼"字多义易误解而借用"槚"，然"槚"本指楸、梓之类的树木，亦会引起误解。由于唐代茶叶生产迅速发展，饮茶的普及程度和茶字的使用频率越来越高，民间的书写者为了将茶的意义表达得更加直观清楚，于是就把"荼"字减去一横，就成了现在我们看到的"茶"字。中国地大物博，民族众多，语言和文字也是异彩纷呈，对同一物有多种称呼，对同一称呼又有多种写法也是常有的。中唐以后，茶的音、形、义已趋于统一，随着陆羽《茶经》的广为流传，"茶"字进一步得到广泛使用。

从"茶"字的演化形成可看出中华民族通过茶寄予的对真、善、美的人生追求。汉字是世界上最古老的文字之一，也是世界上使用人数最多的文字，其演变及内在意指源远流长，博大精深。单"茶"一字，既可解读出不同的意趣，又可体现出中华民族崇尚自然、简单、健康的生活哲理。"茶"字是会意字，分3个部分——"木"表示树木，"人"表示中国人，上面的"艹"表示树叶。也就是说是中国人发明了用树叶作为饮料，来自茶叶的生产收获是一茬一茬的，故读作"chá"。同时，"茶"字又有长寿之意，源于"廿"（同"艹"）+"八"（"人"字）+"八十"（"木"字）= 一百零八，故108岁的老人被称为"茶寿老人"，寓指爱茶、饮茶，过生态、自然、简单的生活，人便能健康长寿。现代社会生活节奏越来越快，人们几乎难以亲近自然，但喝上两口香茶，紧绷的身心可以暂时得到放松，让人们回归大自然的怀抱。一个"茶"字，有着极为丰富的文化内涵，中国茶业只有走自然健康、生态绿色、有机环保的方向才有更大发展。

唐时的云南因地处边疆，山重水复，路途阻远，加之南诏地方割据，陆羽未能亲入云南，故未对唐代云茶有记录，今仅所见者源于《蛮书》。唐懿宗咸通四年（863年），唐朝使节樊绰出使南诏，并将沿途记录写成《蛮书》，其中有"茶出银生城界诸山，散收，无采造法，蒙舍蛮以椒姜桂和烹而饮之"，说明当时他看见的南诏境内植茶众多。《蛮书》的出现为当时中原内地民众了解云南茶起到了较早的传播作用，成为云茶发展的第三个重要历史节点。

根据史学家方国瑜考证，所谓"银生城"即南诏所设"开南银生节度"区域，在今景东、景谷以南之地，产茶的"银生城界诸山"在开南节度辖界内，亦包括当时受南诏统治的今西双版纳产茶地区。另一位史学家林超民先生也同样认为"银生城界诸山"即开南节度管辖界内的茶山，包括清代檀萃和阮福所说的今西双版纳境内的六大茶

景东文庙

山。方国瑜在《普洱茶》及《中国西南历史地理考释》中均提到：银生节度又称开南节度，其辖区相当广袤，在其管辖范围内还有奉逸城和利润城，奉逸城在今天的普洱市，利润城在今天的勐腊县易武乡。这两个地方不仅是普洱茶的重要发祥地，且迄今仍是普洱茶的重要产地，而唐代易武因茶业贸易成了利润城。笔者认为，"银生城界诸山"作为开南节度管辖界内的茶山，不仅指六大茶山，还包括普洱及临沧等澜沧江中下游地区，这一地区同样是国际茶界公认的世界茶树原产地的中心地带和普洱茶的主产区，与清代史料更多提到的澜沧江东岸（亦称江内）的以曼撒为中心的攸乐、革登、倚邦、莽枝、蛮砖等六大古茶山及澜沧江西岸（亦称江外），以佛海（今勐海）为中心的南糯山、勐宋山、布朗山、贺开山、巴达山和景迈古茶山等，不仅共同成为云南自古代至民国时期的普洱茶六大茶山主产区域，且很早便将茶叶运销西藏等地。

宋代文献对云茶也鲜有记录。仅南宋李石在《续博物志》卷七中依据樊绰所述重述了"茶出银生城诸山，采无时，杂椒、姜烹而饮之"。但李石所述与樊绰《蛮书》"茶出银生城界诸山，散收，无采造法，蒙舍蛮以椒姜桂和烹而饮之"对应看，有点差别，樊绰之言说是"散收，无采造法"，但接着又说是"蒙舍蛮以椒姜桂和烹而饮之"，这有些说不通，若是"无采造法"，怎又会"以椒姜桂和烹而饮之"？而那些蒙舍蛮所采用的吃茶之法恰恰是饼的饮啜法，并且跟前述《广雅》所说的饼茶之饮啜法煞是相似：一则说"用椒、姜、橘子笔之"，一则说"以椒、姜、桂和烹而饮之"，一个是三国时代的饼茶饮啜法，一个是唐代晚期的"蒙舍蛮"所用的无以名之的饮啜法，两者相隔500余年之久，吃法竟是如出一辙的相似。

李石的"茶出银生城诸山，采无时，杂椒、姜烹而饮之"虽也许是参照了樊绰的《蛮书》，但他却断然删剔了其中"散收，无采造法"的字样，并且代之以"采无时"这样一个精当的措辞，堪称笔力不凡也。只因滇西南一带大抵属于亚热带，部分则是属于热带的气候,故而常年可以采茶,所以,"采无时"之说则集中表达了滇南采茶的特色。此外,樊绰笔下的"蒙舍蛮"之说有歧视当地少数民族之嫌,因而亦被李石删去,这相对樊绰所写的更准确些。

今囿于史料所限,尚不能尽展唐宋时的云茶全貌,但上述研究可以归结为——我国种茶、用茶源于西南。除巴蜀外,南中(云南)产茶尤为突出。茶从原产地云南通过四川传入当时的政治文化中心黄河中上游一带。秦汉以后,实现大一统,随着经济、文化的交流日渐增多,云南及四川茶传到长江中下游一带。经三国两晋南北朝约400年的发展,种茶、贩茶由云南、四川沿金沙江向东传播,从而进入社会各阶层人士生活中。隋统一全国,民间流传的《茶赞》中有"穷春秋,演河图,不如栽茗一车"之载,推动了饮茶习俗在北方传开。《隋书·经济志》中有"赤口濮、木棉濮、文面濮、黑焚濮",皆指云南古濮人,"云南䴥麝、麝香、胡羊、长鸣鸡……",尤为珍贵,进一步证明了云南特产向内地的输入。唐代随上层社会对饮茶的崇尚,饮茶之风在百姓中流传开来,并在长江下游和东南沿海迅速发展起来。中唐之后,随着饮茶风俗日盛,茶叶成为国人日常不可缺少的生活品,且随茶叶需求的不断增加,茶叶贸易也兴旺起来。"蝴蝶双双入菜花,日长无客到田家。鸡飞过篱犬吠窦,知有行商来买茶。"南宋诗人范成大的这首《晚春田园杂兴》为我们呈现了一幅茶商下乡收购茶叶的画面。而陆游《兰亭道上》一诗中的"兰亭步口水为天,茶市纷纷趁雨前"则描写了兰亭之北的茶商会集之市。茶商茶市入诗来,表明了茶叶贸易的发达,也为唐代银生茶(即云南茶)的远程运销奠定了基础。

四、茶马贸易和茶马古道的产生

普洱茶最早从何时销往西藏?清代阮福《普洱茶记》载:"西蕃之用普茶,已自唐时。"此为云南茶在唐代就不断销往内地及西藏的重要依据。

最早明确记载关于云南茶的文献是唐代樊绰的《蛮书》,该文献还记载了从云南至西藏的一条商道:"大雪山,在永昌西北,从腾充

行走在雪山上的马帮

过宝山城，又过金宝城以北大赕，周回百余里，悉皆野蛮，无君长也。地有瘴毒，河赕人至彼中瘴者，十有八九死。阁罗凤尝使领军将于大赕中筑城，管制野蛮，不逾周岁，死者过半，遂罢弃不复往来。其山土肥沃，种瓜瓠长丈余，冬瓜亦然，皆三尺围。又多薏苡，无农桑，收此充粮。大赕三面皆大雪山，其高造天，往往有吐蕃至赕货易，云此山有路，去赞普牙帐不远。"①笔者考释：文中的"腾充"即今云南腾冲，腾冲西北之大赕则指今缅甸克钦邦北部的坎底坝，又称葡萄；越过坎底坝北部的高山便可进入今西藏境内的察隅县，并由此而直通赞牙即今拉萨。说明在唐代已有商人从腾冲经缅甸北部进入西藏进行民间商贸活动。②《蛮书·云南管内物产第七》载："大羊多从西羌、铁桥接吐蕃界三千二千口将来博易。"

对此，方国瑜先生曾在其《普洱茶》一文中谈道："滇茶藏销历时1000多年，就是说，云南茶至少在唐代已经行销到西藏。"清代檀萃的《滇海虞衡志》说："李石《续博物志》云：'茶出银生城诸山，采无时，杂椒、姜烹而饮之。'普洱古属银生府，则西蕃之用普茶，已自唐时。宋人不知，犹于桂林以茶易马。"③此说也认为唐代普洱茶已经行销到西藏。这里"宋人不知"并非指宋人不知云南早已有茶，而是由于云南的交通封闭，只得在广西以茶易马。另据方国瑜教授考证，唐代有一条茫乃道与运茶有关，为今西双版纳及与其相邻

---

① （唐）樊绰撰、向达校注：《蛮书校注·山川江源第二》，中华书局1962年版，第190页。

② 蒋文中编著：《茶马古道文献考释》，云南人民出版社2013年版，第3页。

③ （清）檀萃：《滇海虞衡志》，宋文熙、李东平校注，云南人民出版社1990年版，第269页；另见方国瑜主编：《云南史料丛刊》第十一卷，徐文德、木芹、郑志惠纂录校订，云南大学出版社2001年版，第220页。

的地区，连接银生节度管辖内的奉逸城和利润城，奉逸城在今天的普洱市，利润城在今天的勐腊县易武乡。[①] 还有文史工作者考证认为，唐贞元十年（794年），南诏政权于六大茶山所在地易武一带设置"利润城"，从茶叶贸易中获取利润。到了唐乾符六年（879年），南诏政权又于今普洱设置"步日睑"，澜沧江包括江内的利润城及六大茶山的大片地方均为其辖地。宋代，大理政权将南诏时期所设的"步日睑"改为"步日部"。此时，北宋与北方的金国连年征战不止，急需战马，大理政权便在"步日部"开设"茶马市场"，以当地的茶叶换取西藏马匹，再将马匹转予宋，以换取其锦缎与珠玩饰品。

西藏用茶起于唐代。唐代走向兴盛的饮茶及其广泛深远的茶文化艺术的传播，使茶不仅在内地成了开门七件事之一，而且在边疆民族地区也逐渐成为人们生活中的必需品。在茶饮生理需求和茶文化的影响下，从唐代开始，四川等地

西藏草甸牧场

和云南的茶叶开始流入西藏地区。随着西藏地区对茶的需求的剧增，藏族喝茶，汉族售之，自唐开元十八年（730年）以后便有了经常性的马市，虽然茶马贸易在当时并未形成一种专门制度，但促进了藏汉民众之间的经济交往。

唐代中期，茶叶开始被纳入国家经济发展产业中。安史之乱后唐朝皇权衰落，各地藩镇割据加剧，为了筹措粮饷进行消灭割据势力的战争，唐德宗开始对茶叶征收什一税，即将茶叶销售收入的十分之一作为税金征收。这项税收政策执行了两年，国家财政状况有所改善。之后，每当朝廷财政困难的时候都会开征茶叶税以解燃眉之急。随着内地茶的不断输入，不产茶的西北游牧民族地区的茶叶贸易应运而

---

①方国瑜：《中国西南历史地理考释》上册，中华书局1987年版，第487页。

生。唐文宗大和年（872年）初，朝廷想出了一个收茶榷的办法——把所有的茶叶交易都放在官府开设的市场内，茶叶由官府统购统销，茶榷成为国家垄断交易的制度。至此，茶从经济文化上升到以茶施治、以茶固边之政要。

青海唐蕃古道日月山远眺

《汉书·车千秋传》注："榷，谓专其利使入官也。"茶榷即官府对茶叶实行征税、管制、专卖的措施，从唐文宗时期开始制定，直到清末才被取消。最初制定茶榷制度的唐文宗并没有想到，自己为了增加税收的一个举措竟成了后世一个延绵千年的国策。从唐代开始，历代统治者都积极采取控制茶马交易作为茶榷的手段。

宋代开始，以畜牧经济为主的游牧民族先后建立了辽、西夏、金政权，与宋长期对峙。916年，阿保机称帝建契丹国后，以武力夺得幽云十六州，继而改称国号为辽。辽军的侵略野心不断扩大，1044年，突进到澶州城下，双方对峙后议和，这就是历史上有名的"澶渊之盟"。议和结果是：辽撤兵，宋供岁币入辽，银10万两、绢20万匹。此后，双方在边境地区开展贸易，宋朝用丝织品、稻米、茶叶等换取辽的羊、马、骆驼等。1038年，党项人于宋初建立西夏，成为西北地区一股强大的势力。宋朝初期，宋向西夏购买马匹是以铜钱支付，而西夏则利用铜钱来铸造兵器，这对宋朝来讲无疑具有潜在的威胁性，因此，983年，宋朝就用茶叶等物品来与之作物物交易。1038年，元昊称帝建立西夏，并发动了对宋战争，双方损失巨大，不得已而重新修和。元昊虽向宋称臣，但宋送

青藏高原草甸

给西夏的岁币、茶叶等的数量大大增加，赠茶由原来的数千斤上涨到数万斤乃至数十万斤之多。

朝廷与辽、金长期交战，所需军马更多。军马最初主要从西北地区的秦州（今天水市）、凤州（今凤县）和熙河（今临洮一带）等地的市场获得，因这一带的马体格高大，最适合作战，而川西各地的马（包括昌都、迪庆、甘孜等地区出产的马）体格小，不宜作战。正如《宋史·兵志》中记载："市马分而为二：其一曰战马，生于西陲，良健可备行阵，今宕昌、峰贴峡、文州所产是也；其二曰羁縻马，产西南诸蛮，短小不及格，今黎、叙等五州所产是也。"虽然大量的战马来自西北的茶马交易，但辽、西夏政权为了自身的利益绝不轻易将战马输入宋朝，宋初虽在河东、陕西等地设置了不少买马场，市马招马，但也难以保证战马来源。宋神宗熙宁六年（1073年），陕西的茶马道受阻，北路马源告竭，这就是所谓的"马道梗塞"。宋王朝战马来源主要靠今甘肃、青海境内的吐蕃部族，然马价十分昂贵，因此为购战马常经费拮据，多以银、绢、茶等支付马价，虽以茶易马并不占主要，但绢价又贱，大约需30匹绢才能换回一匹马。而西南部的四川不仅有茶，且与其紧邻的藏族聚居区有马并对茶叶有大量需求。在此情况下，宋王朝把原陕甘宁地区的茶马互市重心转移到西南地区来，首先在通往藏族聚居区的川西要道黎州和雅州开辟了西路马源。

宋熙宁四年（1071年），宋神宗下令禁止茶商买马，川茶全部实行官家专卖，茶利统统由茶马司垄断。这标志着宋代对川滇茶的贸易专控以及茶马贸易重心的南移，从而开启了川滇藏茶马贸易，滇藏茶马古道也随着贸易运输而逐渐形成，为云南茶得以销往西藏创造了条件，成为云茶发展的第四个重要历史节点。此后，因藏族人民对茶叶的需求量较大，茶马贸易及茶马古道交通长盛不衰，并一直持续至民国时期。纵观普洱茶在历史上的兴起，都与茶马贸易的兴衰和不断开拓的茶马古道有关。

雅州作为茶马互市的中心之地，本身就盛产茶叶。宋朝规定了以雅州名山茶为易马用，并在名山设置茶马司统一管理茶马交易。于是渐渐把原来民间零散的茶马交换集中起来，使之成为有组织的市场，并规定名山茶只许每年买马用，不得作他用。从此，大渡河以南和以西的广大藏族纷纷来此贸易，有的1年1次，有的半年或3个月1次，有的1个月或2个月1次，每年单就官府所得额定马匹数量就达两万匹之多。随着茶马互市的主要市场转移到西南，青藏道由唐代的军事政治要道变为茶道，故《西藏志》的作者陈观浔说，唐宋以来，内地差旅主要由青藏道入藏，"往昔以此道为正驿，盖开之最早，唐以来皆由此道"。

藏族等少数民族客观上对茶叶的需求刺激了以茶易马贸易的兴盛。宋朝将茶坪全部转为由官家专卖，茶利统统由茶马司垄断，将以往绢帛、金银、钱币、茶货兼行的买马制度，转变为官营的茶马互市。据《宋史》记载："都大提举茶马司掌榷之利，以佑邦用，凡市马于四夷，率以茶易之。"熙宁七年（1074年）至元丰八年（1085年）的10年间卖茶场就多达332个。

宋王朝还将茶马交易作为一种政治手段，用以结善并控制西北各民族。宋朝重视茶马互市的主观意图除了经济和军事（或国防）需要之外，更重要的是从政治上考虑，概括为两个字就是"羁縻"。正如南宋兵部侍郎陈弥所说："祖宗设互市之法，本以羁縻远人，不藉马之为用，故驽骀下乘，一切许之入中。"① 泸州知州何惪在谈到叙州设场市马时说："西南夷每岁之秋，夷人以马请互市，则开场博易，厚以金、缯，盖饵之以利，庸示羁縻之术，意宏远矣。"② 为确保以茶易马和羁縻之术得以实行，宋朝将茶叶的销售分为官茶和商茶，前者由官府采购交易，后者由茶商向户部纳税后交易，但须限定数量和地域。元丰"四年，群牧判官郭茂恂言：'承诏议专以茶市马，以物帛市谷，而并茶马为一司。臣闻顷时以茶易马，兼用金帛，亦听其便。近岁事局既分，专用银绢、钱钞，非蕃部所欲。且茶马二者，事

---

① 《宋会要·兵》。
② 《宋会要·兵》。

实相须，请如诏便'。奏可。仍诏雅州名山茶为易马用。自是蕃马至者稍众"①。

北宋后期，与宋长期攻伐的金，以武力不断胁迫宋朝的同时，也在宋人的影响下开始饮茶，而且饮茶之风日甚一日。金朝虽然在战场上节节胜利，但是对越来越盛行的饮茶之风十分担忧，因为其所饮之茶都是来自宋人的岁贡和商贸，而且数量很大。宋朝的汉族饮茶文化对金朝文人的影响尤深，文人们饮茶与饮酒已是等量齐观，继而金朝"上下竟啜，农民尤甚，市井茶肆相属"。《松漠记闻》载，女真人婚嫁时，酒宴之后，"富者遍建茗，留上客数人啜之，或以粗者煮乳酪"。茶叶消耗量的大增，对金朝的利益乃至国防都是不利的。于是，金朝一方面不断地下令禁茶，另一方面又以夺取宋地所产的丝织品、稻米、茶叶来动员军民继续加强对南宋的攻掠。因而茶在宋与金两大民族政权关系中又比吐蕃单纯地多了一层含义。

南宋张震曾指出："内以给公上，外以羁诸戎，国之所之，民恃为命。"② 茶马互市除为朝廷提供一笔巨额的茶利收入以解决军费之需外，更重要的是既维护了宋朝在西南地区的安全，又满足了国家对战马的需要。但要让茶马互市可持续推行，控制民间的茶叶自由贸易是一大难题。对此，宋朝政府制定了一系列具体办法和措施，始终不懈地禁止以铜钱买马，改用布帛、茶叶等来进行物物交换，如宋太宗赵炅的地理总志《太平寰宇记》载："番部地蛮夷混杂，无市肆，每汉人与之博易，不见使钱。汉用绸、绢、茶、布，番部用红椒、盐、马之类。"为了使边贸有序进行，在管理上设立专门机构——买茶司、买马司、茶马司、盐茶司，实行茶叶官营专买专卖的榷茶制，负责"掌榷茶之利，以佐邦用；凡市马于四夷，率以茶易之"③。

契丹、西夏和女真等的崛起及其对两宋政权的严重威胁，迫使宋朝廷保持同西南地区少数民族的友好关系，维持西南地区的和平安

---

① 《宋史·兵十二·马政》。
② 《宋会要·食货》。
③ 《宋史·职官志》。

宁，能够腾出手来集中力量与西北少数民族政权抗衡，不致腹背受敌。在这种情况下，宋朝廷茶马贸易重心移向西南，同西部的藏族搞好关系，对其政权下的边防巩固具有十分重要的战略意义。因此，两宋一方面在经济上茶禁极严，"使蕃夷仰我之心常重"①；另一方面又鼓励推进茶马互市，并赠茶予愿意服从并臣属宋朝的民族，出售茶叶和购买马匹，使边贸有序进行。

南宋时期，中国茶文化发展走向鼎盛。在高度发达的茶文化的影响推动下，人们对茶叶的需求进一步扩大，茶叶产区及贸易也从云南、贵州、四川逐步遍及陕西、湖南、湖北、福建、江苏、浙江、安徽、河南、广东、广西等省区，几乎与近代茶区相当，达到了有史以来的兴盛阶段，使茶叶成了一种全国性的社会经济、文化产物。茶作为一种产业逐渐普及、发展起来。历朝历代朝廷对茶给予了高度重视，制定了各种制度来管理茶叶的生产、贸易、税收等，特别是北方"往年回鹘入朝，大驱名马，市茶而归"的茶马互市因与女真人对峙，不仅西藏马，云南马也成马源补充，南宋开始寻求开通与大理国的茶马互市。

宋时的茶马互市对西蕃而言，是朝廷以"茶"换"（战）马"供军队使用；对云南而言，则是以向大理买马为主。大理马又称"越赕驹"，是当时的马中良驹，据李石的《续博物志》卷四记载："马出越赕之西，若羔、细莎縻之，七步可御，日驰数百里。"宋代范成大的《桂海虞衡志》记述了宋时云南与内地的经济文化联系："南方诸蛮马，皆出大理国，唯地愈西北，则马愈良。"又云："蛮马，出西南诸蕃。多自毗那、自杞等国来。自杞取马于大理，古南诏也。地连西戎，马生尤蕃。大理马为西南蕃之最。"南宋迁都临安，政治重心南移，使得四川、广西、云南与内地联系更加紧密。为获大理马，南宋一改过去的做法，开始积极寻求与大理国的联系。宋"置马市于蜀之黎雅州"，除向吐蕃以茶易马外，也招买大理马，定期组织大规模贸易并收取课税，然因交通而限制。南宋杨佐的《云南买马记》里

---

① （宋）吴泳撰：《鹤林集》卷三十七，《钦定四库全书·集部》。

说:"熙宁六年,陕西诸蕃作梗,互相誓约不欲与中国贸易,自是蕃马绝迹而不来。明年,朝旨委成都路相度,募诸色人入诏,招诱西南夷和买……"杨佐虽最终还是到了大理,但已是九死一生。南宋只得又于绍兴三年(1133年)在邕州(今广西百色)横山寨置卖马司,云南与内地马市开始兴盛起来,所市马千五百匹,但定额大都超过,最多突破3000匹,还有"罗甸、白把、特磨诸部市大理马(藏马)转卖广西"。陆游在《剑南诗稿》中有"国家一从失西陲,年年买马西南夷"的诗句,点出了南宋王朝向大理国"市马"的情况。

桂滇通道的打开,以盐、茶、马为云南主要商品的对外贸易不断兴盛,大理与内地经济文化联系也大大增强。宋代周去非的《岭外代答》卷五载:"蛮马之来,他货亦至。

云南颇具规模的洱源马市

蛮之所赍麝香、胡羊、长鸣鸡、披毡、云南刀及诸药物。"① 可见,大理马、蛮甲、云南刀、香料、药材、珠宝及手工艺品等在内地深受欢迎。宋代范成大的《桂海虞衡志》记述了在宋代云南最受欢迎的物产,除"大理马为西南蕃之最"外,还有"蛮甲,惟大理国最工。甲胄皆用象皮,胸背各一大片,如龟壳,坚厚与铁等。又联缀小皮片为披膊,护项之属,制如中国铁甲叶,皆朱之。兜鍪及甲身内外,悉朱地间黄黑漆,作百花虫兽之文,如世所用犀毗器,极工妙。又以小白贝累累骆甲缝及装兜鍪,疑犹传古贝胄朱绶遗制云"。"云南刀,即大理所作。铁青黑沈,南人最贵之。以象皮为鞘,朱之上,亦画犀毗花文。一鞘两室,各函一刀。靶以皮条缠束,贵人以金银丝。""大理国……间有浮量钢器并砣,琉璃碗壶,及紫檀、沉香木、甘草、石决明、井泉石、密陀僧、香蛤、海蛤等药。"除上述输出的大理特产外,在茶马贸易中,还有滇人要求购买的大量的汉文典籍,包括儒、

---

① (宋)周去非著、杨武泉校注:《岭外代答校注》,中华书局1999年版,第52页。

道、佛及医学用书,另外还有大量其他的交易。可见,由于茶马互易的影响、经济文化的交流,滇域的文化水平得以提高,虽"远隔江山万里多",仍"言音未会意相和"[1]。

兴于唐而盛于宋的茶马交易促进了滇藏交通和云茶贸易的发展,沿线的云南滇西北中甸(今香格里拉)、德钦、塔城和丽江逐渐成为滇川藏间较早的交通集镇,并由此形成滇川藏茶马古道。元初,忽必烈率领蒙古大军自川西松潘一带入云南,自今四川理塘、乡城一线沿滇藏道渡金沙江夺取丽江,经鹤庆、剑川而灭大理。明代随着茶马古道互市的商路不断繁盛,丽江、中甸、塔城、德钦等地茶马古道沿线的民族聚居地随着民间和政府有组织的集市贸易的发展,不仅成为与川康藏交通往来的要地,还为从这些商业集镇入藏并至印度及西亚地区的外贸孔道及多元民族文化交流密集带的开创奠定了基础,并反映在宗教文化、建筑文化及雕塑绘画艺术中,既有中原文化的传统,又受印度、尼泊尔风格及西亚文化的影响,在各民族文化兼收并蓄中,形成了丰富多彩的文化走廊。

---

[1] (宋)范成大:《桂海虞衡志》,明万历年间刊本。

元、明时期云茶的发展

一、川滇藏边茶马贸易的拓展

兴于唐而盛于宋的茶马交易,为云南茶在内地的销售奠定了基础。至元末明初,茶叶进一步成为藏族世世代代的日常需求品。在汉文史料中,多有藏族"嗜茶如命""艰于粒食""以茶为命"之类的记载;而在藏族中也有"汉家饭果腹,藏家茶饱肚""宁可三日无食,不可一日无茶"之说。虽然藏族对茶情有独钟,但由于藏族聚居区严酷的高寒气候,茶叶根本无法在此种植,只能依靠于川、滇茶叶入藏供饮。中原地区少有马匹,纵有些许也皆体弱质差,而地处高原的西藏康巴地区正好盛产良马。因此,这种出产与需求的互补促使两个民族进一步走到了一起。元朝统一全国后,为了加强对康藏地区的治理,十分重视前往西藏的交通畅通,把以茶马互市为主干线的进藏交通线路定为正式驿路,并一路设置驿站进行管理,还在川藏沿线共设置了19处驿站。在滇藏交通线上,同样广建站赤(即驿制、驿路、驿站)以"通达边情",使"四方往来之使","纲运辎重"。① 哈刺章(今大理)—丽江—吐蕃道便是当时的一条主要驿道:自哈刺章北行,经邓川、观音(鹤庆北120里)或剑川,达丽江再北至川西去吐蕃,并经布拉马普特拉河谷去欣都(印度)。《元一统志》中对丽江路"里至"(里程及所经所达地点)也有较详记载。元代时还进一步打通了云南至四川入西藏的另一条道路,称昆明西昌道,作为云南通往内地的重要孔道,由西昌至雅安、康定、理塘、巴塘或至甘孜、西

---

① 《永乐大典》卷19416—19423《经世大典·站赤》。

康，而滇藏交通线自丽江向北，同川、康之间的驿道相交，《新纂云南通志》记其主要驿路里程为：昆明至大理481公里，大理经剑川至丽江210公里，丽江至维西224公里，维西至阿墩子（德钦）334公里，阿墩子至巴安501公里，巴安再分路入藏。① 通过已基本完善的驿路，滇藏之间茶叶等贸易往来更加频繁，也带动了云南产茶区的茶叶生产和贸易，如李京在《云南志略诸夷风俗》中说："金齿、白夷交易五日一集，以毡、布、盐、茶，相互贸易。"这成为云茶发展的第五个重要历史节点。

明代，茶叶在全国的饮用更加普及，对于西北少数民族尤其是藏族来说，因饮食结构差异，他们对茶的助消化、解油腻、清燥热等功能的生理需求和依赖性远远高于中原民族，茶就像粮食和盐巴一样，成为他们一天都不能少的生活必需品。明代不仅恢复了元代曾一度废止的茶马治边政策，而且进一步把茶法和马政视为军国要政和国家大事，进一步加强了对茶马贸易的管理。《明太祖实录》载："秦蜀之茶，自碉门、黎雅抵朵甘、乌思藏，五千余里皆用之。其地之人不可一日无此。"② 嘉靖时谈修的《滴露漫录》载："茶之为物，西戎、吐蕃、古今皆仰食之，以腥肉之食，非茶不消；青稞之热，非茶不解，是山林草木之叶，而关国家大经。"明成祖朱元璋也曾在谕蜀王朱椿时说："夫物之至薄而用之则重者，茶是也。""茶、马，国之要政。"明代万历年间王廷相的《严茶议》载："茶之为物，西域吐蕃古今皆仰信之，以其腥肉之物，非茶不消；青稞之热，非茶不解，故不能不赖于此也。是则山林茶木之叶，而关国家政体之大，经国君子固不可不以为重而议处之也。"《陕西通志》言："睦邻不以金樽，控驭不以师旅，以市微物，寄疆场之大权，其惟茶乎！"可见，明代以茶易马的主要目的与宋代首先备马以战相较，更多的是因茶施政。

为控制对西藏的茶马贸易量，明代对内地与边疆地区的茶马互市贸易往来的管控，无论在政策、制度上还是方式上都有进一步的强

---

① 《新纂云南通志》卷五十六《交通考》。
② 《明太祖实录》卷之二百五十一。

化。《明史·食货四·茶法》载:"番人嗜乳酪,不得茶,则困以病。故唐、宋以来,行以茶易马法,用制羌、戎,而明制尤密。有官茶,有商茶,皆贮边易马。官茶间征课钞,商茶输课略如盐制。初,太祖令商人于产茶地买茶,纳钱请引。引茶百斤,输钱二百,不及引曰畸零,别置由帖给之。无由引及茶引相离者,人得告捕。置茶局批验所,称较茶引不相当,即为私茶。凡犯私茶者,与私盐同罪。私茶出境,与关隘不讥者,并论死。"① 上述史料对明代茶法马政及税收皆有明确记载,其中"凡犯私茶者,与私盐同罪。私茶出境,与关隘不讥者,并论死"可看出对边销茶管理非常之严。在茶马比价上,还采取贱马贵茶的政策,通过官方法定茶马比价,强制推行不等价交换的茶引收税和招商经营的引岸制度(此引岸制度一直沿袭到民国时期),所有茶市皆归茶马司管控。明初,秦(西宁)、洮(临洮)、河(临夏)、雅(雅安)诸州,严禁私茶贩运;将全国所产之茶分为官茶、商茶和贡茶3种。官茶即边茶,专用于换马;商茶即为茶商按配额领取引票并纳税在内地所销之茶;贡茶则特指提供给皇室之茶。这3种茶都被规定了产地、销地和数量。

明代茶马互市的主要市场仍以西南为主,随产量最大的川茶由黎雅输入藏族聚居区而不断增加,天全、雅安地区是明代藏、汉之间茶马交易的主要市场。与此同时,明代云南盐、茶兴起,从云南大理等地运来的盐、茶等也有不少运至雅州交易。川滇地区的茶叶汇聚到雅州、天全一带由茶课司收贮与西蕃市马。"是岁(明洪武十七年)四川碉门茶马司以茶易马,骡五百九十。"②《明史》载:"洪武二十年六月壬午,四川

搭帐篷竖锅桩藏汉茶叶贸易老照片

———————
① 《明史》卷八十《食货四·茶法》,第1947页。
② 《明太祖实录》卷之一百六十九。

雅州碉门茶马司以茶一十六万三千六百斤，易驼、马、骡、驹百七十余匹。"这是明代在四川雅州碉门（天全）茶马司的一次茶马交易量统计。《明太祖实录》卷之一百六十九载："每岁长河西等处番商以马于雅州茶马司易茶"，"洪武二十七年十二月，兵部奏：是岁雅州碉门及秦、河二州茶马司市马，得二百四十余匹"。洪武三十一年（1398年）五月，在四川设茶仓4所，"命四川布政使移文天全六番招讨司，将岁输茶课乃输碉门茶课司，余就地悉送新仓收贮，听商交易及与西蕃市马"。从上述史料可以看出当时川藏贸易往来的频繁和茶马互市的兴旺。随着每年数百万斤茶叶输往康藏地区，茶道从康区延伸至西藏，促进了茶道的畅通。于是由茶叶贸易开拓的川藏茶道成为官道，进而取代了青藏道的地位。川藏茶马古道也因此正式形成，促进了云南茶叶生产及贸易的发展。因藏族聚居区民众对普洱茶的日益喜爱，滇茶进藏数量也不断增多。明朝对滇茶加大实施茶引制的力度，如万历《云南通志》载："车里司专管贡茶及各勐土司，实行茶引制。"① 但又依据云南实际情况进行了一定变通："……自苏、常、镇、徽、广德及浙江、河南、广西、贵州皆征钞，云南则征银。"②

整个明代，虽对茶叶贸易严加控制，但因贵茶贱马，一匹上等马仅给茶叶120斤、中等马仅70斤、马驹才给50斤，以后甚至下降到上等马80斤、中等60斤、下等马40斤，③ 这种不等价的交换引起了藏族人的极大不满，甚至一度不愿做茶马交易，反而更愿冒死走私。尽管茶法严酷，但民间茶叶走私难绝。到明末，国势衰微，腐败日盛，茶法马政俱坏。《明史·食货四》载："后又定茶引一道，输钱千，照茶百斤；茶由一道，输钱六百，照茶六十斤。既，又令纳钞，每引由一道，纳钞一贯。洪武初，定令：凡卖茶之地，令宣课司三十取一。""召商买茶……许西域人例外带私茶。自是茶法遂坏。"④

---

① （明）李元阳修：万历《云南通志》，民国二十三年（1934年）重印本。
② 《明史》卷八十《食货四》，第1947页。
③ 《明太祖实录》卷之一百九十六。
④ 《明史》卷八十《食货四》，第1947页。

明万历三年（1575年），13岁的万历皇帝登基，首辅大臣张居正主持朝廷政务，决意打击民间边茶走私，于是以万历皇帝的名义发出下令关闭边境茶马贸易的诏书，本意是打算在关闭边贸茶市的同时严查茶叶走私和惩办违法官员，但严厉的措施使边贸茶叶供给完全断绝，北方的蒙古及女真各部顿时陷入一片混乱中，纷纷上书要求明王朝马上重开边境茶叶贸易，要求被拒后，一场由茶叶引发的战争爆发，这便是历时3年的清河堡战争。战争双方均伤亡惨重，明军虽然最后守住了清河堡，但是主将裴成祖战死，军民伤亡不计其数。明王朝只得宣布重开茶市。

进入集市的马帮

随着藏、汉两个民族民间贸易的频繁往来，官府茶马交易出现了十分萧条的景象。如明洪武三十年（1397年）二月，"敕右军都督府曰：……迩因私茶出境，马之入互市者少，于是彼马日贵……茶日贱"[①]。藏族人经常以马匹、氆氇等物到内地换取盐、茶叶和布匹。甘孜"专务贸贩碉门乌茶，蜀之细布，博易羌货，以赡其生"。雅安、打箭炉等地成为藏、汉人民互市的场所，甚至有的汉人还跋山涉水，深入更远的藏族聚居区从事贸易活动。除了民间的贸易和官方组织的茶马交易之外，藏族聚居区诸土司的上层喇嘛还以朝贡的方式至内地贸易，朝贡的人数多则数千，少则数百。民间茶马交易的兴盛促进了汉、藏两族聚居区的经济繁荣。嘉靖年间，与西藏相连的川滇边的雅安、邛崃、天全、荥经、名山等地茶号达80余家。与此同时，边茶的主要销售地打箭炉，在明以前这里几乎是一片荒凉的牧场，仅有元代留下的碉房和红教寺院，而明代以后，随着边茶在此集散，先后形成48家"锅庄"。"锅庄"实际上就是明代以来的

---

① 《明史》卷八十《食货志·茶法》，第1947页。

汉、藏通商贸易的产物。①

明末茶政管理失控后,民间大量参与私贩茶贸易,导致有的茶叶质量下降,且出现了冒名顶替之假茶。《明史·食货四·茶法》载:"中茶易马,惟汉中、保宁,而湖南产茶,其直贱,商人率越境私贩,汉中、保宁者,仅一二十引。茶户欲办本课,辄私贩出边,番族利私茶之贱,因不肯纳马。二十三年,御史李楠请禁湖茶,言:'湖茶行,茶法、马政两弊,宜令巡茶御史召商给引,愿报汉、兴、保、夔者,准中。越境下湖南者,禁止。且湖南多假茶,食之刺口破腹,番人亦受其害。'既而御史徐侨言:'汉、川茶少而直高,湖南茶多而直下。湖茶之行,无妨汉中。汉茶味甘而薄,湖茶味苦,於酥酪为宜,亦利番也。但宜立法严核,以遏假茶。'户部折衷其议,以汉中茶为主,湖茶佐之。各商中引,先给汉、川毕,乃给湖南。如汉引不足,则补以湖引。报可。"②

明代是湘黑茶兴起的时代,但由于明末私茶低价泛滥,湖南茶的质量严重下降,销藏茶除汉中茶外,云南普洱茶因其质量好成了比较受藏族人欢迎的茶。明末清初顾炎武在《肇域志》中谈道:"丽江军民府……境内夷麽、古宗,或负险立寨,相仇杀以为常。《志草》。与蜀松、维如羝相角。松州赏番茶有杂木叶者,番人怒而掷之。安知滇徼外之茶,彼无仰给乎?闻丽江每有调遣,辄以防房为辞,输饷代兵以为常。"③该史料中提到的"松州赏番茶有杂木叶者,番人怒而掷之。安知滇徼外之茶,彼无仰给乎?"说明了藏族人对滇茶的喜爱,而对掺有杂木叶者的滇徼外之茶并不看重。质量和信誉是商品的生命,古今皆然。随着藏族人对滇茶的喜爱,明代后期滇茶入藏数量不断增多,尽管大有取代湘茶之势,但因路途险阻,能销到西藏的茶还是有限。

明朝在元代站赤的基础上,滇川藏驿路主要线路大体与前面一

---

① 石硕:《茶马古道及其历史文化价值》,《西藏研究》2002年第4期。
② 《明史》卷八十《食货四·茶法》,第1947页。
③ 顾炎武:《肇域志》四,第2382页。

致，茶马交易更加兴旺发达，天全、雅州等地成为藏、汉之间茶马交易的主要市场，从云南大理等地运来的盐、茶等也至雅州交易。明初，明政府为拉拢少数民族，准许永宁（今宁蒗县永宁）茶叶自由贸易，并与当地少数民族易换红

香格里拉茶马古道重镇碑

缨、毡、衫、米、布、椒、蜡。当时既有当地剪刀粗茶流出，也有川茶进入。剪刀粗茶是指永宁一带的猓茶，是彝族地区所产，连枝带叶一起剪下，经适当发酵煮饮的一种茶。这种茶是政府为安抚少数民族而在政策上特殊照顾的茶，不受中央茶马政策控制，又称羁縻茶。但随着丽江木氏土司势力的扩展，滇藏交通一度中断。木氏土司从1491年进攻迪庆腹地，历62年先后攻破吐蕃寨堡60余处，将吐蕃统治逐出云南，并统治迪庆至清初，历80余年。这当中除宗教、文化、经济上的交往仍存外，滇藏驿路交通受阻。因滇西北战乱路塞不通，故明代茶马贸易主要集中于川藏边。在滇西北藏族聚居区，嘉靖年间丽江木氏土司攻取滇西北藏族聚居区以及西藏昌都地区的盐井一带后，川滇藏边的交通贸易得到好转并进一步发展。滇茶成了与川湘茶并驾齐驱销藏茶的主力。川藏和滇藏道在明代中期后成了茶马古道的主干道。昌都是进藏的东大门，是马帮进入西藏的第一站，从四川和云南进藏的茶和道路都交会于昌都，使昌都成为茶马古道一处非常重要的集散地。今在昌都还随处可见茶马古道的遗址和文化残留，而马依旧是当地主要的运输工具之一。

至明末，随着云南普洱茶声名大噪，普洱茶成为茶市交易的重要商品。《徐霞客游记》记载，明时的丽江古城已有"居积番货为业者"。云南的盐、茶等也有不少经大理、丽江等地运至雅州交易。川滇地区的茶叶汇聚到雅州、天全一带由茶课司收贮与西蕃市马。商人们将云南的茶、盐及内地的丝绸运往康藏沿线，又将藏族聚居区的

马、骡、麝香、羊皮、羊毛及来自印度的珠宝、首饰运回。除官方控制并组织的贸易外,民间的贸易更久、更长盛不衰。滇南产茶区普洱也发展成为云南最大的茶叶集散地。

二、普洱茶的兴起和成名

明万历年间（1573—1620年），普洱治地改名普洱，概因普洱茶兴起而得名。《滇云历年志》载："六大茶山产茶……各贩于普洱。……由来久矣。"可见，普洱茶这一名词最早是由民间茶叶交易而形成，正式载入史书则是在明代万历年间谢肇淛在《滇略》中所载："士庶所用，皆普茶也，蒸而成团，瀹作草气，差胜饮水耳。"① 这是"普洱茶"第一次作为专有名词出现，成为云茶发展的第六个重要历史节点。"普茶"即普洱茶，"蒸而成团"说明普洱茶是加工揉制的紧茶。但对"普茶"，谢肇淛认为"瀹作草气，差胜饮水耳"。史学家林超民教授分析这段史料认为，谢肇淛说普茶不算好茶是有原因的。谢肇淛是福建长乐人，万历年间才来滇任右参政。而闽浙一带茶文化发达，当地人自认为的茶叶精致，饮茶方式"高雅"，于是将"蒸而成团"的普茶视为"粗糙"是很正常的，这其实不过是因为谢肇淛还没有发现普茶的优点而已，但他说"士庶所用，皆普茶也"则说明在当时的云南，无论是有身份的士人还是没地位的庶民，都饮用普茶。②

谢肇淛的《滇略》写于明代万历末年（约1619年），而云南蒸而成团的制茶方法应出现得更早些，只是无文献记载。明末方以智在《物理小识》有"普洱茶蒸之成团，西番市之"的记载，这是"普洱茶"全名见于文字的最早记录，不仅正式用了"普洱茶"一名，而且说明了其制作方式为"蒸之成团"。

普洱茶究竟源起于何时？因何而得名？过去均认为因产于普洱而得名，后因民族学研究与古濮人的"濮儿茶"同音异写而得名。

---

① （明）谢肇淛：《滇略》卷三，第235页。
② 林超民：《普洱茶散论》，纪念孔明兴茶1780周年暨中国云南普洱茶古茶山国际学术研讨会组委会编《中国云南普洱茶古茶山茶文化研究——纪念孔明兴茶1780周年暨中国云南普洱茶古茶山国际学术研究会论文集》，云南科技出版社2005年版。

对此，笔者用数年时间对所有能找到的有关云茶史料的记载进行了充分检索研究，到目前为止，看到的史料在明代以前均无"普洱茶"的记载。在明代以前，是否已有"蒸而成团"的"普洱茶"目前尚无文献依据，而关于晋人傅巽在《七诲》中提到的"南中茶子"[①]是否便是成个、成块的紧茶即普洱茶，还需进一步研究。唐代樊绰的《蛮书》和南宋李石的《续博物志》卷七中也只提到"茶出银生城界诸山"，直至明代才在谢肇淛的《滇略》中首次提到这种蒸而成团的"普洱茶"。

从2004年至今，笔者在对普洱茶历史文化不断深入研究的基础上，曾先后出版了《云南民族文化探源》《中国普洱茶》《中华普洱茶文化百科》《云茶大典》《古茶乡韵》《茶古道文献考释》等著作并发表相关论文数十篇。在前期的研究中，笔者与其他专家均认为，普洱地名最早时被称为步日部，明洪武十六年（1383年）改称普耳，清雍正七年（1729年）设普洱府。"普洱"是"步日""步耳"的同名异写，音根是濮人族群的佤语。"普"是"扑""蒲""濮"的民族称谓的同音异写，故普遍认为"普洱茶"即"濮儿茶"，因古濮人而得名，且普洱地名也因集散"濮儿茶"而得名，成为同音异写的"普洱"一词。[②]但随研究的不断深入，笔者对"普洱茶"的得名及发展又有了新的发现。据清康熙年间章履成的《元江府志》载："普洱茶，出普洱山，性温味香，异于他产。"[③]这是有关云南普洱茶产地的一条重要史料，似乎说明普洱茶因普洱山而得名。另据四库全书《御定佩文斋广群芳谱》载："普洱山在车里军民宣慰司北，其上产茶，性温味香，名曰普洱茶。孟通山在湾甸州境，产细茶，味最胜，名曰湾甸茶。"[④]

上述史料均提到了"普洱茶""普洱山"，那么普洱山在哪里

[①]有的专家认为"南中茶子"指茶树的种子，是不同于灌木型的云南乔木型大叶种茶种子。
[②]蒋文中编著：《中华普洱茶文化百科》，云南科技出版社2006年版。
[③]（清）章履成：《元江府志》卷一，云南省图书馆藏，第666页。
[④]（清）汪灏：《御定佩文斋广群芳谱·茶谱》，影印四库全书本。

呢？后人多有解释在车里即今西双版纳六大茶山。如《续云南通志长编》说："六大茶山，在昔均隶思茅厅，思茅厅又属普洱府，故外省人士概名滇茶为'普洱茶'，实则普洱并不产茶，昔思茅沿边十二版纳地所产之茶，盖以行政区域之名而名耳。"

为何会认为普洱不产茶呢？笔者查看了几乎所有与云南茶记载有关的史料后发现，皆因古今史家缺少对普洱茶生产区的实地调研所致。过去（从清代至当代）对普洱茶的记载几乎如出一辙，历代著者均袭前人，以至于人云亦云，传误至今。如清檀萃《滇海虞衡志》卷十一《志草木》载："普茶名重于天下，此滇之所以为产而资利赖者也。出普洱所属六茶山……"① 清师范《滇系·山川》载："普洱府宁洱县六茶山，曰攸乐，即今同知治所；其东北二百二十里曰莽芝，二百六十里

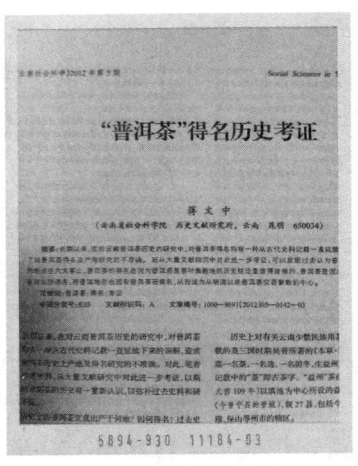

作者发表在《云南社会科学》2012年第5期上的《"普洱茶"得名历史考证》

曰革登，三百四十里曰曼砖，三百六十五里曰倚邦，五百二十里曰曼撒……"②

而上述史料为何认为普洱不产茶，其原因是清雍正七年（1729年）以六大茶山和橄榄江内六版纳设置普洱府，到乾隆元年（1736年）设置宁洱县作为普洱府的治所，同时设置思茅厅，攸乐同知驻思茅。清人刘慰三的《滇南志略》载："普洱府，元至元二十九年置散府。……本朝顺治十六年取其地，编隶元江府，调元江府通判分防普洱，其车里十二版纳仍属宣慰司，雍正七年裁元江通判，以所属普洱等处六大茶山及橄榄江内六版纳地设普洱府。乾隆元年，增置宁洱县，附府，移攸乐同知驻思茅，而省旧设之通判。"③ 清道光五年

---

① （清）檀萃：《滇海虞衡志》卷十一《志草木》，云南人民出版社1990年版。
② （清）师范：《滇系》第六册，光绪云南通志馆刊本。
③ （清）刘慰三：《滇南志略》卷三《普洱府》，《云南史料丛刊》第十三卷，第196页。

（1825年），阮福的《普洱茶记》也是一篇详细记述普洱茶的文献，但可能限于没有实地调查，阮福也认为"所谓普洱茶者，非普洱府界内所产，盖产于府属之思茅厅界也……"[①]，也出现同样失误。由于史料的误传，以至于当代史学家和茶学专家均沿袭"茶叶市场在普洱，由此运出，所以称为普洱茶"。

可见，说普洱府不产茶，产茶的地点在六大茶山，普洱茶的得名是因为普洱府是茶叶集散地，这完全是一种误解。笔者从云南省图书馆除了查到清康熙年间章履成的《元江府志》原件外，还查到了一幅地图，上面清楚地标明了普洱山位于今普洱市宁洱县（原普洱县）。此外，《元江府志》还对从元江府城至各地的里程有明确记载："府城西一百至三板桥，三板桥一百里甸索，甸索一百里至他即，他即一百里至阿墨江，阿墨江一百里至通关哨，通关哨一百里至磨黑，磨黑一百里至普洱，普洱一百里至斑鸠坡，斑鸠坡一百里至思茅，思茅一百里至老军田，老军田一百里至普腾，普腾一百里至大开塘，大开塘一百里至关铺，关铺一百里至板葛，板葛一百里至孟养，孟养一百里至车里九龙江宣慰司。"这再次说明了普洱府与今天的地理位置完全相同。

另据清《云南通志稿》："普洱府六茶山……并在九龙江以北，猡梭江以南，山势连属数百里，上多茶树，革登有茶王树。《一统志》有普洱山，在府境，山产茶，性温味香，异于他产，名普洱茶，府亦以是名焉。引《滇程记》，自景东府行一百里至者乐甸，又行一日至镇沅府，又二日达车里宣慰司，又二日至普洱山，想即此。"《云南通志稿》卷十六《贡象

今宁洱普洱山远眺

[①] 赵春洲、张顺高编：《版纳文史资料选辑 第四辑 西双版纳茶叶专辑》，中国人民政治协商会议西双版纳傣族自治州委员会文史资料工作委员会1988年11月编印。

道路》说:"由景东历者乐甸行一日至镇沅府,又行二日始达车里宣慰司之界,行二日车里之普耳,此处产茶。一山耸秀,名为光山。有车里一头目居之。"

上述记载不但道明了普洱茶产于普洱山,而且其品质优于其他产地所产。可见,普洱在明清时是普洱茶的交易聚散中心,且普洱茶也因出自普洱山而得名。当时清廷为了更好地控制六大茶山的茶叶,以六大茶山为基础和江内六版纳设置普洱府。六大茶山较出名,清倪蜕的《滇云历年传》卷十二载:"雍正七年己酉。总督鄂尔泰奏设总茶店于思茅,以通判司其事。六大山产茶,向系商民在彼地坐放收发,各贩于普洱……"① 思茅设总茶店于清世宗雍正八年(1730年)。该史料仅表明了清廷对六大茶山茶叶贸易的管理,而并非普洱不产茶,但因普洱府所属六大茶山被经常提起,后人便一直沿用了此说法。

结合史料和实地调研,普洱山并非西双版纳六大茶山。普洱山位于云南省南部、普洱市中部的宁洱县,宁洱县北距离省会昆明市373公里,南距离今普洱市政府驻地46公里。普洱山属典型的喀斯特地形地貌,因位于古普洱府西城门外,俗称"西门岩子",海拔1838.3米,与县城相对高差518.8米,岩石陡峭,拔地而起,山势如壁,耸入云天,这与《云南通志稿》卷十六《贡象道路》中所记的"一山耸秀,名为光山"吻合。

今天的普洱山仍是宁洱县城令人叫绝的"石壁现茶"奇特景观。在普洱山山壁的"心脏"位置,有一片呈倒三角形的裸露岩体,四周都是光秃秃的,但在岩体中部却生长出一些绿油油的树木,远远望去,这些树木排列出的形状分

普洱山357克普洱圆茶

---

① (清)倪蜕辑:《滇云历年传》卷十二,李埏校点,云南大学出版社1992年版,第602页。

明是一个草书的"茶"字。据城里的老人说,这个"茶"字自古以来就有,一直挂在普洱山的岩壁上。宁洱人说:先有普洱山,后有普洱茶。普洱山历史上是出产普洱贡茶的名山,所产茶性温味香,被称为"众茶之冠"。雄伟矗立的普洱山,每当晨曦初照、薄雾缭绕时,常出现"壁耸擎天柱,红飞捧日出"的瑰丽景色,被人们称为"天壁晓霞",为"普阳八景"之首。

三、明代云南茶寺、茶房、茶舍、茶事的兴盛

云南因距印度、尼泊尔较近,是佛教传入中国较早的地区之一。据说,早在汉代印度僧人腾竺法兰就在大理建感通寺。见诸文字的佛教盛世是南诏、大理国时期,"其俗事佛而尚释"。由于佛教戒律、戒酒、戒荤,非时不食(过午不食),僧侣们自然要寻找一种既能敬佛又能提神的饮品,于是就找到了茶,故"茶禅一味",茶与佛教密不可分。现存昆明升庵祠的《重修普贤寺常住记》中有如下记述:"余习静山中,普贤寺住持僧本圆携茶见访,叙说因缘……"由此可见茶在寺庙生活中的位置,施主们可以茶施财、随喜,寺僧也可向居士或施主赠送茶品。在僧侣的寺庙生活及与外界的交往中,茶成了重要的饮品。佛教寺院中常设有茶室。昆明金殿《重修二天门碑记》中有如下记载:"嘉庆年间,建客座茶房,以为会众栖止休息之地。每岁捐资传茶,继继承承……"可见,茶堂(茶房)不仅可以为进香者提供茶水、斋饭,还具有旅馆的功能。

明代云南有寺庙600余座,且多产茶,这也是云南一大特点,表明茶在云南的寺庙中有着重要的地位,较之中原似乎也有过之,故明代崇祯年间进入云南的徐霞客有许多关于茶的描述。其《滇游日记》中就有茶庵、舍茶寺16座,其中提到茶房、寺庙、茶庵、舍茶寺等共100余处,在其游

徐霞客游大理画像

记中留下了浓墨重彩的一笔，成为今天研究云南文化的重要参考。在这些寺庵中，有一类较为特殊，为舍茶寺或茶庵。据民国所修《新纂云南通志》载：昆明云安寺"兼设茶汤水浆润行路渴口"，宜良白云茶庵"设田资香火煮茶以济行人"，此外还有漾濞舍茶寺、安宁万寿茶庵、禄丰大慈香茶庵、宁州（今华宁）茶庵、云州（今云县、昌宁县）茶庵、罗平茶庵等。明代茶庵的修建或为行善，或为筹资建庙，并不以卖茶为第一目的。

由于明朝晚期社会动荡与文人的弃世，寺院成了"民间高人"的聚集地，也体现了寺院茶在云南兴盛的一个重要原因。这些寺院的僧侣多来自内地，如北京、南京、河南、陕西、四川等，自然也把内地的茶文化带到云南，茶不仅在寺院与外界之间起着媒介作用，也是"茶禅一味"的重要体现。从前面明代文献所记看，当时有名的昆明太华寺的太华茶、五华寺的五华茶以及大理感通寺的感通茶、凤庆太平寺的太平茶、宜良宝洪寺的宝洪茶、昭通大关县翠华寺的翠华茶等均出自寺院，是寺院茶的代表，只是产茶数量均不太多，为寺院自用。在徐霞客生活的那个明代，类似的舍茶寺、茶庵很多，单是徐霞客游记中提到的舍茶寺、茶庵就多达16处，可以反映出云南种茶用茶之普遍。云南有众多的茶，徐霞客虽未全喝过，但也记述了不少，虽有的浓墨重彩，有的一笔带过，有的仅留个地名，但无论如何，云南众多茶寺、茶庵、茶房都为如徐霞客般行走在云南的人们提供了一个可以小憩、解渴纳凉、遮风避雨的地方，是行人在半道上的温暖家园。徐霞客也因此在云南遇到很多来自中原内地的修行僧人和文人墨客，他们在遥远的地方相识相聚，以茶清谈。

崇祯十一年（1638年）十二月初，徐霞客因其顾姓仆人生病，连续在元谋的官庄茶房滞留了五六天，游记中说"悟空日日化米以供食"。崇祯十二年（1639年）四月十三日，徐霞客从"西登岭西北上"，走了约15里山路后来到了"颇觉清幽"的赤土铺，这是当时腾冲通往内地的一个驿站。再走了3里左右，"有庵施茶，当脊北向而踞，是为甘露寺"。这座寺庙现在仍有迹可循，位于腾冲市芒棒镇甘露寺村，其开山和尚性通于元代从鸡足山到此买山建寺，在驿道上设铺舍茶以饮行人，并定寺名为舍茶寺，明天启年间，腾越知州樊一芝据此，将其改名为甘露寺。与甘露寺相若，舍茶寺、茶庵大多修建于远离村镇的大路旁，并不以卖茶盈利为目的，或为善行，或为筹资建庙。维持的方式主要有4种。一是寺庵主人以客人随喜的钱买茶饮客。二是僧侣们化缘维持。三是官府出资建寺施茶，如鹤庆的北衙舍茶寺。徐霞客写道："度梁北，有殿新构，有池溢水，有亭施茶。余入亭饭，一僧以新瀹茶献，曰：'适通事与担者久待于此，前途路遥，托言速去。'盖此殿亦丽江所构以施茶者，故其僧以通事命，候余而致之耳。"四是寺庙自己种茶或设"香火田资"煮茶，自古名寺出名茶，云南许多寺庙古时不仅重视茶叶栽培，而且还是茶道传播和研究的中心。

在丽江，崇祯十二年（1639年）正月下旬应丽江世袭土知府木增之邀，徐霞客离开鸡足山前往丽江，并受到木增的热情款待。在当时的丽江首刹解脱林，二月初八，徐霞客遇到纯一禅师，这位禅师"馈以古磁杯、薄铜鼎，并芽茶为烹瀹之具"。可见作为茶马古道上的重镇之一，在当时丽江的上层人士间，不仅饮茶是种风尚，器具也是比较雅致的，说明当时中原内地的生活习惯和饮茶方式已传入云南。

在鸡足山，徐霞客受到高僧宏辩的热情款待。《徐霞客游记·滇游日记六》载："宏辩诸长老邀过西楼观灯……楼下采青松毛铺籍为茵，去桌跌坐，前各设盆果，注茶为玩，初清茶，中盐茶，次蜜茶……"地铺松毛，桌设山果，边观灯边品"一道清茶，二道盐茶，三道蜜茶"，由此可见，徐霞客经历的云南茶道，与现今"一苦二甜三回味"的白族人民款待贵客嘉宾的代表较高礼节的三道茶有些相似。作为国内五大佛教名山之一的鸡足山，其一淡二咸三甜的茶道也能给人一种佛理的启迪。

在大理感通寺，徐霞客喝到了有名的感通茶。《徐霞客游记·滇游日记八》载："中庭院外乔松修竹，间作茶树，树皆高三四丈，绝与桂相似。时方采摘，无不架梯升树者。茶味甚佳，炒而复爆，不免黝黑。"从这段描述中可以看到茶树的生长情况,"树皆高三四丈",可见当时茶树高大,已有相当树龄,需架梯才能采茶;"炒而复爆",制作方法则为晒青制法,虽然茶的颜色有点黝黑,但是徐霞客还是给了"茶味甚佳"的评价。

对大理感通茶,明代李元阳《大理府志》载:"感通寺在点苍山圣应峰麓,有三十六院,皆产茶树,高一丈,性味不减阳羡,名曰感通茶。"可见那时的感通茶颇具规模,与寺院禅道相得益彰,而今在感通寺大雄宝殿右侧的花园中

大理感通寺

还有两棵自明代遗存至今的古茶树。感通茶是云南寺院茶中名气最大的,自古以来文人墨客着笔较多,留下了许多文献记载和诗词吟咏。特别是用点苍山圣应峰之天然山泉水泡茶,其色、香、味、形得以充分释放,以至清代余怀在其《茶苑》中说:"感通寺山岗产茶,甘芳纤白,为滇茶第一。"历史上感通寺不仅在茶叶的栽培、焙制方面有独特的技术,而且十分讲究饮茶之道。寺院内设有茶堂,专供禅僧辩论佛理、招待施主、品尝香茶,还专设茶头,专事烧水煮茶,献茶待客,并在寺门前派施茶僧惠施茶水。

云南寺庙产的另一名茶为昆明太华寺茶,现已绝迹。明代谢肇淛《滇略》载:"昆明之太华,其雷声初动者,色香不下松萝,但揉不匀细耳。点苍感通寺之产过之。"可见此茶虽色香俱佳,但采制不精,故明代排在感通茶之后。

从昌宁到凤庆,徐霞客在凤庆龙泉寺食宿,在那里喝到了太平寺茶和凤山雀舌茶及东山寺茶。据凤庆文史工作者许文舟先生等考证,徐霞客到达凤庆是1639年八月,本来他准备从右甸(今昌宁)抵达顺宁(今凤庆),但在龙泉寺食宿了两天,有住持以茶招待。另据凤庆许文舟、临沧太华茶叶公司丘中等调查说,住持给徐霞客冲泡的

是当时有名的太平寺茶,泡茶用水取自龙泉。徐霞客喝得荡气回肠时,住持又进屋很神秘地从一个红木箱里取出一包东西放到徐霞客面前,对徐霞客说:这是另一种茶,叫"凤山雀舌",采自云遮雾罩的凤山,前一泡"太平茶"浓醇而

凤庆太平寺

回甘,这一泡"凤山雀舌"一定让你满嘴留香。两泡茶竟让徐霞客喝出一种留恋来,据说他将担子中的银子拿了些出来换得一袋茶带在身边,解渴除热,当宝一样收藏。

之后徐霞客便从顺宁到达了云州(今云县),准备从云州羊街渡渡过澜沧江,翻无量山到景东,再返回昆明。不料适逢雨季,澜沧江水猛涨,无法渡江,于是不得已在八月十三日返回凤庆,住东山寺,在寺中又品饮了东山白胶泥土种出的东山好茶。东山寺住持的泡茶方法与龙泉寺住持泡法不一样,东山寺住持用一青石板架在炭火之上,再放些茶叶,边炒边抖,茶叶泛黄出香再置于杯中,以沸腾的水冲泡品饮。白胶泥土的滋味融进了青石板的气息,普通的芽叶竟萌生出别样的鲜香,徐霞客喝得连声叫好。

带着对茶的回味,八月十四日徐霞客从凤庆城经青树、红塘、三沟水到了高枧槽(今凤庆马庄村)。《徐霞客游记·滇游日记九》记载:"又东北下七里面,盘一冈嘴。又下三里,有一二家当路右,是为塘报营。又下三里,过一村,已昏黑。又下二里,而宿于高枧槽。店主老人梅姓,颇能慰客,特煎太华茶饮予。"这一段文字虽然简短,却似一幅画,历经数年,仍然能从文字中体会出其间的太华茶香。用今天的语言形容,大致是天已昏黑,翻山越岭,饥渴疲惫的徐霞客终于走进山中一个叫高枧槽的小村子,找到一家可食宿的店铺。店主是一位姓梅的老人,很会待客,即将徐霞客热情迎入屋中安排食宿,并特地煎煮有名的太华茶招待他。梅姓老人土法烹制的太华茶让

徐霞客感慨不已。茶毕,徐霞客取出随身携带的纸与笔,略做思索,便写下"自汲香泉带落花,漫烧石鼎试新茶"两行诗,算是对梅姓老人的一种感谢。据凤庆许文舟和临沧丘中先生等考证,如今高枧槽还在,这"香泉""新茶"的产地就是有着500年种茶历史的凤庆县大寺乡澜沧江边的马庄村,这里今天仍是一个只有56户人家的小村落,梅姓老人的后代仍生活在这里,农户们仍然种植着茶叶,对待客人的热情仍然不变,只是这些茶叶已不是当年给旅行家烹制的粗制品了,而是被打造成了精美茶品销往外地。

云南是世界茶树的发源地,生活在这块土地上的各民族自古就有种茶、采茶、制茶、饮茶的习惯。尽管徐霞客未能深入滇南茶叶主产区,但在他穿梭彩云之南的时间段里,或多或少都经历了一些关于茶的故事,而茶寺、茶庵就成了记录这些历史点滴的最好载体。

四、文献中的明代云南历史名茶

明清文献中,除普洱茶外,多被提及的昆明之太华茶、大理点苍之感通茶、孟通山之湾甸茶、顺宁之太平茶等应当是当时云南最负盛名的4种茶了。

清初汪灏等的《御定佩文斋广群芳谱》载:"太华山在云南府西,产茶,色味俱似松萝,名曰太华茶。普洱山在车里军民宣慰司北,其上产茶,性温味香,名曰普洱茶。孟通山在湾甸州境,产细茶,味最胜,名曰湾甸茶。《大理府志》:感通寺在点苍山圣应峰麓,旧名荡山,又名上山,有三十六院,皆产茶,树高一丈,性味不减阳羡,名曰感通茶。《滇行纪略》:城外石马井水无异惠泉,感通寺茶不下天池伏龙,特此中人不善焙制尔。"① 对照明代谢肇淛的《滇略》:"昆明之太华,其雷声初动者,色香不下松萝,但揉不匀细耳。点苍感通寺之产过之,值亦不廉。"② 太华山即碧鸡山,也就是今天的西山。周季凤的正德《云南志》载:"感通茶感通寺出,胜

---

① (清)汪灏等:《御定佩文斋广群芳谱》卷十八《茶谱》。
② (明)谢肇淛:《滇略》卷三,第235页。

他产。"① 明景泰六年（1455年），《云南图经志书·土产》也载，大理府感通茶，"产于感通寺，其味胜于他处所产者"。云南茶树按物种分类共有32个种和两个变种，按植物形态分类有灌木型的中、小叶种和半乔木、乔木型的大叶种。大叶种的种性优良，是云南的主要茶种。谢肇淛褒为"色香不下松萝"的昆明太华茶多半属于小叶种茶，褒扬之余，谢肇淛也毫不客气地指出，昆明太华茶"揉不匀细"，即加工粗放，不够精细。

大理感通寺山门

孟通山之湾甸茶，史料记载也不少。如谢肇淛《滇略》载："有孟通山所产细茶，胜于中国。"② 在这里，谢肇淛还特别加了一句"胜于中国"（在这里指内地）的评价。③ 明代周季凤纂修的正德《云南志》载："茶境内有孟通山所产细茶，名湾甸茶，谷雨前采者为佳。"明代万历《云南通志》载："茶境内有孟通山所产细茶，名湾甸茶，谷雨前采者为佳。"④

茶农在云南大茶树上采茶

顺宁有太平茶，亦称太华茶。清代檀萃《滇海虞衡志》卷十一《志草木》载："又顺宁有太平茶，细润似碧螺春，能经三瀹犹有味也。大理有感通寺茶，省城有太华寺茶，然出不多，不能如普洱之盛。"清代王昶《滇行日录》载："乾隆三十三年十二月初三日，抵南甸，已接总督印任事。是晚，抚军以顺宁、普洱茶见饷。顺宁茶味薄而清，甘香

---

① （明）周季凤纂修：正德《云南志》卷三《大理府》，第168页。
② （明）谢肇淛：《滇略》卷九，第324页。
③ （明）周季凤纂修：正德《云南志》卷十四《湾甸州》，第595页。
④ （明）邹应龙等修、李元阳纂：万历《云南通志》卷四《湾甸州》，第46页。

溢齿，云南茶以此为最。普洱茶味沈刻，土人蒸以为团，可疗疾，非清供所宜。"①此文对乾隆时期的顺宁茶有甘香溢齿之评价。清代刘靖《顺宁杂著》载："顺宁为滇省僻远之地，在万山之中，他省人鲜知之者。……郁密山，在郡城西南三十里外……太平寺，迄今百余年来，善果叠成，规模清整，花木繁秀，为顺郡禅林第一，寺旁多别院，亦皆静雅。其岩谷间，偶产有茶，即名太平茶，味淡而微香，较普洱茶质稍细，色亦清，邻郡多觅购者，每岁所产只数十斤，不可多得。僧房之左有清泉一股，石上横流，潺湲可听，凿池贮水，汲烹新茗，尤助清香。"②

除了上述名茶外，史料中提到的还有木邦茶、禄丰山茶、黎茶。关于木邦茶、禄丰山茶，清代张泓《滇南新语·滇茶》载："滇茶有数种，盛行者曰木邦，曰普洱。木邦叶粗味涩，亦作团，冒普茗名，以愚外贩，因其地相近也，而味自劣。普茶珍品，则有毛尖、芽茶、女儿之号。毛尖即雨前所采者，不作团，味淡香如荷，新色嫩绿可爱；芽茶，较毛尖稍壮，采治成团，以二两、四两为率，滇人重之；女儿茶亦芽茶之类，取于谷雨后，以一斤至十斤成一团，皆夷女采治，货银以积为奁资，故名。制抚例用三者充岁贡。其余粗普叶皆散卖滇中，最粗者熬膏成饼，摹印，备馈遗。而岁贡中亦有女儿茶膏并进蕊珠茶。蕊珠茶为禄丰山产，形如甘露子，差小，非叶，特茶树之萌茁耳，可却热疾。又茶产顺宁府玉皇庙内，一旗一枪，色莹碧，不殊杭之龙井，惟香过烈，转觉不适口，性又极寒，味近苦，无龙井中和之气矣。若迤西之浪穹、剑川、丽江诸边地，则采槐柳之寄生以代茶，然惟迤西人甘之。"③关于黎茶，清代张庆长《黎歧纪闻》有载："黎茶粗而苦涩，饮之可以消积食，去胀满。陈者尤佳。大抵味

---

① （清）王昶：《滇行日录》，第211页。
② （清）刘靖：《顺宁杂著》，第54页。
③ （清）张泓：《滇南新语·滇茶》，第26页。另见方国瑜主编：《云南史料丛刊》第十一卷，云南大学出版社2001年版，第401页。

近普洱茶，而用亦同之。"①

　　木邦在今缅甸东北部，靠近中国西双版纳，其地也产茶，但味道远不如西双版纳的茶叶好，真正的普洱茶还是产于六大茶山。黎茶为边境地区黎、瑶、彝等少数民族所制之茶。在元代，松、潘、黎、雅地区藏族所需的茶叶已单独形成一个种，叫"西番茶"，以别于腹地所饮的各种川茶。明代，腹茶与边茶不仅销售范围、对象有区别，而且其采摘季节、制法和包装均不相同。最上等的是腹茶，又称细茶、芽茶，来自清明前后的嫩芽绿叶，经过烘焙、搓揉等工序制成，味香但不经泡。黎茶又称剪刀茶、刀子茶，系秋季采摘，茶农用小刀连枝带叶采下，制成粗茶，此茶色味俱浓、经煮耐泡，故颇适藏族聚居区市场需要。

　　对上述明代文献中多被提及的茶，只有孟通山之湾甸茶于今的产地等情况不详，笔者综合所掌握的更充分的文献资料及田野考察，特别是通过20多年遍走云南茶山的多方考察来看，史料中说的"孟通山"为傣语音译，意为四通八达的山。元末明初，湾甸长官司（后升为州，治所在今云南昌宁县西南湾甸镇；后又分设镇康州，湾甸乃与镇康分立）辖境幅员辽阔，《读史方舆纪要》记其境域：东至云州界，南至镇康州界，西至永昌施甸长官司界，北至顺宁府即今昌宁县枯柯河两岸与保山、镇康接壤一带。今保山昌宁大勐统、临沧永德小勐统均属湾甸孟通山范畴，永德北部山区离湾甸治所较近，所产茶叶为湾甸茶的组成部分，品质特征为细茶。此证明了今保山昌宁、永德镇康等地种植和利用茶叶历史悠久，孟通山湾甸茶叶至少在明代就已经有较高的知名度。

　　今紧相邻的昌宁、永德及周边，茶山遍布，古茶园、古茶树众多，当中包含了过去名气较大的镇康大山茶、湾甸茶、碧云仙茶、金齿茶、木邦茶等。清代张泓的《滇南新语》曰："滇茶有数种，盛行者曰木邦，曰普洱……"故，在明代，这一带的木邦等茶叶也开始制

---

①赵春洲、张顺高编：《版纳文史资料选辑》第四辑《西双版纳茶叶专辑》，中国人民政治协商会议西双版纳傣族自治州文史资料工作委员会1988年11月编印。

作普洱茶了。史料记载的明代木邦茶产地包括今永德、镇康及缅北果敢等地，该茶茶性野、茶劲大，可能属大理茶种或滇缅茶种。历史上，永德（镇康）与木邦（今属缅甸）关系紧密，故叶粗味涩的木邦茶常过境行销内地。《滇南新语》载"木邦叶粗味涩，亦作团，冒普茗名，以愚外贩，因其地相近也，而味自劣……"，说明在明代因普洱茶开始畅销，于是木邦这一带也开始制作普洱茶了，只是工艺与普洱茶主产区普洱及西双版纳相比尚不足。临沧是云南最大的茶源地，被誉为"天下茶仓"，一百年至五六百年的古茶树不仅大量存在，还大量集中分布于临沧市各县及临近保山昌宁等地区，有更大面积成片成林的分布，其栽培型古茶几乎占全省收集样本总数的40%。明代以来，至少在普洱景东、景谷以西，保山昌宁至临沧永德、双江等澜沧江上游沿岸也是普洱茶的重要产区，在这一带广阔的山区，村民世代都享受着古茶树带来的收益。

清代云茶生产贸易的大发展

一、清初滇藏茶叶交通贸易的扩大

清初继续沿用明制,同样把茶法和马政视为以茶固边、以茶施政的一项重要政治和经济手段,并于顺治三年(1646年)宣布恢复茶马互市,其主要市场设于西北地区,先设立西宁、洮州、庄浪、河州、甘州等地茶马司,其茶叶来源一是甘肃南部及陕西汉中一带所产茶叶,二是来自川、湘等省的商运茶。

因普洱茶深受藏族人喜爱,清顺治十八年(1661年),达赖喇嘛以明代设马市不便,向清世祖请求在云南永胜县开设茶马互市。达赖喇嘛及根都台吉即遣邓凡墨勒根"赍方物求于北胜州互市茶马。八月初,依其所请,准藏人于北胜州易马"①。清顺治十八年(1661年),清政府同意达赖喇嘛的要求在北胜州(今永胜县)开茶市以藏马易云南普洱茶。清世祖虽批准了达赖喇嘛的请求,但因滇川藏边土司割据,茶马商道通阻无常,未能实现。直至康熙四年(1665年),北胜州茶马互市才正式开通,滇藏茶叶贸易量迅速增长。《清史稿·食货志五》称,是年,"遂裁陕西苑马各监,开茶马市于北胜州"。"北胜州开茶马市,商人买茶易马者,每两收税银三分,该抚详造交易细数、番商姓名,每年题报。"②"云南征税银九百六十两,贵州课税银六十余两。凡请引于部,例收纸价。每道以厘三毫为率。"③

①《清朝通典·食货八》。
②乾隆《钦定大清会典则例》卷四十九《户部·杂赋上》。
③《清史稿》卷一百二十四《食货志五·茶法》。

清代限定的茶马互市地区为西宁、岷州、平番、兰州及四川雅安、打箭炉及云南北胜州（后为丽江）。此外，还将茶引分为腹引、边引、土引。所谓"腹引"，即行销内地茶的凭证；所谓"边引"，即只能在边地民族地区销售的茶

行走在江边栈道上的马帮

证；所谓"土引"，是从"边引""腹引"中划出，只发行于四川天全，用于行销土司属地的茶。但由于滇藏茶道的险阻及地方武装的割据，滇藏茶马互市仍难以推进。康熙十三年（1674年），五世达赖与蒙古和硕特道首领达赖汗遣番兵及木里土司兵从滇藏茶道进入迪庆，平息了以中甸嘉下寺为首的本地噶玛教寺庙僧侣及土司的武装叛乱，结束了木氏土司在迪庆藏族聚居区的统治。率兵进居迪庆的蒙番兵将领巴图台吉把中甸和德钦献给五世达赖作寺庙庄园，达赖喇嘛从拉萨委派"协赤"（宗官）到中甸总管地方，云南迪庆地区被纳入西藏"政教合一"统治下，滇藏茶道成了连接西藏政权对云南藏族聚居区统治的重要通道。云南茶进入藏族聚居区的通道得以不断恢复和北胜州茶马市正式开通，极大地促进了普洱茶的生产和贸易，成为云茶发展的第七个重要历史节点。

滇藏茶道因位于青藏高原剧烈下降地带，属于举世闻名的横断山脉、三大峡谷区域，相比川藏交通条件更极端险恶。任乃强在《康藏史地大纲》中说："康藏高原，兀立亚洲中部，宛如砥石在地，四围悬绝，除正西之印度河流域、东北之黄河流域倾斜较缓外，其余六方，皆作峻壁陡落之状，尤以与四川盆地及云贵高原相接之部，峻坂之外，复以邃流绝峡宰乱其间，随处皆成断崖促壁，鸟道湍流。各项新式交通工具，在此概难展施。"[1] 清代焦应旂《藏程纪略》载：越拉里之山，"坚冰滑雪，万仞崇岗，如银光一片。俯首下视，神昏心

---

[1] 任乃强：《康藏史地大纲》上册，西藏古籍出版社2000年版。

悸，毛骨悚然，令人欲死……是诚有生未历之境，未尝之苦也"①。清代杜昌丁《藏行纪程》也载："十二阑干为中甸要道。路止尺许，连折十二层而上，两骑相遇，则于山腰脊先避，俟过方行。高插天，俯视山，沟深万丈……绝险为生平未历。"清人余庆远在记其旅行的《维西见闻纪》里说："一线幽麓，悉盘曲千蹬，上临悬崖，下逼危矶。山从人面，云向马头，未足以方其崎岖，而所在皆是。引藤扪葛，险莫之胜；飞渡蓬莱，或可以形。"

在滇藏间如此极端困难的交通条件下，藏族对普洱茶的需求并未因交通险阻而间断，普洱茶凭借着超凡的品质优势，在全国特别是藏族聚居区销量不断增加。"顺治十八年，思茅年加工茶叶十万担，经普洱过丽江销往西藏茶叶三万驮之多。"② 大量的汉藏商人不断加入云南与西藏间的茶马交易，他们以马帮组成商队，在每年气候适宜的季节从滇西北经丽江、大理、景东南下，到普洱、思茅地区用马匹、药材等特产换得茶叶，再返回藏族聚居区，将茶叶运销至拉萨等地。但长路漫漫，险障重重，沿途既有土司、寺院设卡收过路费，又时常因动乱引起茶路阻塞。这时，商人们就要寻找其他运茶路。最终，他们找到了德钦—碧土—邦达—工布江达—墨竹工卡—拉萨的进藏路线。每年春季，他们赶着骡马，满载蜂蜡、牦牛尾、麝香、虫草等物在古道沿线茶市交换茶叶后返回西藏。

为改善茶叶至西藏的运销，雍正四年（1726年），清政府将远离川省腹地而靠近滇省丽江土府的维西、阿墩子（今德钦）等地由四川划归云南管辖，又于翌年完成了

茶马古道上的铁索桥

---

① （清）焦应旂撰：《藏程纪略》一卷，影印乾隆五十七年刊本。
② 云南省普洱哈尼族彝族自治县地方志编纂委员会编：《普洱哈尼族彝族自治县志》，三联书店1993年版。

对丽江土府的改土归流，设丽江府。云南藏族聚居区的流官由清政府从内地委派，巩固了与内地的联系，交通也得到了改善。清代在元、明茶马古道驿路的基础上，增置驿站、驿马、军站及驿馆等，道路也改为两条：其一由昆明、大理经腾冲至缅甸与中国交接处恩梅开江和迈立开江往西北折至西藏或印度；其二就是经邓川、剑川、丽江、维西、德钦达四川巴安入藏，在丽江府置二驿，并在沿线路上不断加强驿站、驿马、军站及驿馆，使以往险障重重的滇川藏间的交通得到治理和改善，保障了茶路的安全畅通。随着川藏间驿运的加强和滇藏商路进一步扩大增长，为扩大云南茶马贸易，鄂尔泰又奏准将原来北胜州的茶马市改设于丽江，因而丽江成了茶马古道上的又一个重要中转站，促进了交通枢纽丽江商业集镇的形成。后又增加鹤庆茶马市，使茶马古道上的商业和交通达到前所未有的繁荣。

纵观清初在滇西北永胜州设茶马互市及随后对丽江木氏土司改土归流、茶马互市改设丽江府，究其根本原因实际上与清廷为稳定藏族聚居区的治藏大战略有关。丽江地处滇西北，紧邻滇西北藏族聚居区，为滇藏交通要冲，在清廷治

茶马古道上的集市

藏大略和相关战略布局中具有十分重要的地位。清军进藏驱逐准噶尔军队后，丽江在确保西藏和康区稳定中的战略地位进一步凸显。在雍正元年（1723年）初对丽江木氏土司改土归流，实为清廷在罗卜藏丹津叛乱前夕为确保滇藏交通畅通和藏族聚居区的稳定而采取的必要措施。同时因茶马互市的扩大，不仅使清廷增加了税收来源，而且通过经济文化的交往，加强了川滇藏地区的交往，使西藏腹地与祖国内地更加紧密联系起来。也正因此，从清代初年到民国初的300多年里，茶马古道上运茶马帮日复一日的铃声就从未停止过。

鄂尔泰改善交通的同时，还向朝廷奏准制定适合云南普洱茶的

茶法茶引。清初，承袭明代内地销往藏族聚居区的专供茶名称边茶，其叫法很多，或谓西番茶、乌茶、马茶等，民间最普遍的叫法为藏茶。最上等的是腹茶，又称细茶、芽茶。云南销往藏族聚居区的普洱紧茶则与腹茶类似，但价格较腹茶

行进在雪山的马帮

低，而用量又比川边茶少，耐熬煮，且滋味厚酽，为藏族人所喜爱。云南的边茶产于普洱、佛海、景谷、缅宁一带，其品种主要有心形紧茶、七子圆茶、砖茶和散茶等，除销本省藏族聚居区和西藏外，今甘孜州康南也有一定市场。进入康藏的茶，部分在木里、乡城、稻城、理塘销售，部分在打箭炉（今康定）将云南的竹筐包装换为牛皮包装后继续前进，走康藏线运至拉萨等地，也有经大理漾濞、石门（云龙）至旧州，翻怒山至瓦窑、槽涧、泸水、六库、福贡、丙中洛，出石门关至西藏的察隅县的运茶路。这条路因是沿怒江峡谷行走，无高大雪山阻隔，可常年通行。到察隅后，可由邦达、工布江达、墨竹工卡、拉萨、日喀则到尼泊尔、印度。由于边茶需要长途运输，加之民族地区"番人不辨权衡"，故在计量上容易发生争执，也不利于税收及贸易顺畅。对此，鄂尔泰将销西藏的普洱茶由丽江府收报茶马贸易税，并专门对普洱紧压圆茶（"七子饼"）的特殊包装及重量标准进行统一，按"引"收税，并规定："云南茶引颁发到省，转发丽江府，由该府按月给商，赴普洱府贩买，运往鹤庆州之中甸各番夷地方行销。"① "雍正十三年，复停甘肃中马。始订云南茶法，以七元为一筒，三十二筒为一引。照例收税。"② "大清会典事例：雍正十三年，题准云南商贩，茶系每七圆为一筒，重四十九两，征收税银三钱二分。

---

① 托津等奉敕纂：嘉庆《钦定大清会典事例》卷一百九十二《户部·杂赋·茶课》，《近代中国史料丛刊三编》，文海出版社，第642—660页。

② 《清史稿》卷一百二十四《食货志五·茶法》。

于十三年为始，颁给茶引三千，饬发各商行销售办课作为定额、造册题销。又，乾隆十三年议准云南茶引，颁发到省，转发丽江府，由该府按月给商赴普洱贩卖，运往鹤庆州之中甸各番夷地方行销，其稽查盘验，由邛塘关金沙江渡口照引查点，按例抽税。其填给部引赴中甸通判衙门呈缴，分季汇报，未填残引，由丽江府年终缴司。"[①]嵇璜等《清朝通典·食货八·杂税附》载："杂税附茶课：凡商贩入山制茶，不论精粗，每担给一引。每引额征纸价银三厘三毫，其征收茶课，例于经过各关时，按照则例验引征收。汇入关税项中解部，间亦有汇项内奏归地丁款报者。云南行三千引，额征银九百六十两。每引纸假三厘，税银三钱三分。人地丁册内造报。康熙四年，永乐府开茶马市。每两征税三分。雍正十三年，颁茶引三千。"[②]

雍正十三年（1735年），云南颁茶引3000引，与雅安颁茶引27860引相比，云南并不算多。然将茶叶蒸压成块，以七元（七子饼，每饼357克）为一筒，每筒相当于5斤，若"以七元为一筒，三十二筒为一引"的茶法规定，每引就是160斤，3000引就是48万斤茶叶，这就不少了，但若以云南茶法对普洱茶照例收税及征税银才960两，一引以厘3毫为率，税收并不高，足见鄂尔泰对云南茶业的扶持。

尽管清代以来各路边茶的制作形状、包装、品种都基本有各自的定式，但对销藏普洱茶以7元为一筒从包装到重量的标准，并以此少报茶引以减轻茶税上的统一，既有利于刺激云茶生产发展，又便于扩大运输和销售；既对普洱茶产地及过去分散长途运销实现了有效管理，又扩大了茶马互市和税收来源。正如郑绍谦等在道光《普洱府志稿》卷之十九《食货志六》曰："……国家财用所繁也，普洱物产丰饶，盐茶榷税之利甲于滇南。"这里说到了盐茶是滇南为首的榷税之利。普洱茶7元为一筒的标准被承袭下来，一直延续到今天。

鄂尔泰在丽江改土归流，扩大滇西北茶马互市，对茶叶生产贸

[①] 光绪《普洱府志》卷十七《食货志四》。
[②] 赵春州、张顺高编：《版纳文史资料选辑》第四辑《西双版纳茶叶专辑》，中国人民政治协商会议西双版纳傣族自治州委员会文史资料工作委员会1988年11月编印。

易、税收和交通的有效治理，使从横贯云南南北直至青藏高原几千里茶马古道上的商业走向了前所未有的繁荣，并带动了包括茶叶种植、加工运输贸易及相关行业经济的发展，成为云茶发展的第八个重要历史节点。

从《清朝通典·食货八·杂税附》"杂税附茶课：凡商贩入山制茶，不论精粗，每担给一引……云南行三千引皆销往西藏"中粗略计算，仅乾隆年间，每年由政府课税后有"茶引"销往西藏等地的茶叶就达40万斤，至于民间以各种方式运往西康的茶叶更是不计其数，并一直持续至民国时期。如民国《景谷县志资料》载："县属茶区，年产茶30万斤，运销滇西。"民国谭方之在《滇茶藏销》中说："藏族古宗商人，为滇茶不远万里而来。云南的十万驮粗茶，三分之二以上都往康藏一带销售。思普边沿的产茶区域，常见康藏及中甸、阿墩子的商人往来如梭，每年贸易总额不

制作酥油茶

下数百万之巨。"以普洱茶为大宗的各地产品交易量不断增长，大量的汉族、藏族、纳西族、白族、回族等加入商业运输和贸易中。他们以马帮组成商队，在每年气候适宜的季节从丽江、大理、巍山、景东南下，到普洱、思茅及车里地区用马匹、药材等特产换取茶叶，再返回丽江进入古宗（今中甸和德钦县）及康藏地区销售茶叶。随茶马互市的扩大，四川康定成为川滇茶销藏的重要集散地，"炉城严如国都，各方土酋纳贡之使，应差之役，与部落茶商，四时幡凑，骡马络绎，珍宝荟萃……"[1]

乾隆十三年（1748年），清政府对云南茶叶贸易进行了重新规定："云南茶引颁发到省，转发丽江府，由该府按月给商，赴普洱府贩买，运往鹤庆州之中甸各番夷地方行销。其稽查盘验，由邱塘关并

---

[1] 乾隆《钦定大清会典则例》卷四十九《户部·杂赋上》。

金沙江渡口照引查点,按则抽税,其填给部引,赴中甸通判衙门呈缴,分季汇报,未填残引,由丽江府年终缴司。"①这一新规明确了滇茶的产销地域由"普洱府贩买","运往鹤庆州之中甸各番夷地方行销"。在云南仍颁茶引3000

民国时期的康藏茶庄

皆销往西藏,每年达30万斤。至乾隆中期,云南销藏茶叶数量越来越大。清初的茶马互市制度逐渐被贸易范围更加广泛、形式上更有民间性质的边茶贸易制度所取代。清初在滇西北设立茶马互市,极大地促进了滇藏茶业贸易和在云南茶业带动下包括茶叶种植、加工运输贸易及相关行业经济的发展,并一直持续至民国时期。虽然鸦片战争后中国的社会经济在西方帝国主义的入侵下发生了深刻变化,英法殖民者不断蚕食中国西南领土及资源,英国甚至通过其在印度的势力争夺华茶在西藏的行销利益,致使川藏、滇藏茶叶贸易受到冲击,但在川滇藏各族同胞对英印销藏茶叶的抵制下,近代至民国时期滇藏边茶贸易与交通仍在继续加强。

道光至光绪年间是云南普洱茶发展最兴盛的时期,滇藏茶叶贸易一直处于旺销势头,从《中国旧海关史料》中我们可以看到很多记录。如:"西藏商人每年二、三月及十月、十一月来思采办,茶价每担七八两,去时完厘一两二钱,过丽江府又完税五钱,虽由思到藏边界距五十余站,道阻且长,而茶价每担可售十五六两,该商实获利益。"②"粗者造成团,售与古宗,本年销口甚利,所来之马夫大班者较往年众多,年终时聚积一班,计马二千余匹,从未见

---

① 托津等奉敕纂:嘉庆《钦定大清会典事例》卷一百九十二《户部·杂赋·茶课》,《近代中国史料丛刊三编》,文海出版社,642—660页。
② 《光绪二十三年思茅口华洋贸易情形论略》,中国第二历史档案馆、中国海关总署办公厅《中国旧海关史料(1859—1948)》第26册,京华出版社2001年版。

此。"①"车里人民视茶最为切要,此茶运至思城,发销西藏及十八省地方……古宗人来思办茶最为大宗,此乃内地贸易也,本关概不与闻……销售西藏之货仍推茶为首,藏商每到必厚携资本货物以作购茶之费……"② 若以上面的海关贸易报告在思茅销往西藏之茶,仅从官方所能统计到的粗略数字看,光绪年间每年10多万担,交易额为20万两白银。民间通过不同运输线路和渠道销往西藏之普洱茶不知还有多少。直到民国初,普洱茶销往西藏的贸易仍在继续发展。以谭方之《滇茶藏销》统计的民国时期滇茶入藏一年至少有不下10万担看,当时藏滇间贩运茶叶盛况确实不下清代,"藏族古宗商人,为滇茶不远万里而来。云南的十万驮粗茶,三分之二以上都往康藏一带销售。思普边沿的产茶区域,常见康藏及中甸、阿墩子的商人往来如梭,每年贸易总额不下数百万之巨"③。可见,进入民国后,滇茶藏销也仍保持着旺盛的势头。

藏茶旺销刺激了以普洱茶为首的云茶在整个清代至民国时期的大发展。不仅车里思普地区,而且思普周边的产茶区域如景谷、景东及顺宁的茶业也被充分带动了起来。民国《景谷县志资料》载:"县属茶区,年产茶30万斤,运销滇西。"④ 景谷历史上也是普洱茶主要产区之一,景谷大白茶也是历史悠久的名茶。特别是至民国时期景谷茶业大有发展,贸易扩大,商家增多,景谷街市成了景谷、镇

景谷大白茶原产地碑

---

① 《光绪二十九年思茅口华洋贸易情形论略》,中国第二历史档案馆、中国海关总署办公厅《中国旧海关史料(1859—1948)》第40册,京华出版社2001年版。
② 《海关贸易报告中云南三关贸易资料》,中国第二历史档案馆、中国海关总署办公厅《中国旧海关史料(1859—1948)》,京华出版社2001年版。
③ 《云南边地问题研究》上卷,王图瑞《云南西北边地状况纪略》,云南民众教育馆1933年编印。
④ 《景谷县志资料》,民国九年(1920年)。

沅、景东三地普洱茶叶的交易中心。每年春茶上市期间，景谷都会举办"春茶会"，外地客商马帮云集，周围茶区的振泰、塘房、民乐钟山、凤山等地出产的茶叶也云集入市，交易兴旺。

茶马互市从唐代延续至明清，不仅为易马，而且是内地中央王朝以茶固边、以茶施政的一项重要手段。历代朝廷均看到了茶对于人们生活的重要性而将茶上升到了经济与政治的高度。特别是对不产茶的西北藏蒙地区，除民间的传播外，更由官方主导，加强了茶文化的传播，通过僧侣及贵族的影响，使原来没有茶喝的藏族聚居区群众喝上了茶，并喜爱上了茶，从而在生理和精神上都离不开茶。兴于唐而盛于宋的茶马互市无疑促进了西藏与内地经济文化的交往，因此茶马互市便成了中央王朝与少数民族联系的纽带。唐宋以来，汉藏人民之间通过茶马互市或茶马古道建立起来的交流和友谊一直延续到元、明、清。因此，茶马互市从一开始就不仅是经贸关系，还是政治和民族关系。由此形成的茶马古道就如学者所言，茶马古道突出的战略意义在于既是经贸之道、文化之道，又是国之道、安藏之道。[①] 茶马互市长盛不衰的根本原因还是藏族人对饮茶的喜爱，说藏族人爱茶"倚为性命"都不过分。直至今天，无论何时何地，藏族人招待客人首先端出来的就是茶；送的礼物第一项就是茶叶加哈达；购买东西首先要买的就是茶；外出必带的也是茶；家务繁多，最重要的也是煮茶。所以，可以这么认为，没有藏族人对茶的需要，茶马古道也就不会形成并持续千年。

纵观从8世纪初至民国长达1200多年的内地与西藏的茶马贸易史，虽然各个时期的发展是不平衡的，政策和措施也各有所异，处在不断发展变化之中，但作为中国持续上千年的一种独特的经济和政治现象，无论是从唐宋至明末清初时期的茶马贸易还是至民国时期的边茶贸易，始终没有离开过茶，茶不仅成就了茶马古道，也成就了云南普洱茶，其对云南边疆茶叶产供地区及茶马运销地区民族经济社会的发

---

① 石硕：《茶马古道及其历史文化价值》，《西藏研究》2002年第4期。另参见格勒：《茶马古道的历史作用和现实意义初探》，《中国藏学》2002年第3期。

展及民族关系的影响是深远和广泛的。茶马贸易带来了各民族间的经济文化交流,茶和茶马古道成为连接巩固内地与边疆民族关系和民族团结的纽带,它们在巩固西南边疆、维护民族的团结和国家统一方面都曾起到了重要的历史作用。

二、贡茶带动下的普洱茶大发展

明代后期至清代,普洱茶走向鼎盛。清初仅六大茶山年产干茶8万担。清顺治十八年(1661年),销往西藏的普洱茶就达3万驮之多。在西双版纳广袤的沃土上,几乎家家种茶、制茶、卖茶,茶山马铃终年回荡,商旅塞途,生意十分兴隆。故嘉庆四年(1799年)檀萃的《滇海虞衡志》中说:"普茶名重于天下,此滇之所以为产而资利赖者也。出普洱属六茶山……周八百里,入山作茶者数十万人,茶客收买,运于各处。每盈路,可谓大钱粮矣。"足见盛况空前。其中还有一个重要原因是普洱茶很受朝廷赞赏。雍正年间,普洱茶被正式作为贡茶,这大大推动了普洱茶在全国的影响和需求,是云茶发展的第九个重要历史节点。

贡茶制在中国古代一直是茶政的一部分。历史上,随着茶叶生产的发展,历代统治者不断加强其管理措施,称之为茶政,包括纳贡、税收、专卖、内销、外贸等。前述早在商周之时西南地区的茶就已纳贡。至唐代贡茶的份额越来越大,名目繁多。从唐代及至宋代,云南茶是否进入宫中暂无记载证明。清代檀萃《滇海虞衡志》说:"李石《续博物志》云:'茶出银生城诸山,采无时,杂椒、姜烹而饮之。'普洱古属银生府,则西蕃之用普茶,已自唐时。宋人不

藏于故宫博物院的清代金瓜贡茶

知，犹于桂林以茶易马。"[①] 檀萃认为，滇藏茶叶贸易始于1000多年前的唐代，但未提到贡茶。明代，普洱茶作为一种有专有名词的茶开始正式出现，同时普洱茶作为贡茶也有了确切记录。明万历《云南通志》记载："车里司专管贡茶及各勐土司，实行茶引制。"到清代，普洱茶的身价更是日益上涨，成为京师争购品饮的名茶。自康熙开始，云南普洱贡茶入帝廷，每年进贡1次；至雍正时，普洱茶正式被列入贡茶案册，云南布政司每年要用1000两银子交思茅厅负责采办普洱茶进献皇帝。贡茶自然是普洱茶中的高级茶品，故清代阮福《普洱茶记》中说："普洱茶名遍天下，味最酽，京师尤重之……"说明普洱茶声名远播，同时也进入了皇宫朝廷，深受宫廷贵族的欢迎。阮福在《普洱茶记》中对贡茶做了介绍："福又检'贡茶'案册，知每年进贡之茶，列于布政司库铜息项下动支，银1000两由思茅厅领去，转发采办，并置办收茶、锡瓶、缎匣、木箱等费。其茶在思茅厅本地收取鲜茶时，须以三四斤鲜茶方能折成一斤干茶。干茶每年备贡者，五斤重团茶、三斤重团茶、一斤重团茶、四两重团茶，一两五钱重团茶。又瓶盛芽茶、蕊茶。匣盛茶膏，共八色。思茅同知领银承办。"[②]

普洱茶之所以深受清宫欢迎，概与其他地方的贡茶相比与众不同，被视为罕见的名茶，这是有原因的。普洱贡茶来自云南深山老林中原始大茶树的茶菁，茶汤特别浓酽醇厚，品质特殊，有去油腻、助消化之功。清朝满族祖先本是中国东北地区的游猎民族，以肉食为主，进入北京成为帝王统治者后，养尊处优，饮食珍馐无所不及，故更需要一种助消化的茶，而普洱茶正具这种特性，于是普洱茶特别是其中的女儿茶、茶膏等深得帝王、后妃及那些饱食终日的贵族官吏们的赏识，有的用于泡饮，有的用于熬煮奶茶，尤其每年冬季北方气候干燥寒冷，饮普洱茶成为时尚。上有所好，下必效焉，于是清代云南普洱茶在北京名声大振，社会咸闻。故"普洱茶名遍天下。味最酽，

---

① (清)檀萃：《滇海虞衡志》，方国瑜主编《云南史料丛刊》第十一卷，云南大学出版社2001年，第220页。

② 道光《云南通志》，方国瑜主编《云南史料丛刊》第十二卷，云南大学出版社2001年度版，第528—529页。

京师尤重之"一时传为佳话。

　　清宫权贵们爱饮普洱茶的风尚直到晚清时期仍然如此。清亡后，一些出宫的太监、宫女们所述宫中见闻也有反映。例如曾经伺候慈禧太后日常生活8年之久的宫女说："老太后（慈禧）进屋坐在条山炕的东边，敬茶的先敬上一杯普洱茶。老太后年事高了，正在冬季里，又刚吃完油腻，所以要喝普洱茶，图它又暖胃能解油腻。"①"夏喝龙井，冬饮普洱"成了宫廷豪门的饮茶时尚；而在士大夫阶层，普洱茶成了风行品尝的奢侈品。乾隆年间，曹雪芹在其《红楼梦》一书的第六十三回"寿怡红群芳开夜宴　死金丹独艳理亲丧"中就写到了喝普洱茶、女儿茶助消化的片段。

　　关于普洱贡茶的采办，清代张泓的《滇南新语》中载："普茶珍品，则有毛尖、芽茶、女儿之号。毛尖即雨前所采者，不作团，味淡香如荷，新色嫩绿可爱；芽茶，较毛尖稍壮，采治成团，以二两、四两为率，滇人重之；女儿茶亦芽茶之类，取于谷雨后。以一斤至十斤成一团，皆夷女采治，货银以积为奁资，故名。制抚例用三者充岁贡。其余粗普叶皆散卖滇中，最粗者熬膏成饼，摹印，备馈遗。而岁贡中亦有女儿茶膏并进蕊珠茶。"阮福在《普洱茶记》中记述普洱茶："茶产六山，气味随土性而异，生于赤土或土中杂石者最佳，消食散寒解毒。于二月间采蕊极细而白，谓之毛尖，以作贡，贡后方许民间贩卖。采而蒸之，揉为团饼；其叶之少放而犹嫩者，名芽茶；采于三四月者，名小满茶；采于六七月者，名谷花茶；大而圆者，名紧团茶；小而团者，名女儿茶；女儿茶为妇女所采，于雨前得之，即四两重团茶也。"吴大勋在《滇南闻见录》中也说：

藏于大英博物馆的清代茶膏

---

①王郁风：《普洱茶与清皇朝——兼议弘扬普洱茶文化》，《中国云南普洱茶古茶山茶文化研究论文集》，云南科技出版社2005年版，第74页。

"团茶产于普洱府属之思茅地方。茶山极广,夷人管业。采摘烘焙,制成团饼,贩卖客商,官为收课。每年土贡有团有膏。思茅同知承办。团饼大小不一,总以坚重者为细品,轻松者叶粗味薄。"①

可见,普洱贡茶从采摘、加工到包装都有极高要求,普洱团茶、女儿茶和茶膏是清朝的国礼茶。清廷每年收纳的普洱茶除了供清宫皇家饮用或分皇亲国戚外,还选作赠送外国使节的礼品茶,被视为代表清代中国高级土产品。例如乾隆年间,清廷与英国交涉两国贸易问题时送的礼品中就有普洱茶。据清朝档案材料,英国于1792年特派前驻印度马德拉斯总督马戛尔尼(1737—1806)勋爵为首的觐见团一行95人,以祝贺乾隆皇帝八十大寿为名来华,向清朝皇帝请求改变当时中国只开广州单一口岸对外通商,要求增开通商口岸,降低关税,允许设立租界,派驻公使长驻中国。英使觐见团随船带来礼物19项,即地球仪、天文钟、聚光镜、战舰模型、铜炮、火枪、马车、玻璃彩灯、金钱毯、毛料等作贺寿礼,以讨皇帝欢心,打通关节。乾隆五十八年(1793年)九月十四日,乾隆皇帝在热河行宫(今承德避暑山庄)接见英使团,并在万树田宴请,乾隆帝婉言不准其所请,不予同意,但礼尚往来,回赠英使团大批珍贵礼物,其中就有普洱茶、女儿茶和(普洱)茶膏。按清朝礼例,每次接见或宴请、参观、看戏都要赠送礼物,称为"赏赐",每次每人1份,其中3次回赠英国国王乔治三世的礼品摘录如下:

清代普洱团茶贡茶

赏英吉利国王物件,有珐琅、珍宝、玉器、漆器、瓷器、花缎、画册、鼻烟壶及土产食品等计92项(对、套)479件(个),其中包括普洱茶8团、六安茶8瓶、武夷茶4瓶、茶膏4匣。

①吴大勋:《滇南闻见录》下卷《团茶》,方国瑜主编《云南史料丛刊》第十二卷,云南大学出版社2001年版,第36页。

加赏英国国王物件，绫罗丝缎、漆器、扇、笺、食品茶计40项455件，其中包括普洱茶40团、茶膏5匣、武夷茶10瓶、六安茶10瓶。

随敕书赏给英国国王物件，计41项1016件，其中包括普洱茶40团、茶膏5匣、武夷茶10瓶、六安茶10瓶。

这次英使觐见团95人，包括正使（即马戛尔尼）、副使、正副总兵官、通事（翻译）、文书、医生、天文生、听事官、管船官等，分等级档次每人都给礼物，共赏赐物27批，其中15批有茶叶。据王郁风先生将这批礼单逐项统计，计送普洱茶124团、女儿茶34个、（普洱）茶膏26匣、砖茶28块、六安茶48瓶、武夷茶24瓶，还有未列茶名的茶叶32瓶。

每次赠送国礼，均由军机处逐人逐项开列详细清单呈送皇帝阅批后送给。这批清朝礼品茶的计数单位，普洱茶称"团"、女儿茶称"个"、茶膏称"匣"，此与思茅采办的贡茶单位称谓相符合，是云南进贡清宫的贡茶无疑。[①]

随着普洱茶的制作及品饮价值越来越好，名声日益远播。朝廷对普洱茶的重视并将之列为贡茶更极大地推动了普洱茶的迅速发展。为了配合每年贡茶的制作及处理，清廷还在普洱府建贡茶厂。清廷对普洱贡茶的严格要求，不仅促进了茶叶种植，而且大大促进了民间从采摘到制作加工工艺和技术的发展，花色品种从单一走向纷繁。贡茶的制作极其讲究，共分八色，史称"八色"贡茶；数量66666斤，取六六大顺之意。在贡茶中，有一种叫"女儿茶"的最受当时的贵族所厚爱，也为后人称赞不绝，就连曹雪芹的《红楼梦》中亦有对普洱茶、女儿茶的描述，其第六十一回中写道："……林之孝家的又向袭人等笑着说：'该焖些普洱茶喝。'袭人、晴雯二人忙说：'焖了一大缸子女儿茶，已经喝过两碗了。'"[②]

[①] 王郁风：《普洱茶与清皇朝——兼议弘扬普洱茶文化》，《中国普洱茶文化研究——中国普洱茶国际学术研讨会论文集》，云南科技出版社2005年版，第75页。

[②] 王郁风：《普洱茶与清皇朝——兼议弘扬普洱茶文化》，《中国普洱茶文化研究——中国普洱茶国际学术研讨会论文集》，云南科技出版社2005年版，第75页。

清阮福《普洱茶记》说:"小而圆者,名女儿茶,女儿茶为妇女所采,于雨前得之,即四两重团茶也"。清《思茅厅志稿》中也说:"采而蒸之揉为团饼。其叶之少放而犹嫩者名芽茶。采于三四月者,名小满茶。采于六七月者,名谷花茶。大而圆者,名紧团茶;小而圆者,名女儿茶。女儿茶为妇女所采,于雨前得之,即四两重团茶也。其入商贩之手,而外细内粗者,名改造茶。将揉时,预择其内之劲黄而不卷者,名金天月。其团结而不解者,名疙瘩茶,味极厚,难得。"① 除以上记载外,关于女儿茶还有一种说法,《滇南新语》中记载:"女儿茶亦芽茶之类。取于谷雨后,以一斤至十斤为团。"②《滇南新语》中记载的女儿茶是1—10斤的团茶,而《普洱茶记》中记载的女儿茶则是4两重的团茶,前者是于1755年所撰,后者是在1825年著的,相距70年,也许是女儿茶由早期的大而圆到了后来减成了小巧玲珑的小团茶。"女儿茶"得名很有意思,《滇南新语》有载:"旨夷女采治,货银以积为奁资,故名。"说未婚的少女采茶时私自将一些最好的茶菁偷偷放入怀中带回,积到一定数量时再拿去出售,以此积攒钱作为嫁妆之用,故名"女儿茶"。

由于普洱茶声名鹊起,假冒者也四处蜂起。清代张泓《滇南新语》载:"滇茶有数种,盛行者曰木邦,曰普洱。木邦叶粗味涩,亦作团,冒普茗名,以愚外贩,因其地相近也,而味自劣。"③ 木邦在今缅甸东北部,靠近中国西双版纳,其地也产茶,但味道远不如西双版纳的茶叶好,真正的普洱茶还是产于六大茶山。

六大茶山的春茶"贡后方许民间贩卖"④。年年精选六大茶山最好的芽茶制成普洱茶及茶膏进贡京城,以图博得皇帝的欢心。今在六大茶山勐腊象明乡勐芝大寨的古茶山原始密林中还有乾隆十一年

---

① 道光《云南通志·食货志·物产三·普洱府》,方国瑜主编《云南史料丛刊》第十二卷,云南大学出版社2001年版,第529页

② (清)张泓:《滇南新语》,第26页。

③ (清)张泓:《滇南新语》,第26页。

④ 道光:《云南通志·食货志·物产三·普洱府》,方国瑜主编《云南史料丛刊》第十二卷,云南大学出版社2001年版,第528页。

（1746年）冬立的茶山案碑，碑石上铭刻着对茶山严格管理的文字：初春二月方能入茶山，且须持官府颁发的入山令牌方能入山采摘，违者治罪等规定。

古六大茶山普洱茶在清雍正年间被朝廷指定为内地年解贡茶，并在普洱办贡茶厂，将六大茶山晒青毛茶运至普洱加工成团茶、芽茶、蕊茶、茶膏等八色贡茶，运到昆明后再转运京城。其中，象明茶区年解贡茶15000斤，易武茶区66666斤，以求"六六有福""六六大顺"。据1950年进入北京、供职于中国茶业总公司、今已80多岁、经历了新旧中国的著名茶叶专家王郁风先生在其《普洱茶与清皇朝——兼议弘扬普洱茶文化》中所说，清朝末代皇帝溥仪曾对著名作家老舍（舒舍予）先生说过："普洱茶是皇室成员的宠物，拥有古六大茶山产的普洱茶是皇室成员显贵的标志，普洱茶还是朝廷馈赠各国首脑、贵宾的礼品，深受外宾喜爱。贡茶制一直持续到光绪三十年，历时163年，后因清朝末期，内部动荡，社会治安不好，贡茶送到昆明附近被贼抢，朝廷鞭长莫及，没有追究，贡茶制到此结束。"20世纪60年代初，故宫清理仓库时发现了一批保管完好的普洱茶，有大团茶"人头茶"、小团茶"女儿茶"等，还发现有清代"御用茶膏"。（光绪年间的贡茶被清理出来，有一部分团茶由中茶公司转交给了中国农业科学院茶叶研究所）

仿清代茶膏

王郁风先生回忆："20世纪60年代初，北京故宫茶库里还存放着清宫没有吃完、用完的贡茶数吨，其中仍有普洱茶、女儿茶、茶膏。1963年故宫处理清宫贡茶2吨多，1963年10月23日，一次偶然机会，我在北京茶厂见到这批陈年贡茶实物。普洱团茶大者如西瓜（略扁），小的如网球、乒乓球状，茶色褐黑，不霉不坏，保存完好；茶团表面有拧紧布纹的印痕，可见当时制茶是用布包着揉紧、干燥成型的。我曾选了一个大的普洱团茶用磅秤称了一下，重量为市秤5斤半，当是清代5斤重的团茶（清代老秤一斤合596.62克）。这种团茶形状似人头，对照清代赵学敏《本草纲目拾遗》，普洱茶有'人头茶，每年入贡，民间不易得也'的记载相符合……""故宫这批贡茶，同时处理的还见有类似现代的白毫银针茶（全是白毛长芽头）、烘青茶（当是六安茶）、长方形的黑砖茶（较今茶砖为薄）等。我曾取回少量样品试泡，汤有色，但茶味陈化、淡薄。20世纪60年代初期，茶叶减产，内销市场供应不足，这批故宫普洱团茶，打碎筛细，拼入散茶卖掉了。我于1992年11月13日在全国政协礼堂偶遇故宫老专家单士元先生，曾询问故宫贡茶事，据告普洱团茶、茶膏等仍留有样品，故宫茶库遗存的普洱贡茶，不知是清朝哪位皇帝在位时遗留下来的，推测至迟当是慈禧太后和光绪皇帝吃剩的。历史贡茶实物，是极为珍贵的文化遗存，自应保存下去，当作一般茶叶处理掉，令人十分痛惜。"①

云南每年向清宫进贡普洱茶的定例一直延续到清朝末期，前后共有200年左右。皇用贡茶储存在茶库（在今故宫东面的永和宫东）里，"设员外郎二员，六品司库二员，无品级司库二员，库使十五名"，专司收存管理。

民国罗养儒在《云南掌故》中介绍了晚清时期普洱茶入贡宫中的一些详细信息："《解茶贡》：清室在同、光以前，长城内仅有十八行省，而各个行省的督抚，在地位上也就等于真正封建时代的分封诸侯。诸侯讲朝贡于天下，督抚亦讲进贡于皇帝。此十八行省中，当然各省有各省的产出……云南则以普洱茶为最有名，果也色香两全。虽然，普洱茶固称名贵，但泡出茶来，入于云南人之口，无非道一声'味道不错'，好似仍认为不及外省之水仙、龙井。夫'人离乡贱，货离乡贵'，是千古名言，普洱茶一输到他省，泡在茶壶内，便能发生出一种特别的香味来，可以说能隔座闻香，然此尚是一些平常的普茶。若是雨前毛尖，那就更能芳香沁齿了。因此，云南的普洱茶，有

---

① 王郁风：《普洱茶与清皇朝——兼议弘扬普洱茶文化》，《中国普洱茶文化研究——中国普洱茶国际学术研讨会论文集》，云南科技出版社1994年版，第77页。

入贡于朝的价值。论云南贡茶入帝廷,是自康熙朝开始。康熙某年有旨,饬云南督抚'派员,支库款,采买普洱茶五担运送到京,供内廷作饮'。自此,遂成定例,按年进贡一次。逮至嘉庆年间,则改为年贡十担,但除正贡外,尚有若干担副贡。副贡不入内廷,是送给内务府中大小官员及六部堂官。此一件事,在光绪朝以前,究不知作何办法。在光绪年间,贡茶是由宝森茶庄领款派人到普洱一带茶山上拣选采办,自是一些最好最嫩之茶。茶运到省,则由宝森茶庄聘请工匠,将茶复蒸,乘茶叶回软时,做成些大方砖茶、小方砖茶,俱印出团寿字花纹,是则不仅整齐,而亦美观。此外,又做些极其圆整、极其光滑之大七子圆、小五子圆茶,一一包装整齐妥当,然后送交督抚衙门。此则照例派员查验点收,随即装箱,准备派人解贡。普洱茶,是奉旨呈进之贡,然除普洱茶外,尚附有十个八个云南出产之大茯苓,而每个都是重在七八斤或十斤上下者。又附有宝森茶庄所制之茶膏若干匣。此则装以黄缎匣子,匣绘龙纹,是为贡呈于帝廷之物。分送内务府中官员及六部堂官者,却用红缎匣子装贮。然赠送于一般当道者之茶膏,总数当不下五百匣,实超过贡入内廷之件数在五倍以上。本来云南茶膏,较他省熬煎者为佳,如遇一切喉症,噙半块于口中,不过三小时,病即消除,所以在北京的人,对于云南茶膏,十分宝贵。

贡入帝廷之茶叶,原系十担,则装成二十箱。然有内务府及六部衙门与夫都察院等之分送,故于正贡外,而更具二十箱,及搭上些鹿筋、熊掌、冬虫草、黄木耳等,为外官应酬内官之物,于是起运时,直有五几十只箱子。解运此项贡物入京,督辕派戈什哈二、承差二,抚署亦如是。运输路线,由云南遵驿路而行,经迤东方面之沾益、平彝而入贵州境,过湖南,经湖北、河南,入直隶省而达北京,沿路上均由地方官派兵勇差役护送,当然沿途顺利。并且在一切箱子上,都插有奉旨进贡的黄旗,谁敢来惹。贡物运到北京,系落于京提塘处,立即呈递奏折。上阅折奏,批交内务府存储,此而才将所有正贡送交内务府;分送各衙门之物品,亦分别致送,事始完毕。一行人仍乘驿而还滇。此是定例,年年俱有此一次,然亦耗费不大,约为几千两银耳。"①

三、清代改土归流与云茶经济的开发

清代普洱茶从一个土贡之物成为朝廷钦点必贡之物后,身价倍增、需求增大,云南地方政府对普洱茶高度重视起来,但产茶的思茅及车里地区六大茶山仍为土司地。清初,土司为地方上的强大割据势力,当地人民"知有土司而不知有朝廷",而这种情况显然不利于中央王朝政令的贯彻与推行,也不利于茶政的推行。土司制度在当时也一定程度上成为社会经济发展的阻碍。因此,清代滇南普洱府地区的开发首先是从改土归流开始的。

土司制度在特定历史条件下对稳定边疆、发展经济起过一定的积极作用,但到了清朝,随着地主经济的快速发展,世袭土司制度的弊端越来越显现。土司辖地基本上为边远民族地区,生活习俗各异,各据一方,各自为政。这些

西双版纳民族村寨

地区在经济上非常落后,与中央政府的关系也很疏远。由于土司各自为政、划地而守,使本来由于自然环境所造成的人口稀疏、交通不便等状况愈加恶化,更增加了该地区的落后性和闭塞性,从而阻碍了各族人民之间的经济文化交流,特别是阻碍了内地汉族人民及其生产经验和技术向这些边远地区的传入,致使当地的矿藏、荒山等自然资源无从开发利用。尤其是土司制度下的地区割据性、封闭性已影响到整个国家的经济发展和多民族国家的统一,故清初对世袭土司制度的改革和废除已是势在必行。雍正年间,清朝在西南地区的统治秩序稳定后,雍正皇帝毅然在以云南、广西为重点的西南各省强制推行了改土归流政策,即设官府、置流官、驻军队以加强行政统治。

清代云南地方政府在全省的改土归流从时间上看思普地区是比

---

① (民国) 罗养儒:《云南掌故》卷十八,第601页。

较早的，这与确保征集上谕所需贡茶、获取茶税并以茶治边有关。滇南茶业清初已成一定气候，土司在内部自行征纳赋役，仅向中央进贡少许贡物，土司自定成文或不成文的法令，对属民及外来茶农、茶商生杀予夺，阻碍了清政府政令的执行。因而清政府在完成对乌蒙及镇雄土府、丽江土府、广南土府的改土归流前，便于顺治十七年（1660年）率先完成元江府的改土归流，紧接着便向滇南元江以远的普洱、思茅扩张，旋于普洱地方设通判归元江府兼辖。这主要是不敢对普洱茶的"岁进上用茶芽制"有一丝怠慢，同时控制普洱茶购销权利以增加财政收入。

清雍正七年（1729年），清政府派鄂尔泰在云南主持并把滇南作为重点，大力贯彻推行改土归流。滇南车里宣慰使司管辖的今普洱及西双版纳等地区是当时云南最大的产茶区，六大茶山每年有上万担茶销往内地和西藏，鄂尔泰对这块"大钱粮"的经济和政治作用十分关注，特别是六大茶山还关乎朝廷贡茶，故云贵总督鄂尔泰采取步步推进的措施，先以让车里宣慰司保留在车里（景洪）的世袭制为条件，提出六大茶山必须归清政府直接控制。

滇南普洱府地区在雍正以前行政上遥控于元江府，驻防上属于临元镇下辖元江协的一个汛地，由于幅员辽阔，区区一汛实形同虚设。因滇南元江以外的普洱、思茅和西双版纳等地，深处哀牢、无量等大山之中，清代以前的历朝统治者多以"蛮荒烟瘴"之区漠然视之，明代云南大兴屯垦、广设卫所，却未对这一广大地域积极经营。雍正四年（1726年），云贵总督鄂尔泰向雍正皇帝奏疏，提出了江外（澜沧江以西）宜土不宜流，江内（澜沧江以东）宜流不宜土的措施，得到雍正皇帝批准。雍正二年（1724年），鄂尔泰先完成澜沧江以东的镇沅改土归流，在镇沅府设盐科大使垄断盐利。雍正四年（1726年）、五年（1727年）澜沧江以东的景东、景谷很快也完成了改土归流后，将普洱地区划归元江府，改为流官制，剩下的只有西双版纳车里宣慰司管辖的地区，这是土司势力最强的地区，对此清政府得以寻找机会对车里及六大茶山进行改土归流。

西双版纳的土司制度从元代开始推行，傣族土司统治根深蒂固，车里宣慰使司管辖地包括六大茶山，实施的是世袭土司制度下的封建领主经济。六大茶山本是一块古茶区，元、明时期早已茶园成片，普洱府成立之前，已有大量汉族商人进到茶山买茶。由于当时六大茶山还是车里宣慰使司的辖地，汉人在六大茶山定居的还不多，汉商们进入茶山买茶大多借住在当地的少数民族家中，汉商中有尊重民俗、诚挚待人之人，也有心术不正、胡作非为之徒。雍正六年（1728年），一伙江西籍茶商到莽枝茶山贩茶，住在莽枝茶山小头人麻布朋家中，这伙人中有一人行为不检，勾引麻布朋之妻，并与麻布朋之妻发生了通奸之事，事情败露后，麻布朋一怒之下杀死了妻子和那位江西商人，并将两人的发辫割下悬挂于牛滚塘的大青树上，以示警告。此事发生后，汉商们不思己过，反而联名写状向省府诬告麻布朋"劫商害民"。

六大茶山

当时莽枝茶山是车里橄榄坝大土司刀正彦的领地，刀正彦是车里宣慰刀金宝的叔父，势力很大，刀正彦不买清政府的账，拒不处置麻布朋。而清政府早就想对车里茶山进行改土归流，正找不着借口，于是便借麻布朋之事向刀正彦发难，认定是刀正彦指使麻布朋杀死江西商人。鄂尔泰借机下令命清军进茶山"平乱"，清军入山后，焚栅湮沟，无险不收，几十个寨子被毁，整个六大茶山烽火狼烟。一年以后，以刀正彦、麻布朋双双被斩结束。可见清王朝势在必得的车里地区，特别是六大茶山，鄂尔泰可谓用心良苦，步步为营，在改土归流过程中，不惜用野蛮的征剿方式来完成。

雍正七年（1729年）七月，鄂尔泰宣布成立普洱府，强化对滇南边陲地方之控制，以普洱为府治，置通判分驻思茅。但普洱等地以外版纳地方，仍属车里宣慰司领地，方圆数百里外，其间山岭重叠，林深箐密，交通联络十分不便，仍鞭长莫及。对于朝廷喜爱的普洱贡茶操办困难不少。普洱府设立后，开始对十二版纳的控制进行强化。普洱府辖宁洱县、威远厅（今景谷）、他朗厅（今墨江）、思茅厅（管辖今思茅区及六大茶山）、车里宣慰司。车里宣慰司本来管辖十二版纳地，设普洱府时将江内六版纳归普洱府直接管辖，车里宣慰司辖区只剩下江外六版纳。凡"六大茶山及橄榄坝，江内六版纳地。俱隶属于普洱府直接管辖之下；江外六版纳地方虽仍属车里宣慰司领地"，但规定须"岁纳粮于攸乐"。"普洱府，元至元二十九年置散府……本朝顺治十六年取其地，编隶元江府，调元江府通判分防普洱，其车里十二版纳仍属宣慰司，雍正七年裁元江通判，以所属普洱等处六大茶山及橄榄江内六版纳地设普洱府。乾隆元年，增置宁洱县，附府，移攸乐同知驻思茅，而省旧设之通判。"①

普洱府成立的同年在思茅设茶叶总店负责管理六大茶山茶叶贸易及相关贡茶事宜。同时让车里宣慰司让出澜沧江以东的普腾、勐腊、思茅、勐乌、整董6个版纳划归普洱府，六大茶山属版纳整董的范围，顺理成章便归入了普洱府。普洱府设置之后，进贡普洱茶成为云南地方政府的一项政治任务。雍正七年（1729年），为巩固对茶山的控制并保证贡茶的安全，专于六大茶山的攸乐（今西双版纳基诺山）设同知，并增置分防汛地若干。

鄂尔泰设普洱府本是为推行改土归流，加强中央对云南西南边疆管辖，但特别将六大茶山划进了普洱府辖区，并专于西双版纳六大茶山之首攸乐山设同知，且驻兵把守，其为控制普洱茶由此可见。前面已谈到，六大茶山所产之普洱茶早已声名远播，进入深宫，呈于皇帝和王公大臣

鄂尔泰画像

---

① 《滇南志略》卷三《普洱府》，方国瑜主编《云南史料丛刊》第十三卷，云南大学出版社2001年版，第196页。

们案头喜好之茶，同时普洱茶开始作为大宗商品大量进入藏族聚居区和内地。从前面的《清朝通典·食货八·杂税附》"杂税附茶课：凡商贩入山制茶，不论精粗，每担给一引……云南行三千引"所给数据计算看，每年由政府课税后销往内地和藏族聚居区的茶叶近200吨。这也正是因普洱府辖车里推行改土归流才得以实施茶引制，扩大茶叶经济发展，由此进一步推动了普洱茶商贸的发展，并吸引了大量内地汉人到六大茶山种茶、贩茶。

清代到六大茶山的有四川、江西及云南石屏人，其中到易武茶区种茶、制茶的石屏人最多。今易武古镇及麻黑等很多村子的人基本是石屏人后裔，保留了浓重的石屏口音，在很多村寨都可以听到石屏话。当时还有很多四川人进入

作者2005年在易武刮风寨调研

倚邦、革登、莽枝等茶山，其中有一曹姓茶商做了倚邦头人的女婿，后因倚邦头人无儿子便让他继承了头人位。乾隆时，头人位传到孙子曹当斋时因助清军茶山平乱有功，被清政府任命为倚邦土千总，之后曹氏土司统治攸乐、倚邦、莽枝、革登、蛮专五大茶山长达200年。现在倚邦、革登、莽枝一带还有许多四川人后裔。

雍正年间，鄂尔泰对滇南改土归流并对普洱府地区进行开发，设立了普洱府，六大茶山归入普洱府，扩大了普洱茶产区范围，普洱茶产量和品质也得到提高，使普洱茶更加名扬天下。这是云茶发展的第十个重要历史节点。故嘉庆四年（1799年）檀萃在《滇海虞衡志》中写道："普茶名重于天下，此滇之所以为产而资利赖者也。出普洱所属六茶山：一曰攸乐，二曰革登，三曰倚邦，四曰莽枝，五曰蛮嵩，六曰曼撒，周八百里。入山作茶者数十万人，茶客收买，运于各处，每盈路，可谓大钱粮矣。"可见当时普洱茶产销盛极一时。据道光《云南通志》第34卷、第100卷记载，18世纪20年代，包括基诺山在内

的六大茶山"每年约产茶六七千驮",平均每座茶山产茶1000余驮。雍正对普洱府辖区改土归流极大地促进了云南茶业大发展。

清政府为何在攸乐设同知并驻兵把守?历史上的攸乐古茶山位居六大茶山之首,为现今属景洪市基诺山基诺族乡所辖区域,是历史上著名的普洱茶"古六大茶山"之一,四面分别与景洪市勐养、勐罕、景洪镇,勐腊县勐仑、象明等乡镇相接。攸乐茶山是基诺族的聚居地,基诺族过去称攸乐人,攸乐人很早便开始在补远江(小黑江)两岸种茶。攸乐茶山在明朝中期至少已有茶园4000亩以上,至今在龙帕村、巴来村留下的2000多亩古茶树其树围大多超过100厘米。明朝末年,已有汉商进入攸乐山贩茶。攸乐茶山离澜沧江很近,而澜沧江对岸是车里宣慰司,沿江而下便是东南亚各国。

为了控制这盛产茶叶的咽喉之地,雍正七年(1729年),清政府在攸乐司土老寨动工修建攸乐城,驻扎500名马步兵丁,设同知1员、右营游击武官1名,设盐课司,同时还规定江外(澜沧江以西)的车里宣慰司要岁纳银粮于攸乐同知,清政府赋予攸乐同知行使的权力很大,管辖的地域相当宽广。从清《云南通志》记载的攸乐同知管辖的地域"东至南掌国界七百五十五里,西至孟连界六百里,南至车里界几十五里,北至思茅界四百四十二里"文字可以看出,清政府对攸乐山曾经有过进行深度开发和建制的设想。

六大茶山与当时的盐铜矿一样,关乎地方经济之命脉。为促进茶山所在民族地区封建经济的发展,解放当地的社会生产力,清政府任命效忠于中央王朝的倚邦土千总曹当斋管理六大茶山。

倚邦土弁曹当斋是清政府任命的第一位当地贡茶采办官,同时也是茶山最高土长官。曹当斋的祖父是清康熙年间到倚邦贩茶的四川人,祖母是倚邦彝族头人的女儿。曹当斋受家庭影响,对中原文化有认同感,对边疆少数民族也有关爱之心,特别是在改土归流中协助清军平乱有军功,被清政府封为倚邦土千总(子孙世袭降为土把总),至雍正十三年(1735年),清政府加封任命曹当斋管理六大茶山。《古六大茶山》作者詹英佩在调查中写到:曹当斋担任茶山土千总和贡茶官后，忠实执行清政府政令，安抚夷民，打击奸商，维护茶农利益，整修道路以利茶叶运输，招募内地人进山垦荒建茶园，为六大茶山改土归流后茶叶的发展创建了一个良好的开端。从雍正至乾隆初年，六大茶山社会秩序逐渐安宁，民族矛盾逐步平息，开始向太平、兴盛发展。乾隆二年（1737年），曹当斋管理安定茶山有功，受清政府褒奖，乾隆皇帝特颁给曹当斋敕命一封，表彰其军政修明、治邦有方，同时还表彰了曹当斋的妻子叶氏有"撷蘋采藻之品格"。得到乾隆皇帝的嘉奖，再一次反映了清王朝对六大茶山和巩固西南边疆的重视及对普洱茶的喜爱和对少数民族的安抚之心。至乾隆二十三年（1758年），曹当斋以功升为守备。从曹当斋开始，曹氏家族世袭管理倚邦茶山、革登茶山、莽枝茶山、蛮砖茶山近200年。今天在倚邦茶山收集到的清代普洱府的茶令碑、乾隆皇帝的敕命碑及乾隆时期曹当斋大墓碑还完好地保存着。

在倚邦街东南向不远的山坡林里，有一座大坟和一个高大的石碑，碑文载有普洱属茶山倚邦土千总曹当斋统管六茶山的史事，石碑雕凿精细，头上部雕有3条飞龙空心花的龙头，呈三角形，碑身印有汉满文字，刻记着倚邦六茶山有关茶事，整个碑长两米以上，立于清乾隆二年（1737年）农历三月初，是清皇封敕曹当斋为倚邦土千总时立的碑。就在大石碑左下方不远处，有一座曹当斋的坟墓，碑刻"皇清敕赠昭信校尉应赠武德郎显考曹公当斋墓"，"乾隆癸未季春吉旦"。曹公受封土千总（后晋升守备）到其逝世共执事38年。这些遗址、古迹是凝固的历史，记载着清代对六大茶山的开发和倚邦曾有的辉煌。

改土归流后，倚邦土千总曹当斋治理有方，乾隆时期六大茶山发展很快，超过历史各个时期。基诺山开辟出大片茶园，并达到历史上"茶叶最高产量1500担以上"[①]。张肖梅主编的《云南经济》中也说，从18世纪初到1940年以前的这200多年时间里，基诺山的茶产

---

① 赵春洲、张顺高编：《版纳文史资料选辑》第四辑《西双版纳茶叶专辑》，中国人民政治协商会议西双版纳傣族自治州委员会文史资料工作委员会1988年11月编印。

量经常保持在1000担以上。直到民国"攸乐山在1937年尚产茶1201担"①。当时攸乐山有茶园万亩以上,攸乐山20多个寨子都产茶,攸乐山的茶一部分被思茅、普洱的商人买去,一部分被倚邦、易武的茶商买去做七子饼。攸乐山的茶至迟在道光年间就已销到印度和欧洲,英国人克拉克在其1886所写的《贵州省和云南省》中就已写到东印度公司在大吉岭和加尔各答均有中国茶叶代办处管理倚邦和攸乐产的茶。

从雍正末年至乾隆初年开始,六大茶山社会秩序逐渐安宁,民族矛盾逐步平息,开始向太平、兴盛发展。倚邦茶山人口到乾隆后期至少在2万人以上。乾隆二十年(1755年)左右,倚邦已建起关帝庙、川主庙、石屏会馆、江西会馆,倚邦有3条石板街——正街、石屏街、曼松街,街两旁全是商铺和住家,最兴盛时住户达千户以上。倚邦的曼松茶被指定为皇帝的专用茶。乾隆三十八年(1773年),曹当斋去世,其子曹秀接任倚邦土把总。曹秀秉承父业,固守疆土,爱抚百姓,发展茶业,体恤商旅,使六大茶山保持安宁太平、民族和睦、商民乐业,普洱茶持续兴盛。故乾隆四十二年(1777年),乾隆皇帝又授给曹秀敕命一封,表彰其尽心守职,骁勇奋战,守土有功,同时还表彰了曹秀之妻"宜室宜家,知书达理"。

倚邦曹当斋墓乾隆年代碑

清廷在滇南的改土归流和首次对云茶设管理机构是为了使原来各地商人前往产地采购茶叶时不再受当地的土官"商茶按驮抽银、客贾傈民,任其指使"的设卡征税之苦,内地的军、商、工、农等人的进入带来了中原制茶技术,为改进滇茶的制作技术提供了条件。同时,清廷对蒙、藏地区的经营,又为滇藏、滇川间的茶叶等物的交流开拓

---

① 景洪市政协文史资料委员会编:《景洪文史资料之三 基诺族》,成都科技大学出版社1995年版,第46、47页。

了广阔的市场，从而刺激了云南茶业的大发展，并由此极大地加强了边陲地方对内地的向心力。显而易见，雍正年间普洱府的建立在滇南这一边远地区的开发史上有着十分重要的意义。

随着普洱茶经济价值越来越高，内地汉族越来越多地进入普洱府管辖下各茶山，以种茶为业。清郑绍谦等道光《普洱府志稿》（卷一）曰："车里为缅甸、南掌、暹罗之贡道，商旅通焉。威远宁洱产盐，思茅产茶，民之衣食资焉，客籍之商民于各属地或开垦田土，或通商贸易而流寓焉。""车里"即今景洪，"南掌"即今老挝，"暹罗"即今泰国，"威远"即今景谷；"宁洱产盐"即指磨黑盐井；"思茅产茶"的"思茅"指"思茅厅"属六茶山，今属西双版纳州。这里道明了茶是思茅民众之衣食所靠，同时有外来的人口在这里或垦殖或经商。"思茅厅地方，茶山最广大，数百里间，多以种茶为业。"①六大茶山产茶量不断增加，大批茶商直接在茶山低价收购茶叶，再贩到普洱。雍正六年（1728年），《滇云历年传》载："莽芝产茶，商贩贱更收发，往往舍于茶户，坐地收购茶叶，轮班输入内地。"此可看出，雍正年间有大量茶商到六大茶山坐地收茶后再运销到内地。"莽芝"即今版纳六大茶山的莽枝茶山。

商人的厚利令官府眼红，于是，清政府于雍正七年（1729年）在思茅设总茶店，由官方垄断茶叶销售，并将新旧商民全部驱逐。《滇云历年传》又载："雍正七年己酉。总督鄂尔泰奏设总茶店于思茅，以通判司其事。六大山产茶，向系商民在彼地坐放收发，各贩于普洱，上纳税课转运由来已久。至是，以商民盘剥生事，议设总茶店以笼其利权。于是通判朱绣上议，将新旧商民悉行驱逐，逗留复入者俱枷责押回，其茶令茶户尽数运至总店，领给价值。私相买卖者罪之，稽查严密，民甚难堪。又商贩先价后茶，通融得济。官民交易，缓急不通。且茶山之于思茅，自数十里至千余里不止。近者且有交收守候之苦，人役使费繁多，轻戥重秤，又所难免。然则百斤之价，得半而止矣。若夫远户，经月往来，小货零星无几。加以如前弊孔，能不

---

① （清）段永原撰：《信征别集》。

空手而归。小民生生之计,只有此茶,不以为资,又以为累。何况文官责之以贡茶、武官挟之以生息,则截其根,赭其山,是亦事之出于莫可如何者也。"① 思茅总茶店于清雍正八年(1730年)设立。该史料呈现了云茶贸易的兴盛及政府对茶叶生产贸易的管理。当时普洱茶大量出口,奸商、贪官趋之若鹜,垄断茶山贸易,残酷剥削茶农;为上缴贡茶,在思茅厅设"官茶局",在各茶山要地分设子局,以控制茶贸,抽收茶税。至清末剥削更甚,又开设"洋关",对普洱茶增收"茶地厘金",即每一两银价值的货物加收二分茶税。② 茶税一加再加,茶农负担越来越重。

除此之外,清地方政府还在各地设关卡严加控制民间贩运,运送贡茶和茶叶的马帮须持官府颁发的通关令牌,经关卡验证后方能放行,不持官府令牌入山采制和运输茶叶的则将受刑罚。至道光年间,在普洱府属一县三厅地面上,共有16汛98塘卡。道光《云南通志》卷四十三《营制》载,南至西双版纳攸乐山,北至他郎厅(今墨江县)把边江畔,汛防密布,塘卡林立,这虽然有效地改变了昔日"羁縻勿绝,疏于控制"的局面和茶叶的运销,但也带来了官府借贡茶之名更猛于虎的盘剥。清尹继善的《筹酌普思元新善后事宜疏》中载:"官员贩卖私茶,兵役入山扰累之弊,宜严定处分也。思茅茶山,地方瘠薄,不产米谷,夷人穷苦,惟借茶叶养生,无如文武各员,每岁二三月间,即差兵役入山采取,任意作践,短价强买,四处贩卖,滥派人夫,沿途运送,是小民养命之源,竟成官员兵役射利之薮,夷民甚为受累……"③ 该史料表明,随着茶业的兴盛,一些无良文武官员,每岁春茶采

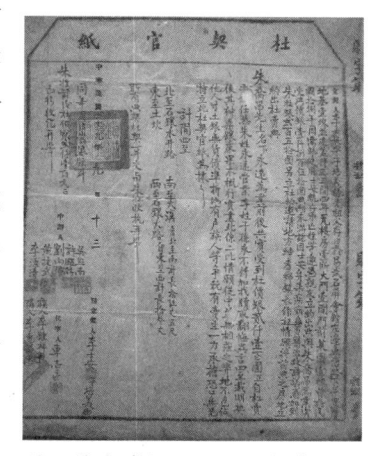

藏于易武博物馆的"杜契官纸"

---

① (清)倪蜕辑:《滇云历年传》卷十二,第602页。
② 《续云南通志稿》卷五十四。
③ 雍正《钦定四库全书云南通志》卷二十九《艺文·疏》,云南省图书馆藏。

收期间，与民争利，甚至差兵役入山采茶，任意作践，短价强买，四处贩卖，垄断茶山贸易，掠夺夷民。官兵或"清戥重称"，或"多买短价，扰累夷方"，因之导致了雍正十年（1732年）的大暴动。

清廷为了缓解民怨，不得不于雍正十二年（1734年）两次下檄，普思诸山，当兵燹之后，地方疲敝，"十室九空"，"身任地方，应加意抚绥……"，要求茶店官役"按照时价，公开采买。如有不法官役，借名多买，短价压送，扰累夷民……官则立即参详，役则立毙杖下"。"前经升任督臣鄂尔泰题明禁止，兵役不许入山。臣等又将官贩私茶严行查禁，但不严定处分，弊累不能永除。请嗣后责成思茅文武，互相稽查，如有官员贩茶图利，以及兵役入山滋扰者，许彼此据实禀报，如有徇隐，一经察出，除本员及兵役严参治罪外，并将徇隐之同城文武及失察之总兵知府，照苗疆文武互相稽察例，分别议处，庶官员兵役，不敢夺夷人之利，而穷黎得以安生矣……"①

在此之后100年左右的时间里，由于清廷的抚绥政策，茶叶生产又有了极大的增长。"普洱府，民皆夷，性朴风淳，蛮民杂居，以茶为市。《大清一统志》：衣食仰给茶山，服饰率纵朴素。旧《云南通志》：夷汉杂居，男女交易，土农乐业，盐茶通商。《思茅厅》：五方杂处，仰食茶山。"②

清廷因普洱茶而起的对普洱府地区的开发及历史上第一次对茶叶设置管理机构，包括在普洱府设立"茶局"，在思茅设立"总茶店"，实行官营管理。设立总茶店买卖交易，客商买茶纳茶税，令通判管理。专办"茶引"（执照）、茶税及督办贡茶厂。在景洪市攸乐山设置"攸乐同知"，防守茶山，征收茶税。以及之后在思茅设思茅厅，同时在佛海（今勐海）、勐遮、易武、倚邦等茶山设"钱粮茶务军功司"，专管粮食、茶叶交易。乾隆元年（1736年）撤销攸乐同知，将攸乐同知移至思茅，改为思茅同知，并在思茅设立官茶局，在六大茶山分设官茶子局，负责管理茶叶税收和茶叶收购。在普洱府道

---

① 雍正《钦定四库全书云南通志》卷二十九《艺文·疏》，云南省图书馆藏。
② （清）郑绍谦等：道光《普洱府志稿》卷九《风俗》。

设茶厂、茶局，统一管理茶叶的加工制作和贸易，改历代民间贩卖交易为官府管理贸易。这一系列措施不仅极大地促进了云茶发展，而且使滇南这一广袤的边陲地域同内地的联系紧密起来。至道光年间，随普洱茶的发展进入鼎盛时期，包括元江以南的他郎厅在道光间"汉民皆非土著，系由黔安、建水、石屏、新兴及川、广流寓而入籍，耕读贸易，习以为常"①。这里所说的"皆非土著"的汉民，尚系登录于官府户籍者，其他未经入籍而生活在深山中的"流民"尚不知凡几。

清代对滇南普洱府地区进行开发既是为了完成对滇南的改土归流，加强封建中央王朝对西南少数民族地区在政治、经济、军事上的直接统治，同时也是为了更好地掌控茶叶经济。从上述研究看，清代对滇南的开发是成功的，无论是改土归流还是发展茶叶经济。从封建王朝的主观意图来说，当然是为了加强统治和剥削，但在客观方面，由于打破了土司领地的疆界隔绝，各族人民之间的往来增多，使民族隔阂相对减弱，有利于各民族之间的交往，也有利于加强各民族之间的团结，不仅促进了云南茶叶主产区各族人民的交流，特别是与汉族先进经济文化的交流，而且促进了民族地区社会生产力的提高和生产关系的发展。这是有利于各民族地区社会经济文化发展的，其积极作用已为后来茶与各少数民族经济文化和社会的发展所证实。因此可以说，清代因茶对普洱府地区的开发不仅推动了云茶经济大发展，而且加快了民族地区的社会历史发展，促进了各族人民之间的经济文化联系，改变了西南民族地区的闭塞和落后，促进了这些地区社会经济、文化发展水平和人民生活水平的提高，促进了国家的统一、边防的巩固。

四、六大茶山的崛起及发展变迁

普洱茶的产地是以西双版纳古六大茶山为中心，覆盖面波及云南省澜沧江中下游一带地区。从明代直至民国时期，因茶叶贸易的推动，促进了民族地区经济文化的大发展。六大茶山作为云南茶马古道的源头，也因其在普洱茶生产中的地位、地理位置而成为澜沧江中下

---

① 道光《元江府志》卷九。

游的一个经济中心,即贸易集散地,并对云南的政治、经济、生产、消费、交通、运输形成了较大辐射和影响。因此,笔者有必要在此对六大茶山进行专门考察。

(一)六大茶山概况

本书前文已有很多史料反映了六大茶山,当然写得早并较详细的还是清嘉庆四年(1799年)檀萃的《滇海虞衡志》卷十一《志草木》:"普茶名重于天下,此滇之所以为产而资利赖者也。出普洱所属六茶山:一曰攸乐,二曰革

六大茶山

登,三曰倚邦,四曰莽枝,五曰蛮砖,六曰曼撒,周八百里。入山作茶者数十万人,茶客收买,运于各处,每盈路,可谓大钱粮矣。"还有光绪《普洱府志》卷之十九《食货志六·物产》:"思茅厅采访:茶有六山,倚邦、架布、熠崆、蛮砖、革登、易武。"对照上述两条史料,地名有些出入,对此,1957年11—12月,西双版纳州政府组织专业茶叶普查工作队实地普查确定为:盛产普洱茶的古六大茶山位于云南西双版纳。除攸乐在景洪市外,其余5座均在勐腊县的象明、易武和现今的曼腊乡。今六大茶山依次是易武、倚邦、攸乐(基诺)、曼撒、蛮砖和革登,这与历史上所称六大茶山的攸乐、革登、倚邦、莽枝、蛮砖、曼撒略有出入,这是因清道光年间(1821—1850年)随着莽枝、架布、熠空茶山逐渐衰退,易武茶山取而代之。

古六大茶山历史上称为江内地区。其地理位置为北纬21°51′—22°06′、东经101°14′—101°31′,东与老挝交界,有国境线长87.3公里,北与江城县接界,西与景洪市毗邻,南与勐仑、瑶区连接,幅员2260余平方公里,约合338800亩。古六大茶山分三大茶区。

易武茶区:包括易武茶山、曼撒茶山,距景洪市123公里,距勐腊县城110公里。易武茶山现有茶园面积29662亩,其中采摘面积15200

亩；曼撒茶山6440亩，其中采摘面积2572亩。

象明茶区：包括倚邦茶山、曼砖茶山、革登茶山，距景洪市168公里，距勐腊县城163公里。象明茶区共24821亩，现采摘面积9721亩。

攸乐茶区：包括景洪市的一个乡，位于景洪市东北部，距景洪城53公里。攸乐茶区共3200亩，现采摘面积1400亩。

古六大茶山山水相连，地形、气候、植被相近。海拔最高2023米，位于易武茶区的黑水梁子；最低海拔565米，位于象明茶区曼配罗梭江渡口，海拔高低差距1458米，具有立体性气候特点，海拔800—1800米范围内的土地有上百万

今蛮砖茶山古茶园

亩，这些土地属赤红壤、红壤，土层深厚、肥沃，土壤pH值多在4.5—6.5之间，十分有利于茶树生长。由于地处南亚热带，这里年平均气温在19—20℃，年降雨量在1700—2100毫米，冬无严寒，夏无酷暑，四季常青，鲜花不断，四季不明显，只有雨季与旱季之分。特点是日照短、雾日长，从仲秋至来年孟春，高山沟壑，常云雾弥漫，午后方散。特别是秋冬站在山顶鸟瞰，一望无边的茫茫云海中露出点点山峰，不愧是"高山云雾出名茶"的好地方。①

六大茶山因未受到第四世纪冰川的破坏影响，保留下来的山茶科植物繁多，恐龙时代的活化石桫椤树随处可见。在六大茶山最高海拔2023米的黑水梁子，这里山峰陡峭，有桫椤、野生大叶种茶和小叶种茶，曾有一株围茎198厘米、高10余米的大茶树，这样大的茶树附近有10余株，但在1998年被野火烧死了。这里是典型大叶种茶的发源地。今在易武王罗河及金厂河头右侧，有两片分别为30余亩及10余亩的野生大茶树，围茎140—198厘米、高14—18米的有几株，属野生大叶白

---

① 蒋文中、华林：《古茶乡韵》，云南科技出版社2008年版。

毫，证明六大茶山是大叶白毫的原产地之一。在易武茶区最大的茶树是茶王树村的茶王树。

走进古六大茶山，到处是树木、竹林、草、藤条、鲜花，终年小溪叮咚流淌、蝴蝶起舞、鸟儿鸣唱，是一个美丽富饶、多姿多彩的动植物世界。这里又远距城镇，纤尘不染，无比洁净和美丽，让人流连忘返。这里生长的古茶园，由于生态美，茶质优良，色、香、味、形俱佳，难怪清初就被朝廷指定为贡茶。

今天从对古六大茶山自明清至民国时期仍保存下来的已不多的古茶树资源调查看，当年六大茶山茶业经济的兴盛仍可见一斑。

象明乡四大茶山情况表[①]

古茶山名	茶山所辖古茶村寨	估计茶树面积
倚邦	曼拱、麻栗树、细腰子、曼松、曼桂、熠崆	倚邦街周围300亩、曼拱300亩、熠崆500株、曼松200株
革登	革登老寨、直蚌、茶房、新发	茶房300亩
莽枝	秧林、红土坡、曼丫、江西湾、牛滚塘（安乐）	秧林200亩、红土坡100亩、曼丫老寨500亩
曼砖	曼庄、八总、曼林、高山、瓦弄、曼千	曼庄500亩、曼林1000亩
合计	23个村寨	面积3200亩+700株，估计年产有机粗青毛茶16吨左右

除古六大茶山外，在西双版纳还有澜沧江下游西岸（亦称江外）以佛海（今勐海）为中心的南糯、勐宋、布朗、巴达、贺开、景迈（现属普洱市辖区）等大茶山，其与澜沧江东岸（亦称江内）以易武为中心的倚邦、蛮砖、攸乐、莽枝、革登等古六大茶山共为普洱茶的十二大茶山，亦是普洱茶主产区域。近代普洱茶贸易集散地和生产地随着以易武为中心的江内古六大茶山衰落，逐步西移到江外以佛海为中心的六大茶山。清末至民国以来，江内古六大茶山成了延续、传承

[①] 蒋文中、张明春编著：《中华普洱茶文化百科》，云南科技出版社2011年版，第198页。

和光大普洱茶历史文化的主茶区，勐海县也成为普洱茶又一主要制茶中心。如《光绪二十三年思茅口华洋贸易情形论略》载："……产茶之区可推猛海、倚邦、易武三处，计其出数年约四万担之多……"①

2004年西双版纳古茶树、古茶园资源普查的结果表明，西双版纳州境内古茶树、古茶园面积达13万亩，植株较多是连片百年以上古茶园共有82234亩，其中勐腊县27793亩、景洪市8225亩、勐海县存有46216亩，勐海县占全州古茶园面积的50%左右，是西双版纳州古茶园面积最多最大的县份。以佛海（勐海）为中心的江外古六大茶山是现存西双版纳最大的古茶山、古茶园。

勐海县古茶树、古茶园主要分布在海拔超过1000米的山区地带。广泛分布在勐海县巴达乡、格朗和乡、布朗山乡、勐混乡、勐宋乡，分布面积较大的乡镇有：格朗和乡15000亩、布朗山乡9505亩、易武乡8279亩、勐混镇8010亩、勐龙镇5170亩。古茶树树龄从100—1700年不等，但大多数在200—500年之间。其中，最著名的为南糯山古茶园，面积近15000亩，是云南现存面积最大的栽培型古茶园，树高一般在2—5米，主干直径在0.2米以上。此外，还分布有许多年代久远的大茶树，其中著名的有"栽培型茶树王"南糯山大茶树（1994年枯死）、"野生型茶树王"巴达大茶树、曼飞龙大茶树。②

现属普洱市辖区的澜沧县惠民乡芒景、景迈村原始森林中的古茶园，是世界上面积最大、年代最古老的万亩栽培型古茶园。据芒景布朗族种系《功德碑》的傣文记载，这片古茶园的种植始于傣历57年（695年），距今已有1310年的

勐海老班章古茶园

---

① 《光绪二十三年思茅口华洋贸易情形论略》，中国第二历史档案馆、中国海关总署办公厅《中国旧海关史料（1859—1948）》第26册，京华出版社2001年版；蒋文中编著：《云南史志辑考》，云南人民出版社2021年版，第139页。

② 胡炳编著：《云茶大典》，云南民族出版社2008年版，第5—6页。

历史。整个古茶园在海拔1400米的山区，占地2.8万亩，实际采摘面积10003亩。古茶树为乔木型，与高大常绿阔叶林交错生长。走进古茶园，只见古木参天，高大的古茶树形态各异，树身裹满了厚厚的苔衣。古茶树上寄生着一种叫"螃蟹脚"的植物，具有药用价值，被誉为"茶茸"，是景迈、芒景古茶园独有的，从前茶叶交易时以此为证明茶产地的特殊标志。1994年，日本名古屋茶叶协会理事长、国际著名茶叶专家松下智先生来到景迈、芒景古茶园考察，把万亩古茶林赞誉为人类最早开发利用茶叶的珍贵的茶树自然博物馆，是中国的"瑰宝"。

位于布朗山乡的老班章村古茶园，在普洱茶界可谓如雷贯耳。被茶界视为不可多得的"茶王"，成为普洱茶至尊。老班章平均海拔1700米，属于亚热带高原季风气候带，冬无严寒，夏无酷暑，一年只有干、湿季之分，雨量充沛。老班章古茶园共4490亩，多分布在原生态密林中，土壤以落叶和沙壤混合型为主，地肥壤厚。林中有茶，茶中有林，生态环境良好，加上白天温暖、夜间凉爽，雨季降水丰富，旱季阳光充足，与阔叶林混生，遮阴较好，为喜欢散射光的茶树提供了优良的生态环境。所以，这里的茶叶叶底肥厚，茶树枝叶浓绿，叶片油亮宽大，芽尖多茸毛又厚又亮，茶味厚重耐泡，韵味丰富，回甘味迅速持久，茶品口感特殊，品种特征明显，是不可多得的优质普洱茶原料。

易武山

过去史书的记载只有以易武为中心的江内古六大茶山，而将江外的六大茶山遗漏掉。或许是由于澜沧江天险阻隔，往来不便，历代朝廷的达官显贵、文人雅士也难以亲临茶山记述，从而在古书上也罕有记述。此外，过去江外的六大茶山在行政区划上未划入攸乐同知、普洱府管理范围，只将江内六茶山划入普洱府管辖的范围，勐海江外茶山亦未列入。但至清末民初，随着江内六大茶山的衰落，普洱茶中心已转到了勐海。

西双版纳十二大茶山出产的普洱茶为何能名扬万里？除了质量上乘这一决定性因素外，作为贡茶和中国传统历史名茶的品牌效应也相当重要。"普洱茶名遍天下，味最酽，京师尤重之。"既然京城看中，皇帝垂青，四海之内趋之若鹜。贡茶数量之大，每年约耗千两白银，折合6万公斤稻谷的价钱。作为普洱茶产地的六大茶山，当属普洱茶风靡海内外的始发地，那些至今依然郁郁葱葱的古老茶树和断断续续的茶马古道便是这段历史的见证。今天普洱茶再次名扬万里，这既是历史的重现，也是其品质和岁月的文化见证。

(二) 六大茶山社会经济历史发展变迁

关于六大茶山，由于其在普洱茶和云南茶业经济贸易发展史上的重要地位，迄今为止，在不少研究中向来被认为是普洱茶茶马古道的主要源头，其发展一般认为最早可上溯至唐代以前。前已述及唐人樊绰所著《蛮书》载："茶出银生城界诸山……"，据方国瑜教授考证，"所谓'银生城'，即南诏所设'开南银生节度'区域，在今景东、景谷以南之地。产茶的'银生城界诸山'在开南节度辖界内，亦即在当时受着南诏统治的今西双版纳产茶地区"。方先生同时认为，银生节度又称开南节度，其辖区相当广袤，在其管辖范围内还有奉逸城和利润城，奉逸城在今天的宁洱县，利润城在今天勐腊县的易武乡。① 林超民教授在方国瑜先生研究的基础上认为，樊绰所谓产茶的"银生城界诸山"应为在开南节度管辖界内的茶山。而樊绰所说的"银生城界诸山"，就是檀萃和阮福所说的"六大茶山"。

笔者认为，方国瑜教授是当代对普洱茶研究最多的历史学家之一，其所著《普洱茶》一文对普洱茶的历史及价值做了系统阐述，但囿于当时研究不够深入，文中对普洱茶产地的历史有误，一是对樊绰《云南志》卷七"茶出银生城界诸山"仅认为是西双版纳，并"从语言来研究，云南各族人民饮用之茶主要来自西双版纳。今西双版纳傣

---

①方国瑜：《中国西南历史地理考释》上册，中华书局1987年版，第487页。

语称茶为la……茶叶市场在普洱，由此运出，所以称为普洱茶……但普洱地并不产茶，而产于邻近地区……"，这明显是有不足的。"银生城界诸山"作为开南节度管辖界内的茶山，不仅指今西双版纳境内"六大茶山"，而且还包括普洱及临沧等澜沧江中下游地区，这一地区是国际茶界公认的世界茶树原产地的中心地带和普洱茶的发祥地、茶马古道的源头，不能因过去的史料更多记载了西双版纳境内的六大茶山而忽略了种茶、制茶和茶叶贸易历史同样悠久的普洱及临沧产茶区。

笔者认为，西双版纳古六大茶山产茶史若以革登茶山茶王树与孔明山传说的"武侯遗种"及上面文献研究看，距今已有1700多年的历史，只是史料记载甚少，还需进一步研究。明代以后逐渐有许多史籍记载六大茶山及各民族（主要是今天的普洱市和西双版纳州）茶叶的生产、加工及销售情况。其原因便是明代后，随着普洱茶声名远播，销往内地和藏族聚居区的茶叶大增，茶叶贸易大发展，极大地促进了六大茶山等地茶业经济的大发展，传统的制作团饼茶的加工技术在长期的生产实践中，尤其在日益扩大的茶叶贸易的贮存、运输需要下，促进了当地茶叶加工工艺、方式的变革。以云南大叶种茶晒青为原料的"七子饼茶"为代表的紧压茶更加出名，从六大茶山运销内地和海外。到了清代，普洱茶以色艳味美、久藏味更醇等特点而成为宫中达官贵人的新宠，列为贡茶，从而使普洱茶的生产贸易在清代达到鼎盛。清代《新纂云南通志》也说："普洱之名在华茶中占特殊位置，远非安徽、闽浙可比。"

清雍正年间（1723—1735年），石屏、四川等地汉族大量进入六大茶山制茶卖茶，进一步带动了当地少数民族种植茶叶。乾隆嘉庆年间，茶区农民开山种茶，大建茶园。从乾隆至光绪初年（1736—1875年），勐腊县境内五大古茶山周围已800里，年产茶叶上万担。1840年鸦片战争后，人民负担加重。至光绪末年，随着内忧外患、匪盗蜂起，交通阻塞，茶商畏途，茶叶无销路，茶农生活无着落，故毁茶种粮，茶山走向衰落。继而法国殖民占领越南，并将势力伸入云南，

1884—1885年中法战争后,光绪二十二年(1896年),法国夺去我领土猛乌、乌德,又开思茅、易武通商;民国十年(1921年),新开通易武至越南莱州道,茶叶销路好转,产量回升到6700担。

《光绪二十三年思茅口华洋贸易情形论略》载:"茶叶出产之区在易武、倚邦一带,离思东南七八日程,运往内地销售最极其繁,每年约有二万担过境。访闻由别道驮运不经思地者亦复不少,散茶运至思茅茶号家,募集妇女检点精粗,女工赖此为计,不仅千人捡净之后,用男工蒸揉成饼,更用笋叶竹线捆扎为筒,载以竹篮,始运往各内地销售,茶入思市,散茶每担上纳落地税银七钱,圆茶上纳三钱五分,出内地时每担再完厘金一两二钱,运往滇省各处均不纳别项厘金,亦有地方茶到之时须完税银。西藏商人每年二三月及十月十一月来思采办,茶价每担七八两,去时完厘一两二钱,过丽江府又完税五钱,虽由思到藏边界距五十余站,道阻且长,而茶价每担可售十五六两,该商实获利益。别项土货出口数已无几,概不论及。"[①]

但后为争夺茶税,普洱茶复苏不久的南行商路又受到法国在越南重税盘剥,引起争议。如《光绪三十年思茅口华洋贸易情形论略》载:"花价之美恶仍无差等,商人仅操花业,其间无太息悔恨之事有余,号商兼业茶叶,本

原易武关帝庙旧址

年行情极形困态,是上年过于兴旺,别镇购办甚众,采摘民户只知务得贪多,变本加厉摧折,茶树小受伤残,洎时六七月之久,发荣滋长未能畅茂,出茶约少六千担之谱,各山所产系销滇省及邻近地方,年初贩销越南、香港者已难观止,盖越南国家新议税则,每筒茶约抽洋

---

① 《光绪二十三年思茅口华洋贸易情形论略》,中国第二历史档案馆、中国海关总署办公厅《中国旧海关史料(1859—1948)》第26册,京华出版社2001年版;蒋文中编著:《云茶史志辑考》,云南人民出版社2021年版,第139页。

一元,每担三十筒,直抽三十元之多,滇商底本虽廉,皮费甚巨,不能不求善价而沽,其与越商贸易虽以为敌,积省城之茶尚称富有,即川省旧日购存亦绰绰有余,以故茶庄生意窃谢不遑,普洱普黑茶行销越南南掌,与本关略有交涉,惟本年经过猛烈易武两分关出口者微乎其微。"①

1937年后,法国禁止华茶进入越南、老挝、缅甸3国,茶叶销路受阻,产量减到5000担。茶商倾家荡产,负债累累,普洱茶再难复兴。

民国时期瘟疫流行,茶农大量死亡。易武曼庄弯弓大寨疟疾流行,死人无数。1941—1943年,由于受不了当时车里县长王宇鹅的苛税压迫和强征兵员,攸乐人(基诺族)首领阿四组织起义,进攻倚邦国民党新编一大队,以大火攻城,使倚邦街与牛滚塘街化为灰烬,茶庄茶号倒闭,居民远走他乡,茶园荒废,六大茶山彻底衰败,人气散尽。历史上曾繁盛一时的六大茶山在清末走向衰落,其原因应当说与近代鸦片战争后帝国主义的入侵、中国封建经济的崩溃、社会的动荡有直接关系。

1949年中华人民共和国成立前夕,勐腊县境内茶园采摘面积只有2770亩,年产量只有401担。

中华人民共和国成立后,随着勐腊县政府的搬迁和新的昆(昆明)洛(打洛)交通干道路从景洪—勐海—打洛出境,而六大茶山居偏僻一角,丧失了发展机会。政府重点发展集中于低热区的胶、糖,古六大茶山茶业的发展与其他茶区更拉开了距离。再加上多年未对古茶山加以保护和重视,对古茶林、茶山乱砍滥伐,且在商业驱动下采摘不当,更对古茶资源造成了巨大破坏。近年来,随普洱茶的兴起和各地政府的重视,重振茶山,古老的六大茶山再次走向了兴旺发达。

在中国历史上,整整一个朝代对一个位于边疆产茶区的重视莫过于云南的六大茶山了。清政府将六大茶山定为贡茶和官茶采办

---

① 《光绪三十年思茅口华洋贸易情形论略》,中国第二历史档案馆、中国海关总署办公厅《中国旧海关史料(1859—1948)》第26册,京华出版社2001年版;蒋文中编著:《云茶史志辑考》,云南人民出版社2021年版,第159页。

地，制定严格的管理条令。在清政府的直接掌控下，六大茶山进一步成为普洱茶的主产区。这是云茶发展的第十一个重要历史节点。乾隆至咸丰年间是六大茶山最为鼎盛的时期，茶园超过10万亩，出现过10多万人入山做茶的繁盛景象。普洱茶从藏在边地人未识到名重天下、享誉四海以及云南茶马古道的形成和发展，这段厚重的历史就刻写在六大茶山。

1. 易武、曼撒、攸乐茶山

易武、曼撒茶山分别属于勐腊县易武、曼腊乡，位于勐腊县城东北部，东面与老挝交界，南、西、北3面分别与勐腊县瑶区、象明两个乡镇毗邻，境内最高海拔2023米（黑水梁子，为西双版纳州第二高峰），最低海拔630米，属北热带湿润季风气候区。境内山谷相间、山高谷深、群山起伏、沟壑纵横，河道迂回曲折，水流切割深，生态条件极好，是茶树生长的理想之地。

易武古镇老街老宅

易武乡原为勐腊县的政治文化中心，民国初设普思沿边行政总局时置第六行政分局于易武，旋移治倚邦。民国十九年（1930年），镇越县治所由勐捧迁至易武，1949年成立镇越县政府，仍驻治易武街，直至新中国成立。今勐腊县易武乡辖易武、纳么田、麻黑3个村季会共37个村民小组、22个自然寨，全乡总人口6126人，总面积283平方公里，民族以汉族、傣族、彝族、苗族、瑶族为主，主要经济作物是茶。

易武能成为勐腊县前身的政治文化中心是有其渊源的。易武具有悠久的产茶历史和丰富的茶文化，是闻名中外的普洱茶原产地中心。易武、曼腊乡全境都分布有茶树，特别是易武的落水洞、国庆河、刮风寨和曼腊的杨家旧寨四周分布着大大小小的茶树，还有很多大茶树，最大的树干茎围达140厘米，树高达23米左右，而且分布有一定密度，每亩30—50株不等，验证了易武、曼腊乡全境"山山都有茶"的说法。易武、曼腊古茶山的茶种群体较纯，从叶形可初步分为长叶形、椭圆形两种；从茶芽可分为红梗绿芽、绿梗绿芽两种。易武茶树地方品种可称为易武长叶茶、易武圆叶茶、易武绿梗绿芽茶和易武红梗绿芽茶，属云南大叶普洱种。

易武是茶马古道的源头，被称为"古茶第一镇"。易武在唐代属南诏银生节度管辖，元代属车里军民宣慰使司，明隆庆四年（1570年），车里宣慰使司将其辖地划分为12个版纳时，易武与倚邦、整董合为一个版纳，称版纳整董，汉话则称茶山版纳。清顺治十八年（1661年），吴三桂将易武、倚邦划入元江府；清康熙三年（1664年），清政府仍将易武、倚邦划归车里宣慰使司管辖；清雍正七年（1729年），云贵总督鄂尔泰对西双版纳进行改土归流，车里宣慰使司所辖的澜沧江以东的6个版纳划归普洱府，易武也随之划归普洱府，易武茶山成为普洱府的贡茶采办地。进入民国时期后，1927年易武划归镇越县，1930年易武街成为镇越县治所驻地，为勐腊县的政治文化中心。民国初设普思沿边行政总局时，置第六行政分局于易武，旋移治倚邦。民国十九年（1930年），镇越县治所由勐捧迁至易武；1949年成立镇越县政府，仍驻易武街，直至新中国成立。

随着茶业的兴盛，从明代起内地汉族不断进入易武，汉文化也大量传播进易武。嘉庆末年，随着易武土司势力的动摇，汉族茶农、茶商前来更多，地主经济开始出现，特别是乾隆至道光年间，茶山经济的发展不断吸引了大批汉族移民迁入，进一步加速了土司制度的衰落，为商品经济的发展创造了条件。清乾隆元年（1736年）前，已有汉族在易武制团茶。乾隆年间（1736—1795年），云南石屏一带的汉族人纷纷迁居易武广种茶树；

易武古镇老人在拣茶叶

同治年间（1862—1874年），茶叶产量大增；到光绪三年（1877年）仅易武茶就达250多吨，所产茶叶在六大茶山中位居榜首。因此，在乾隆至道光年间，易武曾商贾云集，繁华一时。到茶山"淘金"的各行业商贾们纷至沓来，他们在易武一带开作坊、设店铺，开展各种贸易活动，清代易武人口最多时超过万人，形成八大村寨，建有寺庙、会馆、街道、学堂、中式居民楼房。道光年以后，易武逐步成为六大茶山产普洱茶的集散中心和商业中心，一时间茶号、商号大增。南来北往的商人们不仅卖茶，还卖棉花、药材，英、法等国产的日用品如洋布、洋油等商品也出现在易武街铺。

从同治、咸丰年间开始，六大茶山的茶叶加工中心、商贸中心逐渐向易武转移。尤其是咸丰后期，因滇西发生战乱，滇藏商道断阻，普洱茶由易武转向销经东南亚，经越南莱州、老挝丰沙里等再销往香港，易武成为六大茶山茶叶外销的中转站。到光绪年间，易武成为六大茶山最大的茶叶加工、出口基地和内外商品流转地，普洱茶仍产销两旺并一直持续至清末民初。这一时期，易武茶（含曼腊）每年的外销量从光绪年间的250多吨增加至300多吨。1897年，清政府在易武设海关，说明当时易武的对外贸易规模已非常大。直至民国时期，易武的茶叶产量仍很大。茶业经济的发展，使这个边陲民族聚居小镇成为中原汉文化与当地民族文化的荟萃之地。从易武出发的茶马古道延伸至国内各地及老挝、越南、泰国、缅甸等周边国家，易武始终是客商汇聚的繁华古镇。2004年，笔者前往易武古镇考察，从尚存的庙宇、会馆、公家大院、关帝大庙、石屏大庙及很多老字号茶庄等还依稀可辨当年的繁华景象。①

易武茶叶产品主要是七子饼茶圆茶，又称元宝茶，系

易武博物馆馆藏文物

---

①蒋文中、华林：《古茶乡韵》，云南科技出版社2008年版，第22—23页。

用优质易武晒青茶经过加工定型做成饼状，七饼为一垛，用竹笋叶包装，因此而得名。七子饼茶不仅易于保管和运输，而且还有陈香，商家购买后会增值，除了饮用外更具有收藏价值。清末民国初期，易武茶（含曼腊）每年外销300多吨。

易武同兴号茶庄旧址

那时易武街名震海内外的大茶号就有10多家，如同庆号、福元昌号、同兴号、同昌号、宋聘号、乾利贞宋聘号等，90多年前易武的同庆号、乾利贞宋聘号等大茶号就在香港以及泰国、越南建有商号，至今在台湾、香港还有人珍藏着易武老字号的七子饼茶，存期在七八十年的比黄金价还高，是能喝的"古董"。

作为茶马古道的源头，易武既是普洱茶叶生产加工的起始地，又是马匹、药材、皮货等的集散地。但抗日战争爆发后，在日本帝国主义对中国和东南亚的疯狂入侵下，六大茶山走向衰落。易武的兴衰印证了云南西南边疆因茶而兴、因茶而衰的茶史轨迹。易武以茶扬名，作为历史上赫赫有名的西南边陲茶马古道头，所产"易武正山"七子饼名扬四海，为普洱茶走向世界立下了汗马功劳。

攸乐茶山现称基诺山，面积有1000多平方公里，行政区划属景洪市基诺乡，由于过去从普洱至易武的茶马古道必先经过这里，攸乐山就成了普洱茶六大茶山之首。清《普洱府志》有如下记载："旧时武侯遍游六山，留铜锣于攸乐，置幸芒于莽芝，埋砖于蛮砖，遗木梆于倚邦，埋马蹬于革登，置撒袋于曼撒，因此名其山。"

雍正七年（1729年），清廷在基诺山土司寨设攸乐同知后，基诺种茶制茶业已成规模。巴亚、洛特、司土、亚诺、巴坡等地都是茶叶主产区，每年约有外地马帮1000多个来此驮运茶叶，巴坡寨还有能制作茶膏的加工作坊。清道光二十五年（1845年），为输送贡茶和外销普洱茶，还专门修筑了攸乐至思茅厅、普洱府的茶马驿道。据称，当时基诺山年产茶叶4万公斤，曾吸引大批内地商人、农民来收茶和种茶，促进了茶叶的发展，增进了民族文化和生产技术的交流。如内地汉人曾在基诺山开设打铁坊、织布坊、石灰窑、酿酒坊等，再加上木匠、铜匠等内地手工艺人、工商业者的到来带来了较先进的技术，对基诺族社会经济的发展起到了积极作用。

"基诺山高连云天，茫茫云海漫无边，云回雾润普洱茶，茶山名扬万里远……"[1]雍正年间，清廷便在攸乐山设置了攸乐同知征收茶捐，并派兵丁500把守茶山。由此可知，200多年前攸乐茶山的茶叶产量已非常大，现在基诺乡的亚诺、新司土、洛特等村寨还有3000多亩古茶园保存完好。在亚诺村的古茶园里，今仍大量分布着树龄从一二百年到三四百年的大面积古茶园。

现在居住在攸乐山的主要是基诺族以及少量傣族、瑶族、彝族，从史料和老人们的叙述来看，解放前攸乐山没有茶号，攸乐山人不做七子饼茶和砖茶，只有少数人会做竹筒茶，攸乐山人大多卖散茶，散茶多由易武和倚邦的茶商过江来收。小黑江上过去有3个渡口，分别是曼瓦、打角、石咀。但抗日战争爆发后，六大茶山茶业衰退，1941年的兵役和苛税已经让贫困的攸乐人难以承受，社会矛盾、民族矛盾日趋激化。1941年12月，攸乐人联络瑶族、哈尼族等少数民族举行抗暴起义。两年的战乱，攸乐山的经济、社会发展受到严重挫伤，人口减少，茶园大量撂荒。后又因连年烧山开地种粮，很多茶园被损毁，到20世纪70年代，保存下来的成片古茶园只有3000亩左右。1942年，国民党军队开进攸乐茶山，烧杀抢掠，茶农四逃，茶山荒芜，茶叶生产受到严重破坏。解放后，人民政府拨款、发粮救济茶农，扶持茶叶生产，茶叶产量逐渐上升。1993年，攸乐茶山产茶1942担（97000多公斤）。20世纪80年代初，基诺山被列为热带山区建设的试验示范区，确立了"以林为主，因地制宜，综合发展"的方针，古老的基诺茶山恢复了蓬勃生机。茶叶、砂仁、橡胶成了今天基诺山绿色产业的骨干经济作物。

---

[1] 蒋文中、张明春：《爱随茶香》，云南人民出版社2007年版。

2. 倚邦、莽枝、革登、蛮砖茶山

倚邦茶山从明隆庆四年（1570年）至清咸丰年间一直是古六大茶山和贡茶之首，倚邦街是六大茶山茶叶、经济、政治、军事和茶马古道的辐射中心。倚邦茶山面积约360平方公里，南连蛮砖茶山，西接革登茶山，东邻曼撒（易武）茶山，嶍崆、架布、曼拱、曼松等茶山皆在其范围内。现约由19个自然村组成。

2005年的倚邦老街

倚邦，傣语意为茶树水井之地。据县志载，明隆庆四年（1570年），车里（景洪）宣慰使司划分十二版纳时，六大茶山和整董合为一个版纳，称茶山版纳，治所便设在倚邦，隶属车里（今景洪）宣慰使司。清雍正改土归流，加强中央政权对边疆的控制后，六大茶山从车里宣慰使司的辖地划归普洱府攸乐同知管辖，土司的儿子召宗宇迁居车里。后清雍正年间曹当斋以功授土千总世职，管理倚邦等六大茶山（乾隆二十三年，曹以军功升守备）。从曹当斋开始，曹氏家族世袭管理倚邦茶山、革登茶山、莽枝茶山、蛮砖茶山近200年。

清人师范在其《滇系·异产》中曰："普洱茶产攸乐、革登、倚邦、莽枝、蛮砖、漫撒六茶山，而倚邦、蛮砖者味较胜。"① 所记时间为清嘉庆十二年（1807年）。清人雪渔的《鸿泥杂志·卷二》中也曰："云南通省所用茶，俱来自普洱。普洱有六茶山，为攸乐、为革登、为倚邦、为莽枝、为蛮专、为曼撒。其中惟倚邦、蛮专者味较胜。若云南府所出之太华茶，大理出之感通茶，徒耳其名，未尝见也。"② 这里记述了当时六大茶山普洱茶以倚邦、蛮砖者味较胜，并

---

① （清）师范：《滇系》第六册《异产》，光绪云南通志馆刊本。
② 赵春洲、张顺高编：《版纳文史资料选辑 第四辑 西双版纳茶叶专辑》，中国人民政治协商会议西双版纳傣族自治州委员会文史资料工作委员会1988年11月编印。

且名声已远远超过了明代盛传的太华茶和感通茶。

嘉庆、道光年间是倚邦普洱茶(主要是七子饼茶)生产运销的极盛时期,先后有茶号10余家——宋云号、庆太号、盛欲号、元昌号、惠民号、宋元号、鸿昌号、杨聘号、升义祥、庆丰号、宝云号等。宋云号是制茶较早的一家,从光绪初年到1941年,年加工茶叶200担,销往四川。光绪年间元昌号年加工400—500担。倚邦的茶叶过去年产千担,畅销昆明、四川和香港等地。英国人克拉克在光绪十一年(1885年)写的《贵州省和云南省》中记载:著名的普洱茶产自倚邦的茶山……有许多江西人和湖南人在倚邦做买卖,每年有大量的货物从倚邦运往缅甸,有茶叶交易往来于仰光、掸邦、加尔各答、噶伦堡和锡金。从克拉克的记载来看,倚邦茶在道光年间已被卖到印度和欧洲。1937年,法国人在越南阻挠云南茶进入莱州,倚邦茶销路又断。抗日战争爆发后,所有茶号全部停业。倚邦的茶商、茶农逐渐迁移歇业,热闹喧腾了200多年的倚邦陷入冷寂萧条。1941—1943年的攸乐因苛税猛增,强征兵员,举行起义,火攻倚邦国民党守军,倚邦古镇几百年筑就的建筑全部烧成灰烬,居民徙走他乡,几十年过去了,至今倚邦仅有几十户人家。

目前倚邦茶山古茶园在倚邦和曼拱仍大面积地存在。据2004年笔者调查,倚邦存有面积1300亩,茶园仍在采摘,只是产量较低,每亩单产只有15公斤,全年产量约为20吨;曼拱古茶园面积1200亩,年平均单产15公斤,年产量18吨。靠倚邦街东北的曼拱寨的一块坡地茶园还生长着一棵高6米、茎围42厘米的栽培型大茶树。历史上,倚邦茶叶普洱圆茶畅销省内外,后又扩销到越南等地,年产茶1000担左右。倚邦本地茶叶以曼松茶叶最好,曾

2006年的倚邦茶区村寨

153

为贡茶，因而有"皇帝茶""吃曼松看倚邦"之说。曼松原属倚邦区第一乡辖区内（今属象明乡）的12个自然村之一。历史上，这里有曼松老寨，居住着彝族香唐人，善种茶，由于曼松茶的品质好，被列为贡茶之首，"年解贡茶100担"，曼松因贡茶而声名远播，不仅给当时的倚邦带来了荣耀，而且促进了当地的茶叶产销。但曼松贡茶园如今已不存在了，只是在王子山周围森林中还稀疏生长着10多棵乔木型的大叶种茶树，一年可采几十斤，每公斤售价近六七千元，往昔的"年解贡茶100担"的兴旺已成历史，剩下的王子坟旧址也仅存很少的一排奠基石台。

莽枝紧连革登茶山和孔明山，面积比倚邦茶山小，莽枝茶山至少在元代已有成片的茶园，莽枝山脚的曼赛、速底等村寨已有上千年的历史，千年前已有少数民族在莽枝山居住种茶。明朝末年，已有内地商人进入莽枝山贩茶。清康熙初年，莽枝茶山的牛滚塘已是六大茶山北部重要的茶叶集散地。雍正十年（1732年），茶山土千户刀兴国率众起事，莽枝茶山曾有战火；雍正十一年（1733年），清廷剿抚兼施将刀兴国的率众起事弹压下去，在倚邦六大茶山总管曹当斋的调抚下，茶山恢复。从乾隆初年开始，莽枝茶山和其他5座茶山一道逐步走向太平、兴旺、繁盛，云南恢复实行的"茶引"制，对商民买卖茶叶宽松了许多，于是大量汉族、回族涌进莽枝茶山，修整老茶园、开辟新茶园。据雍正六年（1728年）史料载："莽芝（地名）产茶，商贩贱更收发，往往舍于茶户，坐地收购茶叶，轮班输入内地。"到乾隆后期和嘉庆年间，莽枝茶山人口过万。咸丰年间是莽枝茶山最兴盛的时期，茶园漫山，村寨密集，有莽枝大寨、秧林大寨、牛滚塘街。莽枝大寨于嘉庆年间建过关帝庙，建庙时的大碑现今还在遗址上。莽枝茶山乾隆后期有上万亩的茶园，每年春、秋两季，思茅、普洱、江城的马帮一批又一批地来牛滚塘驮茶。牛滚塘的山梁上至今还有一条3米深的古道，这便是当年马帮踩出来的。

牛滚塘街过去的街道很大，曾有居民数千人，与3个大寨遥相对望，被茶园连接着，相距不到1公里。牛滚塘街民族杂居，以汉族、回族为主,曾是六大茶山"四大街"〔即牛滚塘、倚邦、易武、曼撒〕之一,据说昔日用青石铺的街道有1公里多长,街道两旁茶号、商铺排立,居民房屋成片,逢街(赶街子)交易,5日一市,人喧马嘶,茶、盐、布、土特产等物的内外交流异常热闹,以茶为主的贸易曾活跃了一方经济,各族在这里生产发展,安居乐业。

曾经辉煌一时的牛滚塘街,在100多年前的同治年间发生了一场持续1年多的残酷械斗,许多房屋被烧,居民四处逃散,人绝寨空,莽枝茶山从此较早地走向衰退,人口大减、茶园放荒。民国初年,莽枝茶山人口有所回升,茶业开始回升,不料一场大火又把牛滚塘烧个精光,过去有着几百户人家的牛滚塘只剩下七八户人家,茶山基本上已消失,原来的古庙、清真寺均已不存在,只有躺在荒草中的大碑上的"牛滚塘"几个字还清晰可见。1950年以后,牛滚塘被改名为安乐,仅有百多户人家。现在古茶园面积仍有970亩,产量极低,年平均单产只有10公斤。2002年,政府将从红河州流入的100多户1300多人的苗族人家安置在牛滚塘安居落户,加上原有的老户共1400多人,沉寂100多年的牛滚塘又开始热闹了起来。①

作者于2006年在牛滚塘调研

革登茶山位于象明乡的安乐和新发两个村,面积约150平方公里,在六大茶山中面积最小。历史上的革登为古茶较闻名的地方,光绪年以前有上万亩的茶园,茶叶年产量均在500担以上。如今古茶园的面积仍有1040亩,全年产量为12吨,但原来处在一座小山的顶部,曾经辉煌的革登老寨和新发寨已经找不到茶树了,只剩下断碣残碑。革登老寨最兴旺的时期是在乾隆年间,老寨曾有二三百户人家。乾

---

① 张顺高、苏芳华、蒋文中主编:《中国普洱茶百科全书·文化卷》,云南科技出版社2007年版,第56页。

隆二十年（1755年）左右，革登老寨曾盖过一座大庙。乾隆四十六年（1781年），革登又盖了一座关帝庙，关帝庙盖在革登到倚邦的三岔路口，离老寨半公里路。关帝庙占地面积1000多平方米，顺坡建了3台，台基现还较完整，第二层台基上还有一块大碑，是建庙时捐银的功德碑。从碑文内容来看，此庙当时建得很精美，庙内关公的头像上还涂着金粉。咸丰年间，莽枝茶山的民族械斗波及革登茶山，战乱使革登茶山人口大减，革登老寨住户大部分迁走。到了清末民初，革登老寨已无人居住。

革登老寨不远处便是孔明山。檀萃的《滇海虞衡志》中载："……云茶山有茶王树，较五茶山独大，本武侯遗种，至今夷民祭之。"这里所指的是六大茶山之一的革登茶山的茶王树，另见清郎中仪阮福《普洱茶记》中载："……思茅厅志云：其治革登山有茶王树，较众茶树高大，土人当采茶时，先具酒醴礼祭于此……"这株有历史记载的茶王树如今已不存在，唯一留下的遗迹只是个大土坑。过去人们认为这棵茶王树是孔明所种，所以每年春茶开摘前，几个茶山的茶农都要来拜茶王树祭孔明。几千人在大草坪上，面对孔明山叩首、敬酒、对歌、跳舞，祈祷茶山兴旺、日子太平。

从革登山向西看便是当地各族人民尊崇的孔明山，可以清晰地看到孔明背靠山梁的形象，以及孔明的帽子、额头、眉毛、鼻梁和嘴巴等象征性的模样。由于孔明在225年率大军平定南中时，实施团结安抚方针，推动农耕，倡导种茶，发展经济，深孚众望，享有开创种茶、兴茶的殊荣，于是在茶山各民族中都流传着孔明山、孔明帽、孔明的拐杖、孔明遗器与六大茶山得名的故事等等，这都反映了各族群众对孔明无比的崇敬与信仰。[①]

蛮砖（曼庄）茶山东接易武，北连倚邦，面积约300平方公里。蛮砖茶山最早形成在乾隆六年（1741年）以前，由石屏汉人或早居曼庄的其他民族栽植，有茶园万亩以上，当时茶叶产量超过1000担。从磨者河边到曼林山顶的60里路的山中都是茶。蛮砖的得名，史料说

[①] 滇濮茶人编著：《中国普洱茶》，中国水利水电出版社2006年版。

法是跟崇拜诸葛亮有关，说诸葛亮当年来六大茶山时在这里埋下了一块铁砖，于是这里就称作埋砖，音为"蛮砖"。蛮砖在傣语中的意思是大寨子、中心之村。因蛮砖过去是土司头人们经常聚会商议解决各种事务的地方，故又称曼庄。蛮砖大寨包括周围20余个村寨，统称为蛮砖茶山，盛产茶叶，过去各村产茶都在2000担以上，六大茶山改土归流后，清政府在曼林驻过兵，设过汛站。

2011年作者在曼庄调研

如今的蛮砖茶山已今非昔比，茶叶产量约占象明彝族乡全乡的20%。民国以前曼庄人都是以茶为生，粮田开垦较少，自抗日战争爆发后茶业衰退，住户减少，至今只有几十户人家，又继续开展了茶叶加工，专供港、澳、台等地茶商的订货需要。目前现存古茶园一为曼庄的瓦孥，有1113亩，年平均单产为20公斤，全年总产量为22.26吨；二为曼庄缅空，有1100亩。

五、茶马官道的修筑与普洱茶贸易增长

明清时期的普洱茶运输主要靠马帮，为了便于运输，普洱茶多制成团、砖、饼等形状的紧茶。紧茶一路千里跋涉，途中经热湿及寒冷各地段，其茶多酚等经酶促氧化自然发酵，茶叶变成红褐色，味有陈香，有别于其他茶叶之味道，别具特色，加之其具有除油腻、助消化的功能，已闻名遐迩，对外运销越来越大，且大量运入北京，受到宫廷贵族和京城人士的广泛喜爱。云南普洱茶虽好，但交通一直是最大的制约，是为了贡茶和内地畅销的普洱茶运输，出现了民间和政府共同努力对交通运输的开拓。

清初，官方和民间在云南边远产茶地区年年运往京师的普洱茶主要靠军站线路驿运完成。当时普洱地方驻军遍布各险要去处，该地方同省城以至京师间的紧要文报及货物运输是依靠自昆明至普洱间的军站线路及铺递线路传递的。该府的铺递线路分别以宁洱县的县前铺和威远厅的厅前铺为中心,形成如下交通网络:自宁洱县县前铺朝东北方向依次设有磨黑、弯腰树、把边江、通关哨等铺,最终联结于元江府的班乚铺。① 这样既可上至

摄于2007年的宁洱县前铺茶马古道遗址

省城,又可与元江、临安等府相通。在这一方向上,军站与铺同地并存,分别发挥其各自职能。在宁洱县县前铺以南方向,依次设有那课里、思茅、麻栗坪、蒲腾等铺,联结沿边土司;在其西北方向则有西萨、铁厂河、蛮各等铺,与威远厅厅前铺相接。威远厅额设厅前、景谷河等共11铺,自厅前铺西北行迤逦可达镇沅厅、景东厅、蒙化厅和大理府,东南方向则与宁洱县各铺相连,② 将滇南深山老林的普洱府属各处与昆明等腹里地带紧密地联结在一起。

18—19世纪是普洱茶发展的极盛时代,也是普洱茶生产、加工、销售、出口最为辉煌的时代。随着贡茶和大众茶的用量日增,茶山年产茶增至10万担,运量随之增大。方国瑜教授在其《普洱茶》一文中说:"清道光年间至光绪初年,普茶运销盛极一时,印度商旅驮运茶、胶(紫胶)者络绎于途,还有缅甸、锡兰、暹罗、柬埔寨、安南等国的驮马商队,每年来往于西双版纳……"随着国内外茶叶市场销售量的增加,普洱茶市场扩大,为适应贡茶和茶叶运输贸易的需要,清雍正十三年(1735年)在思茅设驿丞,在原来通道的路线上就沿旧道不断修筑从普洱(思茅)经倚邦到达易武的石板驿道(即思易石板大道)。

为了方便贡茶和茶叶的运输,清道光二十五年(1845年),普洱府通过政府出资和动员民众捐款,同时组织拓宽修缮普洱至易武、普

---

① 光绪《大清会典事例》卷六八二《兵部·邮政·设铺》四。
② 光绪《大清会典事例》卷六八二《兵部·邮政·设铺》四。

洱至昆明的官道，至道光三十年（1850年），修建完工了始于昆明、止于普洱的用石头镶就的官马大道，还在从昆明经思茅至六大茶山的崇山峻岭中修筑了一条宽2米的完全为青石板铺成的长达数百公里的茶马大道，避免了道路的泥泞。该道虽历经百余年，现仍有部分尚存，蜿蜒壮观。同时还铺建了易武至思茅的茶马驿道，该条从易武经曼撒、倚邦、勐旺到思茅的茶马古道，全长240公里，宽1.2—1.6米不等，方便了贡茶和普洱茶的运销。至今在易武及附近的茶山仍可看到此道，那些山石古道上清晰的马蹄印、石板上的苔藓和长年累月被马帮踏出的累累坑凹随处可见。

马帮

易武至思茅的茶马驿道又称思易茶马大道，即普洱（思茅）经倚邦至易武茶马驿道，是清代普洱入六大茶山采购皇家贡茶的必经之道。该条驿道由思茅经黄草坝60里至高酒房，又60里至勐旺，又100里经补远至补岗，又80里至倚邦，又60里至曼松，又110里经曼撒而达易武（永安桥被洪水冲毁后，倚邦至易武驿道改由倚邦经蛮砖，过高山寨而达易武），全长480里，马帮行程7天，全程用石块铺筑路面，耗银万两以上，动用民工不计其数。修路银两由官府、茶商、茶山土弁、茶民分担。这条茶马驿道，路面约宽5尺，铺满大小不等的石块。480里的路面用平滑石板铺在道路正中，两侧用小石筑砌，石块大小相间，铺筑得整整齐齐。这条用石块铺筑的茶马驿道穿行于群山深壑之内，蜿蜒于林木葱茏的缓坡谷地之间。石板驿道沿途没有无法攀爬的陡坡，没有难以逾越的沟坎，与之

古茶山上几百米的茶马古道

前坎坷崎岖的羊肠小道相比确实堪称"坦途",这是茶业经济带动了交通运输业发展的典型证明。

普洱(思茅)经倚邦至易武茶马驿道的开通,不仅保证了贡茶、官茶的及时采办,同时也为各地茶客进入六大茶山打开了方便之门。四川、江西、楚雄、石屏等地客商以马帮为运输工具将内地的毡毯、布匹、生产工具、生活用品沿思易茶马驿道运进茶山,再将茶山所产之茶运往内地,茶山人口日增,茶叶贸易日趋兴旺。可以说思茅经倚邦至易武茶马驿道的开通使普洱府贡茶效率大大提高,为六大茶山的更大发展创造了条件,普洱茶生产运销也因而在之后更加兴旺。当时,由普洱厅采办运好的贡茶,到普洱府加府印,领上朝廷颁发的铜制令牌后,途经该道,快马入昆上京,故该道又被称为官马大道,与通向六大茶山今西双版纳勐腊县的思易茶马古道合称"昆洛官马大道",今天昆明至中缅口岸打洛的昆洛公路基本沿袭了这条古道的基础。

时至今天,我们在考察中还能看到,官马大道以条石和砾石铺砌,道路宽近两米,有的路段全部用河里的卵石铺就。普洱山高谷深,地质构成却大部分以石灰岩、砂岩为主,很少产适合筑路的石质较硬的岩石。古道在崇山峻岭中蜿蜒曲折,铺路的砾石和长方形条石轻则几十斤,重则上百斤,全靠当时各族民众艰难地从几里甚至几十里外的山涧、河谷一块块地背上山砌成。修桥、筑石、砌道的工程先后历时30年,可想其艰难。官马大道修通后,由于这条大道特别重要,政府于各地驻兵,在沿途设立了若干"营""哨""汛""塘",严密防守。例如在他郎厅(今墨江县)境内就设了他郎汛、阿墨汛、帮轰汛,分别由"千总""把总"带领守兵驻防。每一汛的守兵多则120名,少则45名。另于山隘路僻之处又设"塘",每"塘"驻兵5名。

随着始于昆明、止于普洱直至六大茶山易武的官马大道普洱—易武段的全部修通,清道光至咸丰年间普洱茶迎来了其历史上最辉煌鼎盛时期,也是云茶发展的第十二个重要历史节点。当时不仅普洱贡茶经此道运往昆明，然后转运京城，且从长江下游而来的内地客商以及本省滇中、滇东地区的客商和官员到普洱也均走此道。

茶马大道还包括出境线路，主要有3条分支：一是由普洱至澜沧的"旱季茶马大道"，自普洱起运茶叶经思茅糯扎至澜沧县，再至勐连县而后到达缅甸；二是由普洱至越南莱州的"茶马大道"，由普洱起运茶叶经江城县至越南莱州，然后转运至欧洲；三是普洱至打洛的"茶马大道"，此系官马大道的延伸，自普洱经思茅、车里、佛海至打洛，然后到达缅甸的景栋。茶马大道（即官马大道）可以说是贯通全省，连内地上达京城、下连出境周边国家缅甸，通向东南亚各国的一条国际大通道，为今天昆洛公路及勐腊出境公路的建成打下了基础。

沿官马大道修建起来的昆洛公路（2018年摄）

而今，沿着万水千山在峡谷坡壁上蜿蜒盘旋的官马大道，其绝大多数路段已经被新修建的现代化公路所取代。那条迤逦数千里、穿越整个横断山脉的茶马古道的完整形象已不复存在。只在崇山峻岭中徒步跋涉时还会看到一段段由马蹄和人脚踩实了的红土驿路和断断续续的石板路。当然，路面上已散乱长出一些萋萋的芳草和青绿的地衣。走在这被前人的草鞋和布鞋磨得平滑的路上，拂开树枝、斩去棘条，仍可看出茶马古道曾有过的百年风光岁月。而最令人吃惊的是，在悬崖边、山间垭口那用石礅、石板铺成梯级的坡道上被骡马铁蹄踩出的深深窝子。牲口的步幅就那么大，走到这里，蹄子正好踏在那个地方，年深月久便形成那月牙形的蹄痕。这需要多长的岁月、多少骡马走过！

目前，昆洛公路大多地段都已沿官马大道路线修建起来，虽然今天的高速公路取代了过去蜿蜒于大山、河谷及连接一座座村寨的茶马大道，汽车取代了马帮，茶马古道已经成为历史，但是茶马古道作为一条源远流长的商贸通道，围绕着蛮荒之地在崇山峻岭中存在、发展和延伸，历千年而不衰，这在中外历史上是绝无仅有的。茶马古道上无数的马帮和商旅往返于千里鸟道、羊肠小径，不惧旅途艰险，把普洱茶销往四面八方，给后人留下了一条让人惊叹的充满历史的道路，见证了普洱茶贸易在历史上曾经的繁荣与为边疆地区经济发展做出的贡献。

六、清代茶庄、商号的兴起

普洱（今宁洱）及六大茶山是明清时云南茶叶最大的生产和集散中心，为茶马古道的起始点。《普洱府志》记载，清雍正时普洱城内仅茶庄就有六七十家，每年销量约570吨。较大的商号有协太昌、茶和昌等20余家；城内设江西、陕

今天的宁洱县城江西会馆

西、临安、石屏等会馆；是以茶交易为主的物资集散中心，是茶马古道的源头。根据资料，与江西会馆毗邻的就是宏伟壮观的陕西会馆，现在江西会馆建筑尚存，而陕西会馆建筑已被销毁殆尽，荡然无存。

普洱茶最早的生产加工集散中心就在昔日的清代普洱府城。普洱建城始于8世纪中叶唐南诏时期，苏、张、周、段等姓白族官员被派至此镇守，建奉逸城。明代，普洱茶生意大旺，据史志载，外地迁入的客籍户大多与茶叶贸易有关，民居、茶庄及其与茶叶经贸相连的马栈、铁匠、鞋匠、皮匠铺等在城外集中连片，形成新的街市。

清雍正七年（1729年）设普洱府后，将其土城外墙建成砖墙，并在普洱设茶局，专办"茶引"（执照）、茶税及督办贡茶厂，选取最好的女儿茶以制成团茶、散茶和茶膏，敬贡朝廷。茶局管理贡茶加工、茶叶生产和运销，每年的四月为花茶市，交易活动时间为10天。雍正十三年（1735年），普洱茶名震京师，清政府题准征收茶捐，普洱府当年发出"茶引"（执照）3000引（3000担），秦晋、两广、四

川、江西、两湘以及石屏、腾越、下关、玉溪、通海、思茅等地茶商纷纷在普洱府署宁洱城，建立茶庄、商业会馆，对茶叶进行加工、精制、包装、运输。清道光至同治年间，宁洱城的普洱茶经贸商务活动达到高潮，城内城外，众商云

普洱（宁洱）文昌宫

集，有多达300余家堂馆商铺、茶庄。这些商铺、茶庄大多经营茶叶加工，其加工的普洱茶有毛尖、芽茶、小满茶、紧团茶、改造茶、团饼茶、方砖茶、牛心茶、人头团茶等。

民国时期，勐景茶庄制心脏形紧茶很有名，内飞中部印有中文"勐景茶庄"，中部左右方印有"勐弄"二字，椭圆形圈内飞下还印有英文。民国三年（1914年）9月30日，普洱道时期，曾征集茶品参加美国巴拿马万国博览会，在陈列品中有"云南宁洱县糯勐景茶庄紧茶内飞"。[1]

在思茅，清雍正七年（1729年）设思茅通判，开设思茅总茶店，茶叶归官府收售；雍正十三年（1735年）设思茅厅，将攸乐同知移往思茅，改为思茅同知，呈送朝廷的普洱贡茶由思茅同知办。至光绪年间，思茅城区加工茶叶较有名的是同仁利、恒盛公、泰裕丰、信和仁等几家茶号，每户年产量少的四五百担，多的高达千余担，加工出口的有圆茶、方茶等。1914年，普洱道署由宁洱进驻思茅，思茅城区就有制茶商号22家，年制茶万担左右。《续云南通志长编》

光绪年间的安乐号压茶石

---

[1] 黄桂枢：《清代、民国时期普洱和思茅的茶庄商号》，《中国茶叶》2007年第6期。

记载的茶庄商号有雷永丰、元庆、复聚、新春、宝森、永兴、三泰、庆春等。20世纪二三十年代，思茅揉制茶叶出售的茶庄茶号有雷永丰、裕丰祥、鼎春利、恒和元、庆盛元、大吉祥、谦益祥、瑞丰号、钧义祥、复和圆、恒太祥、大有庆、利华等22个，每年由产地茶山运集思茅加工的毛茶在万担以上。据黄桂枢先生的《清代、民国时期普洱和思茅的茶庄商号》考证，清末在思茅设经销门市的有倚邦恒盛公商号、乾利贞商号和勐海洪盛祥商号、同信公商号等。在易武倚邦制茶的钧义祥茶庄总发行所在今思茅株市街，专制包装精美的普洱茶，除销往内地外，还在石屏、蒙自、昆明、上海、香港有代售处，在缅甸仰光、昔卜、阿瓦（曼德勒）和暹罗（泰国）曼谷、景迈（清迈）以及新加坡等地均有分售处。[①]还有光绪年间便从事对西藏茶叶贸易的恒盛公茶号，专门加工揉制销往西藏的紧茶，设在勐海的茶厂一年产茶两万包左右。

在六大茶山，清雍正年间就有茶庄商号，至光绪年间，仅易武收购、加工、销售茶叶的茶庄就有17家，有乾利贞、同兴（同祥顺）、同庆、同昌、同泰昌、余文昌、守兴昌、元泰丰、车顺、安乐、宋聘、福元昌等众多知名茶庄商号。

在大理地区，清光绪年间后，有三大商帮因茶叶崛起——四川商帮、临安商帮和迤西商帮，其中迤西商帮经济实力雄厚。三大商帮在大理经过20年左右的竞争发展后，迤西商帮因商号不断增多，又分为鹤庆、喜洲、腾冲3个商帮，于是三大商帮又扩大为五大商帮。在五大商帮中，喜洲商帮和鹤庆商帮是最强盛的大理商帮。

清代大理商帮的崛起是十分突出的，且与以茶、盐为主的贸易商品有关。那时，小小的一个喜洲竟然形成了几个号称"四大家""八中家""十二小家"的商人群体，而这些大大小小的商人，绝大多数都是以经营茶叶生意和兼营茶叶生意而起家的。

此外，近代昆明因茶而发展起来的茶庄也很多，成就了一批最早的大商号。

[①]黄桂枢：《清代、民国时期普洱和思茅的茶庄商号》，《中国茶叶》2007年第6期。

清代茶庄商号基本集中于思茅和易武地区，大理、昆明等地也有开设，有名的主要有以下几家。

（一）雷永丰号茶庄

康熙五十五年（1716年），雷永丰在云南石屏开设茶庄；光绪二十一年（1895年），思茅分号设立，由雷逢春负责经营，1899年雷永丰号将总部迁移到思茅，采用当地出产的大叶种茶生产散茶与紧压茶。所制茶品因品质出众而名气渐响，发展迅速，在昆明、北京、广州甚至泰国等地均设立了分部，年销茶千担左右，成为云南思茅公认的知名茶庄首户，同时也是云南茶庄首户。至今，在泰国仍然保留有雷永丰号茶庄。雷氏茶庄还在昆明正义路设有杨复济商号。

（二）同昌号

清同治七年（1868年）建于易武，年经营茶叶400担，拥有资金7万银圆，年营业额10万银圆，有骡马15匹。清光绪年间同昌号的庄主是黄锦堂，是一名士绅，群众称之为黄大老爷。同昌号曾经在清末民初停产歇业。民国十年（1921年）左右，很多茶庄商号在易武茶区复业或新创茶号，其中就有朱官宝茶商在易武大街重新创立的同昌号茶庄，继续生产易武正山普洱茶品，至民国十八年（1929年）年产量已达400多担，茶厂规模也相当大。后同昌号茶务运作由黄文兴接手主持，初期仍然是以同昌号的商号发行茶品，只是将茶品内飞的落款改为"主人黄文兴谨白"；到民国初期同昌号改为"同昌黄记"。

（三）元泰丰

清光绪三十一年（1905年）建于易武，抗日战争前夕老板是吴炳元，年经营茶叶100担，拥有资金1.5万银圆，年营业额达2万银圆，有骡马10匹。1937年停业。

（四）迎春号（联兴号、李联号）

清光绪三十三年（1907年）建于易武，抗日战争前夕老板是李顺来，年经营茶叶100担，拥有骡马10匹，年营业额达1.5万银圆，抗日战争爆发后改做其他生意。

（五）守兴昌号

清光绪三十年（1904年）建于易武，庄主为刘守章和刘兴宗（两家合办），年经营茶叶200担，拥有资金1万银圆，年营业额达1.5万银圆，有骡马10匹。抗日战争前夕停茶业。

（六）同泰昌号

清光绪二十八年（1902年）建于易武，庄主朱宝元，年经营茶叶50—100担，拥有资金3万银圆，年营业额达7万银圆，有骡马10匹。1944年搬回石屏。

（七）车顺号

清光绪二十六年（1900年）建于易武，年经营茶叶50—100担，拥有资金1万银圆，年营业额达1.5万银圆，有骡马10匹。

易武车顺号茶庄旧址与"瑞贡天朝"匾额（摄于2006年易武老街）

（八）东和祥（义兴祥）号

清光绪二十一年（1895年）建于易武，老板为洛水洞高耀光，年营业额3万银圆，有骡马10匹、驮牛22头。

（九）安乐号

清嘉庆年间建于易武，至光绪年间李开基（第十五代）为庄主时，年经营茶叶350担（一担约150斤），并拥有骡马10余匹、驮牛10余头。光绪二十五年（1899年）李开基去世后，茶庄由其次子李炳荣继承。李炳荣去世后不久茶庄即停产。

（十）宋聘号

清光绪六年（1880年）建于易武，系傅、袁、宋、刘4家合股。年营业额达20万银圆，老板是刘子辉、宋聘三、袁谦禄、傅监珍。年经营茶叶600担左右，拥有资金10万银圆，年营业额达20万银圆，有骡马30匹、驮牛20头。

（十一）乾利贞宋聘号

乾利贞号由大名鼎鼎的特科状元袁嘉谷家族创建于清光绪二十二

年（1896年）。1911年，袁、宋两家联姻，茶庄合并称为乾利贞宋聘号。清末，袁嘉谷的三哥袁嘉猷负责乾利贞的经营，同时他还当选了云南商务总会帮董，在商会有较大的发言权。1913年，袁嘉谷的弟弟袁嘉璧接手乾利贞，同时他还是茶帮的总管事和石屏商务分会的总理。当时，乾利贞把总号设在滇越铁路的枢纽蒙自，并在昆明、石屏、思茅、易武、猪街等地设有分号，经营重点放在普洱茶出口上面。即使到了今天仍能看到乾利贞号留下来的茶品和文字。

（十二）同庆号

易武最大的一家茶庄，创于清雍正十三年（1735年），也有说创办于清乾隆年间。1900年以后逐步步入辉煌，年营业额达20万银圆，居云南茶界之首。1915年之后，其实力和规模已经超过易武其他茶庄，成为云南最大的茶号，名扬海内外，年经营茶叶达500—600担，拥有资金20余万银圆，营业额达30余万银圆，有骡马30余匹、驮牛40余头，茶叶主销香港、台湾地区乃至日本、韩国及南洋一带，颇受好评。为方便进出于易武的茶叶商贾及马帮行走，民国八年（1919年），庄主刘葵光先生带头倡议捐资，联络象明和倚邦的乡绅，集资造了一座石拱桥，其中刘家承担了大部分的造桥款项，该桥名曰"承天桥"。为表彰同庆号刘葵光的善举，民国九年（1920年）普思沿边第六区行政分局张局长特授刘葵光先生"见义勇为"匾。如今此匾保存在易武茶文化博物馆。1941年、1942年，刘葵光及刘芸光两兄弟相继去世，家业由刘葵光儿子刘鹤年继续经营，不久后停业。

（十三）同兴号

易武最早的茶庄之一，与同庆号、乾利贞、同昌号曾多年形成四强鼎立之势。原名同顺祥号，亦称中信行，有说创立于雍正年间，也有说创立于乾隆年间。庄主向纯武。民国十年（1921年）前后，同兴号与同庆号一样闻名于易武大街。那时年产普洱茶约500担，是属大型茶庄之列。民国二十六年（1937年）前后的老板（庄主）是向式谷，曾经担任易武镇镇长。向式谷去世后茶庄由其子向纯武及向质卿兄弟俩经营，年收购、加工、销售茶叶达500担左右，拥有资金10万银圆，营业额达20万银圆。民国十八年（1929年）时，加工制茶400—500担。1948年搬回石屏。

（十四）福元昌号

光绪初年建于易武，属创办较早的茶庄之一，光绪后期至民国初，承袭下来的庄主是余福生。1938年停业。

（十五）庆昌号（元昌号）

庄主杨赐章（杨炳泉），光绪初年创办于倚邦，年收购、加工、贩卖茶叶400担左右。除自家驮运外，还雇用外地马帮帮运，主销四川，至越南莱州、河内再转运香港，抗日战争爆发时停业。

（十六）永昌祥

被誉为大理喜洲"四大家族"之首，由严镇圭在光绪二十九年（1903年）与江西商人彭永昌、北城商人杨鸿春合资纹银1万多两创立。永昌祥创业初期，主要从事从顺宁（今凤庆、临沧、云县等地）、普洱等地买来上等的青毛茶，将它运到下关制作成碗形沱茶后销往四川。永昌祥经营沱茶后在商界站稳了脚跟，之后又不断增加了新的品种，不久便成为一个经营茶叶、生丝、布匹、洋杂、山货、药材、烟草等土特产的大商号。永昌祥除原有的下关老号外，还在大理、昆明、丽江、维西以及四川的叙府等地建立了新的商号。之后又把生意做到了国外，开辟了以缅甸为中心的东南亚市场。1914年，永昌祥的3家"平头伙计"协议分伙，永昌祥便成了严镇圭和他的儿子严燮成独资经营的一个大商号。1924年以后，严燮成利用永昌祥生产的云南沱茶在四川、西藏等地享有很高声誉的优势，沿长江东下，向宜昌、汉口、上海等地扩展市场，严家父子成为喜洲商帮的一面旗帜和云南赫赫有名的大商人。1942年，严燮成被商界选举为昆明市商会第五届主席。

（十七）锡庆祥

由喜洲"四大家族"中的董澄农开设，创业初期也经营过沱茶生意。[1]

---

[1] 陈延斌：《大理白族喜洲商帮研究》，中央民族大学出版社2009年版。

（十八）宝森号

成立于1871年，是近代昆明成立最早的茶庄，老板李楷（字裕生，号子端），从九品衔。宝森号有半官营性质，当时的名称是滇省宝森号茶局，负责到茶山收购茶叶在昆明重新分拣、压制贡茶。清末民初，宝森号一直是省城茶叶界的领袖。1909年，他们还在北京成立了分号，叫庆森隆。1916年，宝森号创始人李楷因年老多病辞去总商会茶帮帮董的职务，所遗帮董一职由协茂号秦光玺充任。宝森号还是民国初年的茶叶培训所，有意无意地培育了很多茶叶经营人才。1918年，宝森号关闭了北京分号，原派驻北京分号的李楷幼子李苏仲在昆明开设公益茶行，与宝森号分家。一些曾在宝森号服务过的伙计后来都开设了自己的茶庄，比如骆受之开设义兴昌号；宋锡五开设复春茶庄；汪汝清、汪汝义兄弟曾任中茶技师，后也开设自己的茶庄——宝龙茶庄。宝森号的产品主要有大龙团、五子圆茶、七子圆茶、方茶、散茶等茶品，民国后期也加工沱茶。公私合营时期，宝森号并入昆明百货公司和昆明茶厂。

近现代云南茶业

普洱茶的外贸出口

一、中国茶及普洱茶的最早对外传播

中国茶的对外传播应始于6世纪,茶叶由丝绸之路上的阿拉伯商人运销至中亚细亚,中唐以后直至宋代,中原地区的饮茶习惯向吐蕃和回纥少数民族聚居的边疆地区传播,客观上为茶叶向中亚和西亚传播创造了条件。10世纪时,蒙古商队来华从事贸易,将中国茶砖从中国经西伯利亚带至中亚地区。到元代,蒙古人远征,创建了横跨欧亚的大帝国,中华文明随之传入,茶叶开始在中亚流行,并迅速在阿拉伯半岛和印度传播开来。

特别是沿丝绸之路的商队,通过丝绸之路翻越帕米尔高原,通过茶马古道翻越喜马拉雅山脉,不断地把中国茶叶通过南亚、西亚输往各地;还从草原茶路向北传播至今天的蒙古和俄罗斯等广大地区;通过海上茶路将茶叶南传至中南半岛。明朝郑和下西洋,茶开始向非洲、欧洲、美洲传播。自永乐三年(1405年)至宣德八年(1433年)的28年间,郑和7次率众远航,所经南洋、西洋、东非国家30余个,加深了与各地的贸易和文化交流。1610年,荷兰东印度公司的荷兰船首航从爪哇岛运中国茶到欧洲,向东则传播至朝鲜和日本。据传,6世纪中叶,朝鲜半岛已有植茶,其茶种是由华严宗智异禅师在朝鲜建华严寺时传入。至7世纪初,饮茶之风已遍及全朝鲜。中国茶及茶文化传入日本,是以佛教传播为途径实现的。奉诏随遣唐使入唐求法的日本僧人最澄于永贞元年(805年)八月与永忠等一起从明州启程归国,从浙江天台山带走了茶种。

在西方，最早从中国引入茶叶的是俄罗斯。随着蒙古人的扩张，蒙古骑兵随身携带的茶砖引起了人们的好奇。幅员辽阔的蒙古分裂后，游牧民族的饮茶习惯在中亚和西伯利亚固定下来。清康熙十八年（1679年），中俄两国签订了关于俄国从中国长期进口茶叶的协定。雍正六年（1728年），中俄正式签订《恰克图条约》，将恰克图辟为国际商埠，中国的茶商从今天蒙古的乌兰巴托到达恰克图与俄商交易。随着中国茶叶在俄国受到普遍欢迎，茶叶贸易也日趋繁盛，形成了独特的俄罗斯饮茶文化。迄今，俄罗斯仍然是世界茶叶消费大国。

普洱茶不仅在国内进行贸易，也是最早向国外贸易传播的中国茶之一。英国、法国是首先从中国引种云南普洱茶的国家。19世纪中叶，英国占领印度、缅甸，法国占领越南后随即把云南划为其侵略中国的势力范围。光绪二十三年（1897年）后，英法先后在思普地区设立海关，普洱茶源源不断地进入欧洲，成为欧洲上流社会的时尚饮品，英文中把红茶称作Black Tea，直译为黑茶，而普洱茶过去一直被归为黑茶类，故而有此难辨之误。

普洱茶进入欧洲最先是作为"国礼"进入英、法、俄等国王室。俄国文学家列夫·托尔斯泰在其巨著《战争与和平》中也描写了喝普洱茶的场面。普洱茶以其独特的口感品质和越陈越香的特点以及清食、解腻、化痰等保健功效，

作者与日本茶道李千家交流合影

逐渐受海外尤其是英、法等国的重视。正因为如此，云南下关普洱沱茶在法国有了"名分"，长期销往法国，被称为销法沱，还入了保健食品的"药典"。19世纪50年代，英国利用其殖民政策在非洲的肯尼亚、坦桑尼亚、乌干达等国开始种茶，至20世纪初，非洲的茶叶种植已具有相当规模。

日本自明治维新以来，不遗余力地推销其本国的东西，而主动推销的中国的东西恐怕只有一样，那就是普洱茶。一向对食饮品极为苛刻的日本人甚至慷慨陈词："普洱茶的绝妙之处在于经过一千多年的历史，至今仍具有旺盛的生命力。只要时常饮用就会感到有利尿、助消化、醒酒、减肥、健身等功效……为了全世界人民的健康，应该普及饮用普洱茶。"① 这是日本东西物产株式会社社长坂本敬四郎对云南普洱茶的保健作用所做的难得的描述。

东南亚国家如缅甸、泰国、菲律宾、马来西亚等因华人众多，近代以来同样是普洱茶的较大输出地。茶马古道南路，马帮将普洱茶从车里、佛海、打洛运至缅甸；东南路则经勐先、黎明至江城到越南莱州、海防，直至欧洲；西南路由澜沧、孟连驮普洱茶、磨黑盐、普洱布匹销到缅甸。至于南亚、西亚等地，更是早于唐宋时期便通过滇藏茶马古道将普洱茶不断地输入尼泊尔、印度、土耳其等国家。

云南普洱茶历史上长期的远程贸易，特别是对外贸易，也常因战争和社会动荡而起伏，并影响着普洱茶经济和古道交通的不断变化和延伸。清代云茶出口商旅路线主要为南、北两途。北路即由普洱直往昆明至内地，主要输出茶叶、食盐、中草药材，输入布匹、香烟、瓶酒、罐头及其他日用生活文化用品等，称为"省货"；南路由普洱输出食盐、银饰等，经思茅、车里至佛海，销售后又转运茶叶至缅甸，输入象牙、煤油、洋靛、棉花、棉纱、布匹、西药、鹿茸、虎骨及杂货等，称为"坝子货"。此外，另有西北路经景谷、镇沅、景东等"后路地"至大理乃至西藏，输出茶叶、棉花等，输入菜油、白糖、冰糖、面粉、乳扇、核桃、干柿饼等，称为"后路货"；东北路由普洱经墨江、元江至石屏，输出食盐，输入豆腐皮、豆腐干、松子等，称为"石屏货"；东南路经江城出越南莱州至海防，输出紫胶、樟脑（冰片）、茶叶等，输入生猪、牛、粮食等；西南路经思茅、六顺至澜沧，输出食盐、土布、银饰、黄烟，输入棉花等。此时的普洱茶不

---

①蒋文中、张明春编著：《中华普洱茶文化百科》，云南科技出版社2006年版，第28页。

仅行销中国四川、西藏、湖南、湖北等省区及港澳地区,而且远销缅甸、越南、泰国、印度尼西亚、日本乃至欧洲地区,尤在日本和西欧享有盛名。普洱也成为滇南商业活动中心。

二、海外市场和外贸的扩大

海外,即国外。华侨亦被称作"海外华侨",属于尚未加入外籍的中国公民,但长期居于国外,包括已取得居住国永久居民身份者,从古代至近现代约有4000万华侨华人广泛分布于全球各地。其中,分布最多的是东南亚诸国,共2000多万人,其中印度尼西亚800余万人、泰国600余万人、马来西亚500余万人、新加坡300余万人。其次是北美,主要是美国和加拿大,约500万人。此外,在欧洲诸国也有大量华侨华人。近年来,非洲也有不少经商和务工的华侨华人。

云南因与东南亚国家接壤,仅腾冲籍华侨华人就有35万,遍布23个国家和地区。东南亚一带在明、清时被称为南洋,是华人最多也是普洱茶出口最多的地区。华人至今仍使用着筷子、吃着中餐、说着中文,尤其是保留着饮茶习惯,让人动容。如梁实秋在《喝茶》中说,凡是有中国人的地方就有茶。六堡茶及普洱茶是比较受东南亚华人欢迎的茶类,其缘于华工下南洋。晚清时期,社会动荡,中国岭南地区及云南永昌等地大批华工漂洋过海到南洋谋生,他们随身携带的行囊里少不了家乡的茶,特别是具有消暑化湿、润肠养胃功能的广西六堡茶和云南普洱茶,更成为他们的保命茶。其中普洱茶以其茶色琥珀而透、汤味醇厚而顺、回甘长而芳之特性,被用以解水土不服与食积痢疾,被称为"健康利器"。

茶里有家乡的味道,更寄托着他们的乡愁。普洱七子饼茶,颜色澄亮、香气馥郁、滋味醇厚,既能解渴提神,又能帮助消化,特别是经南茶马古道漂洋过海,万里运输,更香醇味浓,除解水土不服与食积痢疾功效卓著外,更满含吉祥和团圆寓意。在中华民族传统文化中,"七"是吉祥数字,象征多子多福,七子相聚,圆圆满满。因此,过去老一辈华侨华人常将七子饼茶作为儿女结婚时的彩礼和逢年过节的礼品,表示"七子"同贺。饼饼相聚,圆圆满满的七子圆茶在华侨华人中被视为"合家团圆"的象征，故又称"侨销圆茶""侨销七子饼"。除圆茶外，七子饼茶还有心脏形及砖形紧茶。

　　清末民初，云南富有实力的茶庄商号在越南莱州、河内、西贡等地都开设有分售处，至今在香港、台湾等地还珍藏有一些过去云南老字号的少量茶品和商标文字。过去这些茶庄商号所生产的茶叶产品远销海内外，声誉昭著。香港、澳门是普洱茶外销南洋和转口欧洲的重要中转地，同时也为普洱茶品的承传、销售、饮用和茶文化的传播起到了推波助澜的作用。清末民初，传统普洱圆茶大量销往南洋一带便是经香港这一中转站转销出去的。民国八年至二十五年（1919—1936年），普洱圆茶由普洱—江城段茶马古道经李仙江水路沿江泛舟而下到越南莱州，后至海防海运，大量转销南洋和香港、澳门地区，再转销世界各地。香港的"金山楼"等茶楼素以经营普洱茶而闻名，历经几代人，多年前这些楼主店面歇业，关仓走人，前往美国另辟商途；1996年，这些茶楼主人重返香港，开仓处理家产，而仓中存有的同庆号、敬昌号、江城号以及红印、绿印甲乙等上好普洱茶，为台湾饮普洱茗者和普洱茶收藏家打开了一道天堂之门，故有"普洱茶产于云南，存于香港，藏于台湾"之说。从此，晦藏于民间的普洱老字号名茶又勾起了茗道行家的兴趣，引起世人的青睐和关注，重放异彩。普洱茶亦被称为"可以喝的古董"，兼具收藏和饮用价值，并有医疗、美容、保健等多种功效，身价倍涨。

　　因普洱圆茶畅销于港澳台地区及东南亚地区，从清晚期开始，就拉动了云南普洱茶庄大发展。宣统年间，滇越铁路的开通带动了普洱茶产业的进一步发展，以茶业为主的外贸迅速发展起来。从有关资料看，民国时期，昆明的茶庄维持在45家左右；思茅茶庄在民初为20多家，民国十二年（1923年）仅剩12家；易武如果算上茶庄或小作坊大约有三四十家；下关在1945年前后有40家左右；勐海（含当时佛海、南峤两县）和景洪（当时叫车里）最辉煌时约有30家。由于很多茶庄是分号，很难统计具体数字。

民国时期，云南有名的大商号大多因外销普洱茶至南洋及兼做洋货等生意而发家。从历史上的云南知名普洱茶老字号茶庄商号统计看，在普洱，晚清至民国时期较大的商号有20余家，大多经营茶叶加工和贸易。其中，勐景茶庄制心脏形紧茶很有名，其内飞上印有中英文说明，民国三年（1914年）9月30日，该茶被作为政府征集茶品参展巴拿马万国博览会。在易武倚邦制茶的钧义祥茶庄总发行所在今思茅珠市街，专制包装精美的七子饼圆茶，除销内地外，还在缅甸仰光、昔卜、阿瓦（曼德勒）、暹罗（泰国）曼谷、景迈（清迈）、新加坡等地有分售处。

思茅最大的商号雷永丰号茶庄同时在昆明、北京、广州以及泰国等地设立了分部，成为云南思茅公认的知名茶庄，同时也是云南茶庄首户，不仅近销国内还远销泰国、法国、英国等。至今，在泰国仍然保留有雷永丰号茶庄。思茅鼎春利茶庄的普洱茶也远销泰国、缅甸、越南、老挝等国家。20世纪40年代初，太平洋战争爆发，日本南侵，南洋交通受阻，加之疟疾流行，道路不清，商旅裹足，思茅茶业急剧衰落，茶庄商号陆续歇业，而鼎春利茶庄靠信誉薄利多销一直维持到1948年才歇业。思茅鼎春利茶庄在思茅众多茶庄中算得上是发展较好的一个。

开办于民国初年的钧义祥茶庄在思茅也很有名气，今还有其印制的"钧义祥茶庄包装说明单"收藏于思茅区文物管理所，内中印有"本庄主人志不专在营利，务求普茶得畅销各国，使世界上人士都得极好的饮料"等字样。说明单（45厘米×15厘米）有中文、英文各两个版面。保存至今的民国初年的这份思茅"钧义祥茶庄包装说明单"是清末民初思茅生产经营普洱茶和众多茶庄销南洋茶品留下来的可贵物证，对研究普洱茶外贸具有文物资料研究价值。

民国时期，墨江县经营茶叶出口的有马同恭（字敬修）的源馨斋商号，后称源馨昌，先后在思茅设原信昌、在磨黑设源馨昌分店，在泰国曼谷开设原信昌商号，在江城县开茶厂创制七子饼茶，并开设敬昌茶号，其所制茶品或由江城经李仙江进入越南转香港地区；或由马帮运至昆明，经滇越铁路至越南海防再海运香港；或在江城雇牛帮运到老挝和缅甸景栋，转运泰国曼谷再海运至香港，茶叶出口运销量从初期的两三百挑增至后来的1000担左右。

江城是普洱与越南交界的外贸口岸。据知情老者回忆，20世纪20—40年代，一到开茶季节，茶马古道上马帮、牛帮穿梭于途，驿马络绎，勐烈街上市廛云集，茶业兴旺，茶庄商号林立，南来北往的茶商、马帮、牛帮汇集江城勐烈街头，人欢马叫，驮茶的马驮排满了街面，茶叶贸易呈现出一派繁荣兴旺景象，李仙江成了当时普洱茶出口的黄金水道。据史料载，江城县对外出口商品较多的时候，茶叶出口销售曾达每年1900担。1941年以后，日军占领中南半岛，江城由大后方变成了前方，战事频繁，江城与越南、老挝的贸易线中断。从此，江城失去了在国际上出口大宗贸易产品茶叶的销路，茶园逐渐荒芜，经济日益萎缩，市场交易冷落萧条，加上日本飞机经常沿李仙江而上，进行军事侦察，导致人心惶惶，各种商品都十分紧缺。到1944年，在江城街上连一般的日常生活用品都很难买到。茶庄商号也多数于抗日战争胜利前后歇业。

民国初年，江城有10多家以外贸为主的大茶号，敬昌号茶庄是江城最大、最有名的普洱茶茶庄。敬昌号是墨江源馨斋马同恭设的一个代销点，开设于民国二十七年（1938年），原址在今江城县老街。敬昌号起初为一个小店铺，主要是作为对越南、老挝进行以边境贸易经商为主的哨点（商业信息点），只经营茶叶，后来办有茶厂，压制圆茶，所制饼茶雇牛帮或马帮运往坝溜渡口装船沿李仙江进入越南，再船运至香港等地区销售。其普洱茶在越南莱州、河内、西贡等处都设有分售处，是当时可操纵江城经济命脉的一个商号，至今在香港、台湾等地仍留存有敬昌号的少量茶品和商标文字。

福泰隆茶庄是民国初期在江城以经商茶业外贸发家致富的茶庄，由李漾尧创办。民国十二年（1923年），江城茶业贸易兴旺，据说当时茶地如同黄金地，茶叶比稻米值钱。李漾尧与其子李纯秋收购茶叶，开作坊加工精制茶发往越南勐莱等地销售，有的茶品还远销日本等地，享誉海外；然后又购回洋货如煤油、马灯、汽灯、洋伞、洋碗、洋盆、手电筒、留声机等出售，这些在当时来说比较昂贵、稀罕的商品均靠茶商进行外贸交易而流入，利润可观，获益丰厚。民国二十年（1931年），福泰隆茶庄因李氏父子先后去世而败落。

江城还有由石屏人张季皋创办的群记茶庄，该茶庄资本雄厚，实力强大。群记茶庄从民国九年（1920年）生产圆茶，并在香港及越南莱州、左波、河内、西贡等地均设有分售处。据有关资料记载，"群记号茶庄"印有"卢仝品茶商标"内票，票上印有"督造人张季皋""监制人张荫培""分售处：莱州、左波、河内、西贡、香港、广州""总发行所云南普洱茶山""主人张季皋谨识"等字。

在易武、倚邦、曼撒等六大茶山普洱茶核心产区，清光绪年间，仅易武镇就有17家茶庄，大多经营着出口业务，其中有名的就有乾利贞、同兴、同庆、同昌、车顺、宋聘、福元昌等茶号。由于乾利贞号（含宋聘号）的经营者是大名鼎鼎的特科状元袁嘉谷的家族，因此乾利贞号又是云南最有文化的茶庄。乾利贞总号设在滇越铁路的枢纽蒙自，经营重点在出口，至今还能看到乾利贞号留下来的茶品和文字。

同庆号是易武最大的一家茶庄，创于清雍正年间（也有说创办于清乾隆年间）。清光绪年间，同庆号庄主刘顺成被清政府诰封为奉直大夫，刘顺成去世后茶庄由其子刘葵光、刘芸光两兄弟继续经营，刘葵光系清朝秀才，曾被朝廷诰封为奉直大夫、知州（次五品），被称为刘大老爷。由于刘葵光的苦心经营，同庆号在1900年以后逐步步入辉煌，年营业额银圆20万，居云南茶界之首，1915年之后，其以实力和规模成为云南最大的茶号，名扬海内外，茶品主销香港、台湾等地及日本、韩国和南洋一带，颇受好评。至今还有为数极少的产自民国初年的产品陈期80年以上，被称为"普洱茶后"。

倚邦茶山鸿昌号茶庄茶叶年产量有四五千担，出越南莱州销往香港地区，后为避战祸转移到泰国，在曼谷设立鸿泰昌号，代理销售倚邦易武圆茶。曼撒茶山以陈世元家的陈云号最大，茶叶直接驮到越南莱州销售，今海外仍有留存。所制的圆茶有蓝色双圈十角花纹内飞，圈内印有"陈云资印"4个字，内票为直书6行蓝字，上端横书"陈云号"。

在勐海众多知名老字号茶庄、商号中，可以兴茶庄是外贸做得最大的茶庄。民国十四年（1925年），周文卿在佛海（今勐海）正式成立可以兴茶庄，至1928年制成圆茶、砖茶、沱茶，用笋叶和竹筐包装，试销香港，销路较好。1932年，加入佛海茶业联合贸易公司，公司年出口茶叶数量达2万多驮，成为当时海外华人喜欢的一大普洱茶品牌。1942年，因受第二次世界大战影响而被迫暂时停业。抗日战争胜利后，周文卿回到佛海，继续经营可以兴茶庄。可以兴圆茶出口一直维持到1952年。

勐海洪记茶庄，成立于1921年，总号是云南赫赫有名的大商号腾冲董家的洪盛祥。1923年，海外普洱茶市场兴起和从勐海经过缅甸、印度进入西藏的新茶路的发现，董家决定到勐海成立洪记茶庄。洪记茶庄以总号资金的优势，一建成就是勐海最大的茶庄。他们以优礼高价聘请思茅制茶师傅到洪记制销藏紧茶，也就是我们现在所说的灯芯状紧茶，少量生产方茶。同时，他们在缅甸景栋、仰光以及印度加尔各答等地都设有分公司或办事处，以资金优势和渠道优势操纵印度、缅甸等地的茶叶市场，挤压勐海的中小茶庄，逼迫这些茶庄以低价将自己压制的茶叶卖给洪记。洪记的产量很快就达到每年四五千担。洪记茶庄的示范效应带动了资本的进入。随后，鹤庆张家的思茅恒盛公、边地的各土

出了边关国门就是缅甸

司以及其他各种势力的资本也冲进勐海,到1937年,勐海茶庄达到20多家,洪记的产量也达到每年七八千担。抗日战争时期,日本占据缅甸,交通阻断,洪记在印度大吉岭建立茶厂,生产紧茶。解放前夕,洪记迁入缅甸。

从清代到民国时期的普洱老字号茶庄商号可以看出普洱茶的一些历史发展轨迹,也可反映出华侨华人对普洱茶的青睐和相应的市场需求,促进了云南普洱茶海外贸易及工商资本经济的发展,形成了普洱茶不仅大量销往西藏,而且远销海外的良好局面,从而成就了近现代普洱茶品质的提升和规模性的出口。

三、清末民初的有名老字号茶品

清代晚期,云南茶庄商号分售处遍及香港地区以及越南莱州、河内、西贡,泰国曼谷、清迈,和马来西亚、新加坡等地。今在香港、台湾等地区及马来西亚的一些普洱茶收藏家手中还珍藏有少量珍贵的被称为"号级茶"的清末民初云南老字号茶品和商标文字。

云南奇珍陈年普洱名茶,因制作工艺不同而分为生、熟两类,每一类茶又分为散、饼、沱、砖,而所有的普洱茶又因各自摆放年份和环境的不同而风味各异,分为老茶和新茶。从这个概念来看,普洱茶可谓种类繁多,蔚然大观。

清代至民国,在普洱茶繁荣鼎盛时期,云南经营茶叶的商人开设制茶的商号、茶庄遍及各个茶山,创造出的普洱茶传统制作手工艺也达到一个顶峰,制作的普洱茶及其品牌流芳古今。由于普洱茶品质超群,备受欢迎,还获得了清廷赐匾嘉奖。今留存下来的老商号、茶庄的茶品已非常稀少,尚还留存的一般是指清末到解放初期(即1956年之前)以私人商号出品的普洱茶,被业界称为"号级茶"。

目前市面上还能见得到的陈年号级普洱老茶多以圆茶为主,以石磨压制,一般7饼一筒,一饼350克,外用竹箬包装,竹箬顶面标有制茶商号。茶饼多为裸饼,但附有印着商号信息的内飞,是"古董级"普洱老茶。而今遗留下来的号级茶在市面上较为罕见,且价值连城,号称"活在历史中的茶"。今能看到的比较著名的有如下几种。

(一)清代金瓜贡茶

清雍正七年(1729年),云南总督鄂尔泰在普洱府宁洱县建立贡茶厂,选取倚邦茶山小叶种明前春尖制成金瓜贡茶进贡朝廷,大者像金瓜,小者乒乓球状,最大者重3300克。现留下的两个较大的金瓜贡茶被保存在浙江杭州中国农业科学院茶叶研究所作历史文物留念,被称为"普洱茶太上皇",是现存的陈年普洱茶中的绝品。据传,金瓜贡茶均由未婚少女采摘的一级芽茶制成,采摘的芽茶一般先放之于少女怀中,积到一定数量才取出放到竹篓里。这种芽茶经过长期存放,会转变成金黄色,故称金瓜贡茶或金瓜人头贡茶。其已有200多年历史,加工者为普洱贡茶厂。

(二)同庆号圆茶

同庆号茶庄于1736年在易武设立茶厂,选用阳春三月易武山3、4、5等细嫩鲜叶制成,饼面呈深栗色,带有金黄色的芽尖,有细条茶梗。饼身直径20厘米,每饼重约340克。茶汤深栗透明,有一股幽雅兰香,入口水路细柔滑顺。目前可见的为数极少的产品产自民国初年,陈期约80年,被称为"普洱茶后"。

易武百年同庆号老茶内飞

同庆号茶叶主销香港、台湾等地区以及日本、韩国及南洋一带,颇受好评,当时使用的商标是龙马商标,其印制在当时显得十分精美,为红色内票,上部有"云南同庆号"字样,中部是白马、云、龙、宝塔图案,下部是茶庄简历及茶叶质量介绍:"本庄向在云南久历百年字号,所制普洱督办易武正山阳春细嫩白尖,叶色金黄而厚水,味红浓而芳香,出自天然,今加内票以明真伪。同庆老号启。"

易武百年同庆号老茶内飞

同庆号普洱茶制造过程选料精当,加工技术颇为讲究,经营以诚信为本,从而销路畅通,声名鹊起。一些商家为谋取利益纷纷开始仿造。为防假冒,1920年8月,刘葵光将龙马商标改为白底蓝字的双狮旗图商标,上印"商标""同庆字号"字样,内票印有文字:"启者,本号向在云南易武茶山,选办易武正山细嫩馨香茶叶,加重萌芽精工督造,发往香港销售,中外驰名,久为士商所尝鉴。近来假茶渐增,仿造愈众,以致鱼目混珠,真伪莫辨,且有无耻之徒假冒小号招牌,希图射利,是以本主人有鉴于此,特设法维持,立革奸徒作弊,故自庚申年八月改换双狮旗图为记。贵客赐顾务请格外留心,认明图记,免被他人以伪乱真则幸甚焉。总发行云南石屏同庆号。制造厂易武同庆号刘向阳谨识。"其中的"刘向阳"即刘葵光。故同庆号在1920年以前是龙马商标,之后则是双狮旗图商标,两者以龙马商标的茶品为绝品。采用最好的竹箬包装,表面是浅金黄色,捆绑所用的竹篾及竹皮的颜色与竹箬相似。同庆号老圆茶的特点为幽雅内敛、绝冠群伦,是极柔和性的优美茶品,享有"普洱茶后"的美誉。

(三)敬昌号圆茶

敬昌号(后改为信昌号)是民国初期江城最大、最有名的普洱茶庄。清光绪年间,个体茶商纷纷介入普洱茶出口业务,用牛帮或马帮将普洱茶运往老挝后装船运往越南、泰国,再转运至香港等地区销售。制茶工艺与同庆号茶庄不相上下,取曼撒茶山最好的优质的大叶种茶菁制成。

敬昌号圆茶

以制七子饼茶为主,外形色泽油亮,有着金黄色硕大的芽毫,饼身直径20.5厘米,每饼重约330克,每饼有内飞1张,是椭圆形图案。

笔者在一篇谈老普洱茶的文章中曾这样评价敬昌号圆茶:敬昌圆茶除品质优异外,其制工一流,饼体丰满而富有韵致,口感圆润饱满,入口即化。

敬昌号圆茶现存者大都为20世纪40年代的产品,系野樟香型,水性极度细柔,为普洱茶品中茶汤最为细滑者。每饼有内飞1张,是椭圆形图案,每筒有1张内票,其所用内票在墨江、昆明等地印制,内票印制之精美,令当今热爱外包装的茶商也为之汗颜。

据业界称,在老字号茶品中,要数同庆号和敬昌号圆茶的工序、制造技术最精良,如茶饼压制技术、筒色技术、竹箬篾条材料、内飞内票的设计和印刷以及贮存陈放方法等都是最高级的。2008年12月,大票敬昌号圆茶(1筒)在嘉德第四季第十五期及第十六期拍卖会上估价112万—150万元,成交价109.76万元;2009年12月,敬昌号大票内飞在嘉德的拍卖底价为14万元、小票内飞为8万元。

(四)杨聘号圆茶

在清朝初期及之前的漫长岁月中,在普洱茶文化史上扮演着重要角色的倚邦茶山,以种植小叶茶而著称。杨聘号茶庄建于民国十年(1921年),以倚邦小叶种茶为原料,其所制圆茶现存较少,且饼身较小,直径约19厘米,每饼重约280克,每饼有一张5厘米×6.8厘米的立式内飞,白底红字,内文印有"本号开设倚邦大街,拣提透心净细尖茶,发客贵商光顾者,请认明内票为记""杨聘号"33个字。据专家考证及品评,杨聘号圆茶现存最陈者为60年左右,其茶汤清香,水薄微酸,是典型的倚邦小叶种普洱茶。目前只有少数几饼收藏在普洱茶爱好者手中。

(五)同兴号圆茶

同兴号茶庄原名同顺祥号,于1733年在易武镇创设。同兴号圆茶有早期和后期之分,用倚邦之茶菁为原料。1921年前后,同兴号茶庄产茶500担,是当时的茶叶"豪门"之一。清朝时所产茶品目前已绝迹,现存均属1921—1949年间的圆饼茶。1921—1934年间所产的同兴圆茶又称为同兴号早期圆茶,1935—1949年间的则称为同兴号后期圆茶,以上时段所产的同兴圆茶现都各存有少量,且均为绝品。

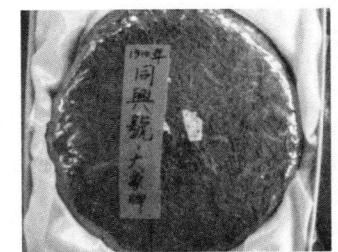

同兴号圆茶

据黄桂枢的《普洱茶文化大观》载，同兴号早期圆茶有"圆形牌印"内票，直行隶书印于圆圈内，其文曰："云南普洱茶产于普洱府属之七山，曰易武，曰倚邦，曰曼乃，曰蛮松，曰攸罗，曰曼腊，曰曼洒，此七山惟易武所产者为最佳，其味天然清香，无须人工熏造，其性温和，不寒不热，又能消食解暑，于滋养卫生大有裨益，历来进贡之茶均易武产者也。又茶分粗细两种，粗茶即老茶也，细茶即嫩尖也。自曾祖住易武百有余年，拣采春季发生之嫩尖茶，新春正印，细白尖，并未掺杂别山所产。近有采买坝区所产之一种坝茶伪造冒充易武山茶者甚多。特列刷圆形白牌印分别真伪，勿使鱼目混珠，得购此者见可以辨，仕商赐顾请认明本号招牌，庶不致误。云南易武同兴号主人向质卿谨识。"1925年以后的后期同兴号向记圆茶，其内票是白底蓝字中、英文的双象图，票头印有"同兴向质卿茶庄总售"字样，亦称"同兴向记茶庄"，其内飞、内票在抗日战争前后改制此新版，并出现"同兴向庆记"内飞。

无论早期还是后期，同兴圆茶的内飞都有这样的文字——"本号专办易武倚邦曼松顶上白尖嫩芽"（曼松顶上茶园，在旧时就是高品质茶叶的代名词）。现有的同兴号圆茶分两种，早期者陈期70多年，后期者亦有60余载。直径20厘米，重320克，色泽栗黄带灰，茶汤清香，叶底栗黄鲜活。现有茶品无论早期还是后期都非常优良，目前市面上几近绝迹，两者之间茶性相袭，是倚帮普洱茶的代表，又可显示出同兴号茶庄的制茶技艺。

（六）同昌号圆茶

同昌号创设于同治八年（1869年），于清末民初停产歇业。民国十年（1921年）左右，茶商朱官宝在易武大街重新创立同昌号茶庄，继续生产易武正山普洱茶。到民国十八年（1929年），茶厂已有相当规模，年产量达20多吨。民国二十年（1931年）左右，同昌号茶庄更换了主人，由商人黄文

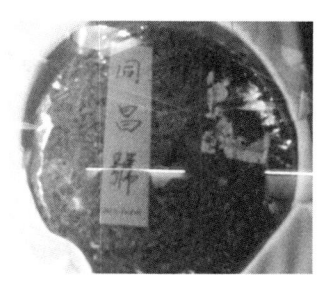

同昌号圆茶

兴接手，初期仍以同昌号发行茶品，仅在内飞改落款为"主人黄文兴谨白"。接近1949年时，将同昌号改为"同昌黄记"，茶庄主人换成黄锦堂，内飞落款也改为"同昌黄记主人谨白"。

因该茶庄几度易主，茶品名有3种，分为同昌圆茶、同昌黄记红圆茶、同昌黄记蓝圆茶，均以倚邦茶山小叶种茶树鲜叶作原料。最早的同昌号圆茶已不复得，至今所存者皆为20世纪30年代后所制，直径20厘米，饼重320克，色泽栗黄有油光，条索扁长粗毫，汤色栗红，茶汤清香，滋味略涩微甜，叶底深栗，内飞规格为5厘米×6厘米。圆茶内飞有蓝字、红字两种，"同昌黄记"为青蓝色印刷，"同昌记"为红色印刷，印有文字"本号经营茶业历有年，所专购正山细嫩茗芽精工揉造发行，恐有假冒，特加此内飞为记，同昌黃记主人谨白"。同昌圆茶品质非常好，饼身厚实并呈深栗色，条索扁长，白毫粗硕，可明显看出梗叶一体的茶菁，自然美观，油面光泽极佳。同昌圆茶和同昌黄记圆茶使用的都是易武茶菁，但据品茗大师们品鉴，应都为倚邦茶品。同昌黄记蓝圆茶条索较细，叶面较干瘦，内飞与同昌圆茶相似，为蓝字白底，落款为"主人黄锦堂谨识"。

（七）福元昌号圆茶

由清光绪初年在倚邦茶山创设的元昌号茶庄在易武大街开设的分行福元昌号茶庄生产，为采用易武大叶种茶树鲜叶为原料精制加工成的圆茶，目前市面上已绝迹，只有极少数在收藏者手中。所制圆茶内飞有3种颜色，即红色、浅蓝色、白色，盖朱砂红印，在红字内票上印着"本号在易武山大街开张，福元昌拣选细嫩馨香茶叶，加重精工揉造，阳春净白尖"等字。该茶庄1921年前后复业，直至1938年停止茶叶生产，改做其他生意，所以现在中外茶叶市场上很难买到该茶庄茶叶。据说台

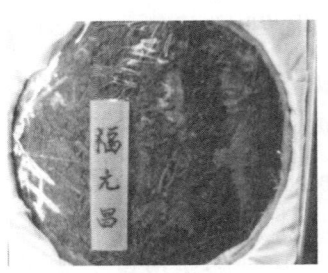

福元昌号圆茶

湾的周渝先生还珍藏有几片光绪年间福元昌生产的圆茶，陈期已经超过100年，被誉为"普洱茶王"。

（八）宋聘号圆茶

宋聘号茶庄创建于清光绪初年。宋聘号圆茶以易武茶山茶树鲜叶为原料加工而成，直径21厘米，饼重330克，有野樟香。内飞为白底蓝字，印有"宋聘号普茶政府立案商标"字样和包装图案。20世纪70年代以后，仿冒产品较多。宋聘号茶庄生产的茶叶本来定价便不高，得以珍藏保留下来的质量上乘的就更为稀有了。宋聘号圆茶凭借其悠久的历史和名气，成为热门古董茶之一。2016年，在北京的一场拍卖会上，一饼百年红标宋聘号圆茶拍卖出了260万元的天价，而另一筒重量达2287克的蓝标宋聘也被拍卖出了880万元的价格，使得普洱茶再度震惊茶界。随着养生观念的崛起及以普洱茶的再度流行，古董普洱茶的价格更是年年飙升。

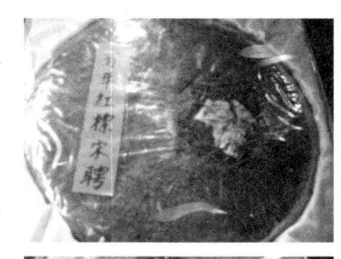

宋聘号圆茶

（九）乾利贞宋聘号

袁家乾利贞创建于清光绪二十二年（1896年）。1911年，袁、宋两家联姻，茶庄合并，称乾利贞宋聘号。乾利贞宋聘号主要经营倚邦茶，年经销600担左右，是香港以及新加坡等地普洱茶价格和质量的标杆，香港普洱茶的价格以乾利贞号、宋聘号为最高。

据黄桂枢的《普洱茶文化大观》载，乾利贞宋聘号所制的圆茶印有白底墨蓝色的"平安如意图"内票，字印在票中图案内，右方如意瓶盖下横书"春尖"，瓶身直书两行"乾利贞 宋聘号"，右边侧条幅直书"货真价实"，左边平安盒身上直书"本号在云南普洱易武山开张，拣提细嫩茶叶采造，贵客赐顾请认平安如意图为记　生财"。1911年，宋聘号茶庄在香港设立分公司，曾用"福华号宋聘唛"品牌。1930年以前的内飞为白底红字，印有"宋聘号普茶政府立案商标"字样，1930年后的内飞则为白底墨蓝字图，上印有"宋聘号普茶政府立案商标"字样，除上端横书之字外，图案和说明文字与早期内票相同。

（十）鼎兴号圆茶

20世纪40年代，勐海鼎兴号茶庄专以生产高级普洱茶品著称。现行世的鼎兴号圆茶有红圆茶、蓝圆茶和紫圆茶3种，其区别因内飞颜色不同而不同。红圆和蓝圆的品质相似，陈期都在60年左右，是普洱茶精品，而紫圆品质则欠之。红圆与蓝圆的茶饼颜色较深，呈暗红色，条索卷实，油面光泽，且饼身较薄；紫圆饼身颜色较淡，茶叶多为单叶老茶菁，油性少，条索揉卷较松，还掺杂了许多黄薄之叶，且是普洱茶中饼身最厚者。鼎兴红、蓝圆茶内票的注册商标为星月图案，印有"暑本号选办正山细嫩雨前春尖芽茗加工揉造发行有防假冒特印为记"等字样，其中"正山"本意是易武山，旧时易武茶山以产阳春细嫩白尖而出名。

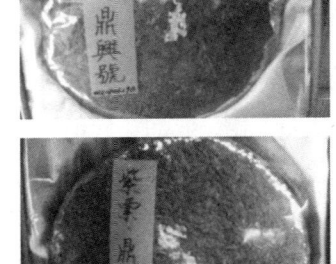

鼎兴圆茶

现尚存的鼎兴号圆茶以勐海茶树鲜叶为原料加工而成，直径19.5厘米，重360克，陈期60年左右。内飞为5厘米×7厘米，均为白纸内飞，字体颜色有红色、蓝色、紫色3种。紫字内飞的圆茶质量稍次，饼身松厚；红字、蓝字内飞的圆茶是轻度熟茶菁，有浓厚的野樟香。目前市面流通的几乎都是一些仿冒且品质较差的产品。此外，还有鼎兴号紧茶，即带把心脏形紧茶，每个重190克。

（十一）可以兴砖茶

可以兴茶庄1925年由周文卿创办。20世纪30年代中后期是其发展的黄金时期，每年产茶1200担左右。可以兴砖茶是用细黑条索即上好

 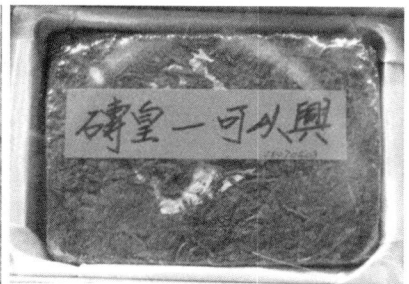

可以兴砖茶

的勐海普洱茶菁制造的,它堪称普洱砖茶的标本。规格为15厘米×10厘米×3厘米,每块重375克,取4块以白绵纸包装,外包竹箬。30年代的可以兴砖茶目前已绝迹。在台湾、香港等地尚有极少的产于40年代末期的可以兴砖茶。可以兴砖茶的出现告诉人们,在更远的时间段上,勐海民间已开始书写砖茶史了。

民国时期的可以兴茶庄,其红色商标上绘有马鹿、白鹤、松树图案,印有"鹿鹤商标"字样,4个小圆圈内分别标有"云南猛海"4个字,横行双线圈内印有"可以兴茶庄"5个字,中间直书6行字:"拣选上等,尖芽精工,督造如法,诸君认明,内票请试,非图自夸。"下方横书3行缅文,由此可以看出,可以兴茶庄生产的砖茶很有名气。令人遗憾的是,可以兴茶品留存下来的并不多,目前能见到的就是其所产的可以兴砖茶。1930年以前所制的精致的可以兴砖茶是普洱茶历史上唯一的"十两砖",目前全球存量极少,少数品饮过的人皆赞不绝口,并封之为"砖中之王"。

(十二)鸿泰昌圆茶

鸿昌号是民国十五年(1926年)在倚邦开设的茶庄,是生产经营普洱茶的又一老字号,也是普洱茶外销的急先锋。在20世纪30年代,鸿昌号茶庄即在泰国曼谷设立了分公司,名为鸿泰昌号,后又在香港及南洋各地设立了代理公司,堪称普洱茶

鸿泰昌圆茶

历史上第一个庞大的"普洱帝国"。早期的鸿昌号圆茶是以倚邦小叶种茶作为原料制成的，品质优异，目前已绝迹。现存的绝品存期有70年之久，且品格直逼大叶种茶中的普洱茶极品。鸿昌号总部一直设在倚邦，但消失于人民公社成立之后。设在泰国的鸿泰昌号至今仍然存在着，以越南、泰国、缅甸等国的茶菁为原料制成的鸿泰昌普洱茶品质量较差，且以变质者居多。目前市面上仍有鸿昌号茶品在流通。鸿泰昌号可以说是一个孤悬海外的由中国人开设的普洱茶王国。

（十三）江城号圆茶

由江城茶庄生产，在20世纪30年代以曼撒之优质茶菁制作，只有内票而没有内飞。内票规格是11厘米×6厘米立式长方形，米黄色底，上有黑色油墨印刷的字。饼身规格19厘米×5厘米，每饼重约320克，条索扁长，茶汤色泽栗黄，茶菁

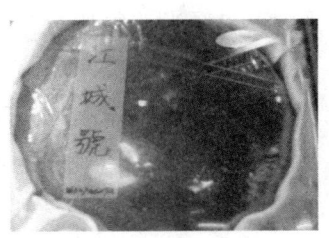

江城号圆茶

油光，樟香软弱，饮之舌面生津。江城号圆茶传世的比敬昌号圆茶还少，仅遗孤品。传说系抗日英雄廖雨春将军兵败上海后做茶商，以敬昌号之技术冠江城号之名而生产的，并将其视为敬昌号圆茶的姊妹茶。但从江城号圆茶内票上看，应为50年代的产品，内票为手写体，上面横书"普洱圆茶"，中间直书"普洱圆茶，远近驰名，曾经畅销港沪一带。现复选摘雨前嫩蕊，加工提制，认真包装，定符国内外之需要。繁荣经济，有利赖焉。普洱区江城茶庄"。

（十四）普庆号圆茶

茶厂于1913年建于易武，制作易武正山茶，有橙黄色双龙图案"普庆字号商标"圆茶内票。茶饼直径20厘米、重340克，现据说仅台湾邓时海先生收藏有几饼。

（十五）心脏形紧茶

即带把心脏形紧茶，有鼎兴紧茶、勐景紧茶和下关紧茶，均为普洱生茶压制。勐景紧茶是由普洱勐景茶庄在20世纪40年代生产，每个重200克左右，茶身已经呈干裂鳞片状。鼎兴紧茶、勐景紧茶已近绝迹，成为末代紧茶。下关紧茶自1923年开始试制带把心脏形，1967年改为长方形砖块状。

心脏形紧茶

帝国主义对云茶经济的掠夺

一、思茅海关设立与茶税争夺

清末民初，随着国内外茶叶市场销售的兴旺和市场的扩大，封建官府对茶商茶农的课税和勒索增加，同时也引来了西方帝国主义列强把普洱茶作为侵占、掠夺利益的对象，他们看上了普洱这个当时在中国具有相当规模的茶叶贸易之地。

清光绪二十一年闰五月二十八日（1895年6月20日），法国强迫清政府在北京签订《中法续议商务专条》，其中第三条规定："议定云南之普洱开办法越通商处所。"光绪二十三年正月初三（1897年2月4日），英国又强迫清政府在北京订立《中缅条约附款十九条》，其中第十三条规定："将在普洱设立英国领事馆驻扎。"根据以上两项条款，1897年7月2日，法国在普洱建海关、划租界；1902年5月8日，英国在普洱开商埠、设领事。思茅海关、领事、租界在帝国主义的炮舰胁迫下诞生，留下了一页惨痛屈辱的历史。

思茅海关正式开关后，设过勐烈（江城）和易武（勐腊）两个分关和孟连、打洛等分卡统辖普洱茶出口。思茅海关原址在教场坝（现天民街），属"正关"一级，主管官员税务司由外国人负责。民国八年（1919年），思茅海关上报的《普洱口华洋贸易情形》中记录，思茅海关的第一任税务司是美国人柯尔乐，后来依次为英国人胡思顿、英国人赖发洛、意大利人罗范西、法国人德努里、比利时人贾德、意大利人沙克悌、英国人富乐加，最后一任是俄国人葛诺华，至1926年止。从民国十五年（1926年）起，思茅海关税务司才改任中国人，至民国三十二年（1943年），先后来了9任中国各地税务司。

近代云南普洱茶的内销和外贸在全国都是引人注目的，其中仅产于今西双版纳的普洱茶就年出约3万担，此茶大半荟萃思茅，发销各省，易武、倚邦一带运往内地销售极繁，每年约有2万担。古宗人来思茅办茶最为大宗，运茶马驮2000余匹。若以上面海关贸易报告在思茅售西藏之茶，仅从官方所能统计到的粗略数据看，光绪年间每年10多万担，交易额为20万两白银。民间通过不同运输路线和渠道销往西藏之普洱茶不知还有多少。

因社会动荡和战乱，云南茶叶运销也常因道路所阻而被迫中断。鸦片战争后，云南的汉、回地主及商人因争夺矿权和绅权而矛盾加剧。在持续多年的战乱中，茶马古道一度中断，江内古六大茶山产量从4000多吨锐减至1000吨。北茶马古道的中断使商人们不断寻求新的通道。从清末至民初，茶商至少新开通了从易武经老挝乌德至越南莱州和由勐海（佛海）打洛出缅甸的多条通往国外的茶马驿道，普洱茶大量远销南洋各地。因此，尽管清光绪二十三年（1897年）思茅设立了海关，但因运茶古道不断被马帮们开拓出来，因而海关在茶业税收上也无能为力，让海关人员最困惑的是，不管是六大茶山还是普洱，普洱茶的贩运数量虽然很大，但税收却统计甚微。这从《中国旧海关史料（1895—1948）》中可看到，思茅海关记录档案中有太多的无奈。如光绪二十三年（1897年），"普洱茶报闻仅有六担，想出口者必不止此，因越南近滇居民惯用普茶，沿界小道甚多，商人未到分关报明，难于稽查。茶叶出产之区在易武、倚邦一带，离思东南七八日程，运往内地销售最极其繁，每年约有二万担过境。访闻由别道驮运不经思地者亦复不

中国、老挝、越南三国界碑　（刘青　摄）

少……"①。

在《中国旧海关史料（1859—1948）》中，每年都有不少关于普洱茶贸易及征税的记录，为本研究提供了重要依据。这里摘录如下。

光绪二十四年（1898年）："车里人民视茶最为切要，此茶运至思城，发销西藏及十八省地方。此等商人与缅甸大市声息不通，毫无干涉往来，可为奇怪。实因南近车里，地属瘴乡，汉人中每有运脚马户食力工人出入其地，无半生还。所有进口洋货从缅来者数甚寥寥，不过大理商人微带居奇而已。大理经商此道大半回民，看其于暹罗缅甸之地年往年来，稍无滞疑，或身躯壮健，瘴毒不侵，或饮食精谨，不受瘴气，是皆未得而知……产茶之区可推猛海、倚邦、易武三处，计其出数年约四万担之多。"

光绪二十五年（1899年）："本关进出口数目未论及盐茶两项。普洱茶产于思之南服十二版纳地面，因隶普洱府治，即以命名，年约出三万担之谱，运思则过半焉，其在原山即造成筒者固多，而运出散茶募工捡造者亦复不少，皆发往各省销售，随处省分俱能购之，他处地方视此茶为药品，如浙江富室每于饭后烹饮，言可消除积食，此茶亦运出缅甸、南掌，其数难于稽查。"

光绪二十八年（1902年）："去南掌有普洱茶一百三十三担，亦多于前数年，缅甸暹罗有此茶出售，暹罗北服邦角之地亦有之茶山在南方地面，往南之茶似甚浩繁，离思程途辽远，无术侦知。"

光绪二十九年（1903年）："今年马脚甚少，商人不能畅所欲为，幸业茶获利，得失相兼，商务仍称中念。本口大商惟从事花茶二项，茶于此数年来生意小畅，贸易册中不多论及，此茶系由易武、倚邦著名茶山出分关而运销越南，本年出口约有三百担之谱，然普茶出口亦多大都由蒙自运出，不经本口，是以册中所论只零数而已。思之茶虽亦名普洱茶，确系湄江以西运来，相距六七日至十日路程不等，易武、倚邦之茶皆在本山自行制造，与思无涉，由湄江运来之茶均思

---

① 《光绪二十三年思茅口华洋贸易情形论略》，中国第二历史档案馆、中国海关总属办公厅《中国旧海关史料（1859—1948）》，京华出版社2001年版。

商经营,此茶种植年广,所产之数较山茶尤多,虽无嘉名而销路亦无阻碍,江外或坝或山,各种夷人皆用心培植,郑重其事,当采取之余候干,每五日下山沽与汉人,贩至本口,商家购入选择精粗者,蒸之揉之,又从而压之,然后盛以竹篮,运出省城,更售他处,至运往蒙自出口者间亦有之,粗者造成团,售与古宗,本年销口甚利,所来之马夫大班者较往年众多,年终时聚积一班,计马二千余匹,从未见此。出茶处价值每担自五两以至六两,思市之价细茶十八两至二十四两,粗茶八两至十二两,茶属内地贸易海关不与综论,贸易情形不能不言及之。"[1]

从思茅海关史料看,对普洱茶作为滇南大宗商品生产加工的关注和记录是非常多的,如:"访闻由别道驮运不经思地者亦复不少,散茶运至思茅业茶号家,募集妇女检点精粗,女工赖此为计,不仅千人捡净之后,用男工蒸揉成饼,更用苟叶竹线捆扎为筒,载以竹篮,始运往各内地销售,茶入思市,散茶每担上纳落地税银七钱,圆茶上纳三钱五分,出内地时每担再完厘金一两二钱,运往滇省各处均不纳别项厘金,亦有地方茶到之时须完税银。西藏商人每年二三月及十月十一月来思采办,茶价每担七八两,去时完厘一两二钱,过丽江府又完税五钱,虽由思到藏边界距五十余站,道阻且长,而茶价每担可售十五六两,该商实获利益。别项土货出口数已无几,概不论及。"[2]

二、海关记录与"新茶路"的开拓

虽然在列强入侵影响下中国国势和经济走向衰落,但普洱茶经济贸易依然在顽强地继续发展着。普洱茶加工、出口、销售仍逐年繁荣,以至于在出口土货中占有较大比重。清末法国殖民者在思茅设海关后,为获厘金不断加强对其认为的茶叶出口走私的管控,多方通过清政府设法阻挠民间走私茶叶出境,还封锁马帮贩运,一度封禁

---

[1]《光绪二十九年思茅口华洋贸易情形论略》,中国第二历史档案馆、中国海关总属办公厅《中国旧海关史料(1859—1948)》,京华出版社2001年版。
[2]《光绪二十九年思茅口华洋贸易情形论略》,中国第二历史档案馆、中国海关总属办公厅《中国旧海关史料(1859—1948)》,京华出版社2001年版。

马匹。如《光绪三十一年思茅口华洋贸易情形论略》中记录:"……迨至年终又值封禁马匹二余月之久,凡进思驮马胥被磨黑盐局拦截阻禁,驮运官盐,斯时本口商家彷徨无措,虽得聆内地花茶可以居为奇货,然亦难乘美遇,徒劳梦想而已,厥后本关税司设法阻挠,始息封马之事,商人为权宜之计,暂用牛脚以代马运,惟牛行缓,原非满意之谋,倚邦、易武一带茶造颇佳,缘马一节被封掣肘,业此者苦无运脚,不能畅所欲为,普茶运往香港取道东京……自法员议加税银,其数陡然短绌。茶叶出往蛮得烈景昧各处销售……与英属缅甸接壤须十四五程,法界猛乌相通亦五六日路,滇省西南隅土产以茶与土药为大宗,由夷地运入,时视为土货,只完纳厘金,茶则加完府税,海关不能干涉……"①

从上述海关记录可清楚地看出,虽然封马后商人们用牛代替了马,但有的商人又通过滇越铁路将普洱茶取道河内运往香港出口,也有出往蛮得烈(即缅甸中部城市曼德勒)和勐乌的,还有由勐海打洛至景栋抵仰光的。由打洛出境,经缅甸勐拉西南行至景栋、仰光,乘轮船至印度加尔各答,乘火车运输至印度西里古里,再改乘汽车至噶伦堡。②这就是"新茶路"。随着勐海(佛海)打洛边境中缅"新茶路"通道的打通,西双版纳通往思茅等地的主通道改向,吸引了众多茶商到勐海开设茶庄。勐海茶庄自光绪末年由恒春茶庄等开始逐步发展到20余家,这些茶庄收购晒青毛茶加工成七子饼等各种紧压茶,销往内地、康藏地区和由打洛口岸销往南洋。

在"新茶路"不断开辟的同时,尽管时局艰危,道途险阻,但因藏族人对普洱茶的无比喜爱,山间古老的滇藏茶马主干道上仍铃响马帮来。云南马帮被封禁后,藏族聚居区的马帮仍不顾千里迢迢,一路南来寻茶。民国谭方之《西北边地状况纪略》载:"藏族古宗商人,跋涉河山,露宿旷野,为滇茶不远万里而来……"《光绪二十七

---

①《光绪三十一年思茅口华洋贸易情形论略》,中国第二历史档案馆、中国海关总署办公厅《中国旧海关史料(1859—1948)》,京华出版社2001年版。
②孙官生:《茶马古道考察记》,民族出版社2005年版。

年思茅口华洋贸易情形论略》中说："……茶叶产于思茅南服土司地面，种蓄湄江两岸，东南渐向法疆，西南渐临英界。此茶大半荟萃思茅，发销各省及西藏边界。"《光绪三十一年思茅口华洋贸易情形论略》中也述："……普洱茶产于思之南服十二版纳地面，因隶普洱府治，即以命名，年约出三万担之谱，此茶大半荟萃思茅，发销各省及西藏边界……古宗人来思办茶最为大宗，此乃内地贸易也，本关概不与闻。……至运往蒙自出口者间亦有之，粗者造成团，售与古宗，本年销口甚利，所来之马夫大班者较往年众多，年终时聚积一班，计马二千余匹……"①

可见，清末民初虽时局艰危，但仅通过滇藏茶马古道销往西藏及出口东南亚的贸易量并未大幅减少。也正因如此，民国时期的思茅茶叶生产不仅没减少，反而增多了。如前面提到的民国年间思茅揉制茶叶出售的茶庄、茶号发展到有钧义祥、雷永丰、裕兴祥、鼎春利、恒和元、庆盛元、大吉祥、谦益祥、瑞丰号、复和园、同和祥、恒太祥、大有庆、利华等22个，每年由产地茶山运集思茅加工的毛茶在万担以上。其中，钧义祥茶庄庄主是武钧培、武裕培兄弟两人。

民国年间，思茅公认的知名茶庄首户是雷永丰茶庄，第二代茶庄是大有庆茶庄。据雷氏后人雷波君回忆，雷永丰茶庄庄主雷逢春乃石屏人氏，在思茅辟为通商口岸的光绪年间到思茅，初营小百货，后发展为茶庄，自制沱茶、七子圆茶和少许作贡品用的葫芦茶，雷氏茶庄由于资金足、实力强，从原料、配方、制作到包装，在当时都非常讲究，开茶制作季节，茶庄已按指定茶区收足了原茶，备好柴火后，按拣茶、配茶、蒸茶、揉茶、凉茶等一系列工序展示。由名师主持制作七子圆茶，成品用浸泡过的竹笋叶包裹，用篾条箍扎，再在笋叶上盖上朱砂红大印，7个一捆，放入"茶票"即算完工，待马帮来捆货上驮。雷氏茶庄经营门路多，在昆明正义路设有杨复济商号，主营茶叶，雷氏茶庄年销茶千担左右。思茅大有庆茶庄庄主高岳生亦石屏人

---

① 《光绪三十一年思茅口华洋贸易情形论略》，中国第二历史档案馆、中国海关总署办公厅《中国旧海关史料（1859—1948）》，京华出版社2001年版。

氏，清光绪三十年（1904年）前后只身前往思茅雷逢春家门下当茶庄小伙计，后成了雷永丰茶庄庄主的三女婿，后来自立门户，独立主营大吉祥商号，再兴办大有庆茶庄，民国十九年（1930年）前后，生意兴隆，并在昆明开设陈永兴商号，主营茶业，经营甚至超过雷永丰茶庄，直至20世纪30年代后期才逐渐衰落。

思茅鼎春利茶庄创办于民国二十年（1931年），直至民国三十七年（1948年）歇业，历时18年，是思茅众多普洱茶庄中歇业时间最晚的，全盛时期在20世纪二三十年代，当时每年收进攸乐山、景迈山、易武山等地的粗茶2000多驮，由思茅的揉茶师傅余长福、燕益庆、周小舟等和百余茶工精心操作，制成七饼圆茶、七子紧茶、元宝茶、沱茶等品种，分别销西藏、江浙等地区，以及泰国、缅甸、越南、老挝等国家，每年营业收入达8万多银洋。民国十五年（1926年），为避瘟疫普洱道署由思茅迁回了宁洱，有的商号茶庄也迁往了倚邦、易武、江城、勐海。20世纪40年代初，太平洋战争爆发，日本南侵，南洋交通受阻，加之疟疾流行，道路不清，商旅裹足，思茅茶业急剧衰落，茶庄商号逐渐歇业，而何璞生的鼎春利茶庄靠信誉薄利推销而一直维持到40年代后期，后因交通不畅、销售困难于民国三十七年（1948年）歇业。思茅鼎春利茶庄在20世纪二三十年代思茅众多茶庄中算得上是发展较好的一个。从清代到民国时期的思茅茶庄茶号可看出普洱茶的一些历史发展轨迹。①

辛亥革命以后，从打洛出境的茶叶运销渐成气候，汉族商人在西双版纳一带，特别是在勐海从事制茶的商号如雨后春笋般相继开业，傣族商人也建立起了自己的茶庄。民国二年（1913年），普洱府撤销。民国三年（1914年），将迤南道（驻普洱）改为普洱道，辖宁洱、思茅、墨江、元江、新平、景东、镇沅、景谷、澜沧、缅宁10个县及普思沿边行政区（车里）。民国八年（1919年），思茅县城流行鼠疫、疟疾，茶商渐撤，思茅茶业长期停顿，茶商转入易武，故易武茶业再度兴旺起来，延至民国二十六年（1937年）。《光绪三十一年

---

①黄桂枢：《清代、民国时期普洱和思茅的茶庄商号》，《中国茶叶》2007年第6期。

思茅口华洋贸易情形论略》也载:"其有茶叶生意,据茶商所言,以猛海茶为大宗,自上半年土司叔侄肇祸,殃及商人,凡业茶者均失六个月之利益,而自下半年六个月内,刑律无惊,由猛海运出之茶均称得利,结算全年生意不但挽回上半年所失之数,且徼悻沾其微利,至食盐行销坝内者常系用以交换茶叶与棉花,是年提举司新设一远期销售之法,往年仅销一万担,而本年已畅销一万四千担之多。"①

此后因法国重新封锁老越边界,南下茶路堵塞,茶商关门,易武茶业走向萧条。有一份1962年勐腊农技站的易武茶区调查报告中说:"清雍正、道光年间易武曾产圆茶10000担销南洋一带,清咸丰战后降到5500担,光绪甲申年间中法战争外销受阻产量急降。1919年到1936年圆茶销国外乌德勐板、河内海防等市场并转销中国香港和南洋。"②"新茶路"的开拓和出口海外贸易量的扩大,成为云茶发展的第十三个重要历史节点。

三、保护华茶与云茶的爱国荣光

清末民初,尽管国危民贫,但因海外及西藏对普洱茶消费需求的增大和受高额利润的驱使,商人和马帮们仍未停止越过重重险阻和法英海关的厘卡,继续着茶叶的远程运销。但毕竟社会动荡,在封建主义和帝国主义的压迫剥削下,在滇藏边疆屡遭帝国主义入侵的危机中,各民族赖以生存的茶叶在英法列强的垂涎下,引发了英帝国主义在茶叶上对西藏进行经济入侵。

云南紧邻西藏,又盛产茶叶,滇茶以其"浓、强、鲜"著称于世,备受藏族同胞青睐,特别是普洱茶外形紧结、内质细嫩,味纯回甘、香高耐泡,非常符合藏族同胞口味,藏族同胞长期饮用,形成了对普洱茶的偏爱,因此有"藏人非车佛茶不过瘾"之说。云南藏销茶

---

① 《海关贸易报告中云南三关贸易资料》,《光绪三十一年思茅口华洋贸易情形论略》,中国第二历史档案馆、中国海关总署办公厅《中国旧海关史料(1859—1948)》,京华出版社2001年版。

② 蒋铨:《古"六大茶山"访问记》,赵春洲、张顺高编《版纳文史资料选辑 第四辑 西双版纳茶叶专辑》,中国人民政治协商会议西双版纳傣族自治州委员会文史资料工作委员会1988年11月编印。

有天时地利之优,历史悠久。1942年,云南中茶公司丽江办主任达记老板李达三在写给云南中茶公司的报告中提到,下关所揉制的紧茶基本销售于去西藏腹地的路上,尤以阿墩子(今德钦县城)以上销量最广。至于工布江达以上,居民多饮川茶,能进入西藏腹地的,只有思普之"原山茶"。因滇茶品质及销量好,商人往来如梭,每年贸易额巨大,早就让占领越南、缅甸和印度的英法帝国主义垂涎三尺,一直企图分裂西藏的英国殖民者通过其在印度的东印度公司组织大规模的印度茶倾销西藏,其目的一方面是争夺茶利,另一方面是借机分裂中国国土,掠夺中国的经济。

正如历史学家方国瑜教授所指出的:"英帝国主义曾经从印度侵略中国西藏,妄想割断藏族人民与祖国内地的经济联系,以茶作为侵略手段之一。约在公元1774年,英国驻印度总督沃伦·黑斯廷斯(W. Hastings)派间谍进入西藏活动,就曾运锡兰茶到西藏,企图取代普洱茶,因不合口味,藏胞拒绝购买。1904年英帝国主义派兵侵入拉萨,同时运入印度茶,强迫藏族人民饮用,也遭到拒绝。英帝国主义者认为印度茶不适合藏族人民的口味,于是盗窃普洱茶种在印度大吉岭种植,并在印度西里古里(Siliguri)秘密仿制佛海紧茶,无耻地伪造佛海商标,运至噶伦堡混售,但外表相似本质不同,藏族人民还是没有受其欺骗。英帝国主义阴谋夺取茶叶贸易、割断藏族人民与祖国经济联系的企图,始终未能得逞。所以普洱茶的作用,已经不是单纯一种商品了。"①

布达拉宫

在英帝国主义对西藏侵略的野心中,夺取华茶在西藏的利益、切断中国内地与西藏的联系是其侵略的重要目的之一。早在光绪十九年

---

① 方国瑜:《普洱茶》,蒋文中编著《云茶史志辑考》,云南人民出版社2021年版,第84页。

（1893年），随着英帝国主义对西藏侵略的加剧和《中英印藏条约》的签订，英印便在中印口岸亚东开埠通商，英印茶叶开始源源不断地倾销西藏，这不仅严重冲击了汉藏边茶贸易，对四川、云南的茶叶生产也造成了威胁，并造

从红拉山口远眺澜沧江对岸达美拥连绵雪山

成西藏土特畜产品大量外流。英印茶叶在西藏充斥的状况遭到了西藏僧俗各界爱国人士的抵制和反对。在《中英印藏条约》签订之前，西藏僧俗就已经洞察到了英帝国主义的侵略野心，各寺庙及僧俗在呈给驻藏大臣衙门的公禀中称："该外藩人等利欲熏心，即如暗食货物之虫蚁无异，实属包藏祸心，尽用奸计谋言……现在大吉岭地方，小的番民与该昧良狂妄之徒往来交涉买卖之事，实难放心。"光绪二十五年（1899年），十三世达赖喇嘛通过哲布尊丹巴向清廷陈述藏事道：茶系内地四川茶人大利，原有交康茶税，交藏地税，兼之藏众欲饮此茶，若令英人贩卖，必贫易售，且于税收一项，诸多窒碍，应请一律禁止。

光绪三十二年（1906年），张荫棠出任驻藏帮办大臣，积极采取措施，力图抵制印茶入藏。一是从外交上周旋，使印茶入藏无法取得合法手续，并试图以重税印茶来保障川茶之利权。二是提倡在藏族聚居区试种茶树，就地发展茶叶生产。三是主张减少川茶课税，改善运输条件和经营管理，以降低川茶成本，提高川茶的竞争能力。[①] 四是拟设"官运茶局"署理川茶在藏族聚居区的运销业务。赵尔丰任川滇边务大臣期间，为抵制印茶入藏，振兴茶业，力挽利权，亦采取了如下措施：一是派遣巡检郭士材赴西藏、印度调查茶务；二是以川茶种子输入西藏，教民自种；三是严禁假茶伪茶；四是组织边茶公司。宣

[①] 参见陈鹏辉：《试论清末张荫棠藏事改革中的抵制"印茶入藏"》，《西北民族大学学报（哲学社会科学版）》2019年第1期。

统二年（1910年）在雅州城内创立官督商办的边茶股份公司，并在打箭炉、理搪、巴塘、昌都、界姑5处设立售茶分号。但因清王朝覆灭，赵氏抵制印茶诸举搁浅。①

民国初期，云南商人在拉萨十分活跃，滇茶在西藏与印茶的竞争在一定程度上阻挡了英帝国主义对西藏进行经济侵略的步伐。辛亥革命后，印茶大量倾销西藏，川茶在西藏的市场日渐缩小。在政治上，康藏数度发生纠纷，使传统的康藏贸易受到阻碍。这一时期，西藏地区的川茶紧俏，广大藏族同胞不愿饮用"有机油味"的印茶，而滇茶则大量通过滇藏山道和滇缅道等运至西藏，压制了印茶在西藏的影响。"自民国十八年至二十七年十年间佛海县销藏茶量……在一万担以上。每担合六十三点四公斤，即年运销西藏紧茶六十三万四千多公斤。其中比较著名的'云南恒盛公商号'为贩运滇茶入藏，于猛海设立茶厂，在拉萨设分号，并与西藏'热振昌'合作开设了康定至拉萨的茶叶运销业务，年运茶入藏达一万包。"②

行走在西藏的马帮

民国时期，印茶继续在西藏倾销，英印轻工产品亦随之入藏，对川滇藏边茶贸易影响较大，加之康区多事，政局混乱，康藏交通不时受阻，尽管汉藏贸易在一定程度上有所发展，但边茶贸易始终不振，呈衰退趋势。四川入藏茶叶在"1939年以前，边茶最高年产量达六十五万包，到1949年下跌二十万包"③。

英印茶倾销西藏，导致了华茶特别是川滇茶在西藏行销遭受巨

---

①参见田茂旺：《论赵尔丰在川边的茶务整顿与边政建设》，《西南大学学报》（社会科学版）2015年第5期。

②杨嘉铭、琪梅旺姆：《藏族茶文化概论》，《中国藏学》1995年第4期。

③杨嘉铭、琪梅旺姆：《藏族茶文化概论》，《中国藏学》1995年第4期。

大损失。前面多次提到的《云南边地问题研究》所载正是为挽救这一危机的呼吁:"云南对于康藏一带的贸易,出口货品以茶叶为最大……最近期间因英人的操纵,云南的茶商被他们几乎压倒,如由印度方面组织大规模的茶叶公司,利用中国的奸商邦达昌号,其能力可以操纵康藏之商务,至今省内的小茶商大受影响,而英人在缅甸、印度一带竭力栽培茶树,已渐著成效,长此以往,云南茶叶前途,将不知如何了局,我们从经济方面考察,尤为惊怕焦虑,中国政府应有所补救才好。"①

英国殖民者通过东印度公司将其在印度所生产的茶大肆销往西藏,以争夺华茶在西藏的利益,同时借此向西藏渗透,但遭到了西藏及川滇爱国民众的抵制,西藏民众拒绝饮用印度茶。民国李拂一先生在其《西藏与车里之茶叶贸易》中写道:"我记得有人这样说过:西藏所需茶叶,自来都是由川输入,近来被印度茶将销场夺去了。其实这种茶是由车里、勐海运去之普洱茶,真正印度产之茶叶,藏人是不欢迎的。"②这里也反映了藏族人民对普洱茶的欢迎。

---

① 云南省立昆华民众教育馆编:《云南边地问题研究·西北边地状况纪略》,1933年。
② 李拂一:《西双版纳与西藏之茶叶贸易》,《云南文献》2002年第32期。(李拂一,1901年生于普洱,后移居香港,于2010年去世,享年109岁。李拂一先生是傣学研究尤其是泐史研究的著名学者,著有《车里》《十二版纳纪年》《十二版纳志》《车里宣慰世系考订》《镇越新县志稿》等书,译著有《泐史》等。)

抗战中凤凰涅槃的云茶

一、抗日图强中奋起的云茶企业

民国初年和抗日战争时期是云南茶业的又一重要发展时期。

首先是茶庄大发展。这种发展得益于茶叶产地的扩大及茶叶新形制沱茶、散茶及砖茶等的采用。

大理喜洲的永昌祥商号为近代有口皆碑的大商号之一。永昌祥创办初期,主要是从六大茶山和凤庆等地买来上等的青毛茶,再运到下关的茶厂里经过筛、拣、蒸、压制和干燥等工序制作成形状似碗、下面有一内凹圆窝、外径约80毫

下关沱茶

米、高约45毫米的紧压茶。这种茶的茶汤颜色澄亮、香气馥郁、滋味醇厚,既能解渴提神,又能帮助消化,深受康藏地区民众的喜爱,有"沱江水,云南茶,香高味醇品质佳"的佳话流传。"沱江水""云南茶"连起来就有了"沱茶"这个名称。永昌祥以经营沱茶为基础在商界迅速发展,成为一个经营茶叶、生丝、布匹、洋杂、山货、药材、烟草等土特产的大商号。此外,喜洲董澄农开设的锡庆祥商号、尹莘举开设的复春和商号等也都经营过普洱茶生意,丽江纳西族商人杨守其、中甸藏族商人马铸材等都以从事普洱茶贸易在藏族地区享有极高的声望。恒盛公商号生产的紧茶、永昌祥出产的藏庄茶、洪盛祥

生产的紧茶与砖茶，都深受藏族同胞喜爱。①

茶叶贸易造就了大理喜洲、鹤庆等地商帮的崛起。近代100多年间，仅大理喜洲就形成了号称"四大家""八中家""十二小家"的商人群体，而这些大大小小的商人群体绝大多数都是以经营茶叶生意和兼营茶叶生意而起家的。关于在茶业经济带动下茶马古道商业集镇的形成和发展在笔者《茶马古道研究》（云南人民出版社2015年版）一书中有详述。从清末到20世纪五六十年代，云南茶庄（茶号）风起云涌，众多的茶庄围绕着普洱茶上演了一幕幕精彩的"活报剧"，甚至影响至今。

恒丰源茶庄于民国元年（1912年）由景谷纪家村人纪襄廷与本家纪仁寿在小景谷街创办，民国八年（1919年）在昆明南正街设立分号，销售普洱茶。据介绍，景谷过去不种茶，由于纪家1880年提倡种茶，于塘房山播种数十万株，精心培植，数年后蔚然成林，可供采摘。于是，当地民众群起仿照而大量种植，使景谷乡大量荒野变为茶园，昔日的穷乡僻壤变为商贾云集之地。沱茶被发明出来后，景谷也参照下关的做法生产沱茶，称景沱，与下关沱茶（又叫关沱）在工艺、用料上均有区别。关沱每筒5枚，景沱每筒4枚；同是上等茶，但关沱比景沱用料高一个级别，汤色也不同。恒丰源经营的茶叶应该是以散茶为主、景沱为辅。从资料上看，恒丰源除经营茶叶外，也进行民间集资。

由于西藏乃至海外地区对普洱茶需求量的继续增加，普洱茶市场扩大，民国政府在思茅设置思普沿边行政总局，采取"民营、官茶合办"的经营方式，支持和放开茶叶生产、销售，茶业经济不断扩大。各大茶庄纷纷抓住机会想方设法绕过法国在云南口岸的殖民海关进行贸易。据《中国旧海关史料（1895—1948）》记录："……迨至年终又值封禁马匹二余月之久，凡进思驮马胥被磨黑盐局拦截阻禁……商人为权宜之计，暂用牛脚以代马运……普茶运往香港取道东京……

①林超民：《普洱茶散论》，《普洱茶经典文选》，云南美术出版社2005年版，第245页。

茶叶出往蛮得烈景昧各处销售……"从思茅海关史料看，1897年法国在普洱建海关至1943年被迫撤离这段时期，对普洱茶作为滇南大宗商品的生产加工的关注和记录是非常多的。如《中国旧海关史料（1895—1948）》载：光绪

驾驶汽车的法国人

二十三年（1897年），"普洱茶报闻仅有六担，想出口者必不止此，因越南近滇居民惯用普茶，沿界小道甚多，商人未到分关报明，难于稽查。茶叶出产之区在易武、倚邦一带，离思东南七八日程，运往内地销售最极其繁，每年约有二万担过境。访闻由别道驮运不经思地者亦复不少……"从史料中可看出海关对普洱茶运销不断绕过海关，大量通过被商人们不断开天辟地走出的新走私运输线路深感无奈。如光绪二十四年至二十五年（1898—1899年）记："车里人民视茶最为切要，此茶运至思城，发销西藏及十八省地方……产茶之区可推猛海、倚邦、易武三处，计其出数年约四万担之多……此茶亦运出缅甸、南掌，其数难于稽查。"光绪二十八年（1902年），"去南掌有普洱茶一百三十三担，亦多于前数年，缅甸前罗有此茶出售，暹罗北服邦角之地亦有之茶山在南方地面，往南之茶似甚浩繁，离思程途辽远，无术侦知"[①]。

  法国在思茅建海关，加强对其认为的茶叶出口走私管控以获取厘金，曾通过清政府设法阻挠民间走私茶叶出境，还采取封锁马帮贩运的方式，一度封禁马匹。封马后商人们用牛代替马，有的通过滇越铁路取道河内将普洱茶运往香港出口，也有的出往蛮得烈（即缅甸中部城市曼德勒）和勐乌，还有的由勐海打洛至景栋抵仰光。由打洛出

---

① 《海关贸易报告中云南三关贸易资料》，《光绪三十一年思茅口华洋贸易情形论略》，中国第二历史档案馆、中国海关总署办公厅《中国旧海关史料（1859—1948）》，京华出版社2001年版。

境，经缅甸勐拉，西南行至景栋抵仰光后乘轮船至印度的加尔各答，再乘火车运输至印度西里古里，最后改乘汽车至噶伦堡。

随着勐海打洛边境中缅通道的打通，西双版纳通往思茅等地的主通道改向，吸引了众多茶商到勐海开设茶庄。勐海自光绪末年由恒春茶庄等几家茶庄逐步发展到20余家茶庄，这些茶庄收购晒青毛茶后加工成七子饼等各种紧压茶，销往内地、康藏地区，由打洛口岸出境至南洋。于是被称为"新茶路"的茶马古道南路被不断开辟出来，进一步扩大了普洱茶的出口贸易量。英法对华茶贸易的争夺及其先后在思普地区设立海关，促进了普洱茶商路的开拓，通过茶马古道南路，普洱茶源源不断地进入南洋和欧洲地区。

民国时期可以说是云茶工业化生产的开启时期，为出口创汇，支援抗战，云茶加快了走向产业化的步伐。1938年，民国政府经济部所属中国茶业公司与云南省经济委员会合资，于12月16日在昆明创建云南中国茶叶贸易股份有限公司（为云南茶叶进出口公司的前身，1944年改名为云南中国茶叶贸易公司，1946年并入云南人民企业公司）作为该时期的云茶管理机构，统管全省茶叶生产、开发和贸易工作。办公地址设在昆明威远街208号。缪嘉铭为董事长、郑鹤春为经理。

1939年3月，在顺宁（今凤庆）建立云南中茶公司顺宁实验茶厂，厂长为冯绍裘。冯绍裘先生1923年毕业于河北保定农业专科学校，1924—1928年在安化茶叶讲习所任专业课教师。1933年，冯绍裘先生在安徽祁门茶场试制红茶，并在该场设计了一套红茶初制机械设备，开创了中国机制红茶的先例。1938年，祁门茶场开始疏散，冯绍裘先生应邀到中茶公司工作；9月中旬，为了开辟新的茶叶出口产区，中茶公司派冯绍裘、范和钧到云南调查茶叶

顺宁茶厂冯绍裘铜像

产销情况，冯绍裘被分到顺宁，即请凤山茶园试采芽叶5公斤，分别制成红茶、绿茶各500克，样品寄香港茶市，被誉为中国红茶、绿茶之上品，滇红由此诞生。1939年试制滇红16吨多，经香港转销伦敦，优异的产品品质在国际茶叶市场上引起了震动，滇红茶扬名国外，成为创汇主力。

1939年5月，云南中茶公司在宜良县城近郊的下栗者村租用村民旧房设临时制茶所，与省合作事业委员会、富滇新银行组成省办茶叶技术人员训练班实习场所，何亦鲁任所长。1940改茶场为茶厂，童衣云任厂长。

1939年10月，云南中国茶叶贸易股份有限公司在昆明建立复兴茶厂（昆明茶厂前身），厂址设在昆明金碧路478号（今342号），童衣云任厂长。该厂主要任务是以勐库和凤山的茶叶为原料加工成名牌茶——复兴沱茶。

1940年，富滇新银行和云南中茶公司各出资6万元，省经委承担13万元，成立佛海茶叶服务社，于9月正式成立佛海实验茶厂（今勐海茶厂）。1938年，毕业于法国巴黎大学的范和钧受中茶公司委派，与毕业于清华大学的张石城一道，带

建于20世纪40年代的勐海茶厂

领90多位来自中国各地的茶叶技术人员，靠骑马、挂棍子，历经1个多月才来到热带雨林深处的西双版纳勐海，勘察茶山，引进设备，修建茶厂。茶厂厂区占地面积40亩，有厂房2160平方米、职工80人左右。主要任务是生产紧茶销往西藏以创收。为支援抗战，出口创汇，加快茶叶生产，佛海实验茶厂引进了机械压制普茶的加工技术，大大提高了生产力，普洱茶的生产中心也在勐海形成。

为抵制英茶，满足藏族同胞对普洱茶的需求，加大对西藏的茶叶供应，云南中国茶叶贸易股份有限公司康藏茶厂（即下关茶厂前身）

于1941年春创建，1948年4月改名为云南中国茶叶贸易股份有限公司新康藏茶厂（下文简称康藏茶厂）。1941年3月22日云南中国茶叶贸易股份有限公司经理郑鹤春写给顺宁实验茶厂厂长冯绍裘和云南中茶公司稽核员周庚昌的信中有这样一段文字："本公司为谋发展滇茶贸易，扩充藏销市场，现与康藏商人各半合资25万元（旧币），于缅宁地方筹设康藏茶厂，专制藏销紧茶、砖茶，由弟与商股代表格桑委员泽仁分任经理、副理。"因此，康藏茶厂的选址最初确定建在缅宁（今临沧）。然而，经过一段时间的筹备后郑鹤春发现，在缅宁建厂，运输、制茶技工等方面的问题较难解决，几经协商，最终选择在滇缅公路要冲和茶马古道重镇——下关建厂。1941年5月，由蒙藏委员会和云南中国茶叶贸易股份有限公司各出资15万元合资建立的康藏茶厂正式成立，主要为藏族聚居区生产紧茶和砖茶。1942年4月1日，云南省思普企业局成立，以茶叶为主要产品。种植场设于车里之南糯山，制茶厂设于南糯山之石头寨。

随着佛海实验茶厂和南糯山种植场及制茶厂的建立，在工业化生产的带动下，江外佛海茶区逐渐取代了江内以古六大茶山为中心的普洱茶主产区。1939—1941年勐海县年产紧压茶达到2000吨以上，畅销香港，远及南洋一带，特别是佛海实验茶厂专门为藏族聚居区生产的销藏紧茶深受欢迎。

佛海实验茶厂的创办人范和钧先生在其《创办佛海茶厂的回忆》中写道："佛海是藏销紧茶的重要产地，紧茶是藏胞一日不可缺少的生活必需品，销藏紧茶每年为数可观。紧茶制作后，俟季节性马帮到来，便可装驮起运。先到缅甸景栋、岗己，转火车到仰光，搭轮到印度加尔各答，转运至中国西藏边境成交。太平洋战争发生以前，印缅本来同属英国殖民统治，印缅两地货物进出均作为在同一国国内的运输处理，素来免税。但印缅分治后，紧茶由缅甸仰光运到印度加尔各答登陆，要上进口税和过境税。印度海关人员认为茶叶乃印度特产，进口税很高，转口税也不轻。此次紧茶到达印度，突然要交纳进口税和过境税，佛海厂商毫无思想准备，茫然不知所措。佛海茶厂认为事关紧茶外销,并危及厂商和茶农茶工的切身利益,立即申请滇茶公司,由缪云台董事长商请当时中国银行外汇业务专员蒋锡瓒先生赶赴加尔各答,委托当时中国驻印领事黄朝琴先生一再向印海关交涉,据理力争:紧茶是专销藏胞的,并不进入印度市场,而且印度并不生产紧茶,紧茶与印茶毫不存在竞争销路问题。最后设法让印英海关人员到仓库中验看紧茶品质,印方人员方知紧茶系用粗老之茶叶压制而成,专为藏民所饮用,并不影响印度的经济利益,这才同意仍按过去惯例免税放行。由于佛海茶厂的及时行动,使国家和厂商与茶农茶工免遭经济损失。"[1] 足见创业之艰辛。

抗日战争时期,随着日军的封锁,茶马古道成了陆上唯一通道,进入中国的物资都要从印度的噶伦堡和加尔各答经亚东口岸至拉萨再转内地,故马帮运输一下子十分繁忙起来。从拉萨到印度的这一段路程特别艰难,马帮得翻越

八廓街

喜马拉雅山。马帮从拉萨往南渡过雅鲁藏布江,经羊卓雍错湖继续往西南方向行至江孜,由江孜向南穿过辽阔而荒无人烟的帕里草原后再翻过唐古拉山到达帕里小镇。帕里是由印度进入西藏的必经之地,是印度、不丹、锡金和中国西藏的物资交易场,云南人在这里开设有商号。这一段路途艰难异常,人马伤亡较多。从帕里翻过山口下行至喜马拉雅山南麓可至西藏最南边的亚东。亚东是藏族聚居区,是茶马古道上从西藏至印度噶伦堡的货物运输中转站,1894年开辟为商埠,近代有很多中国内地商号,从亚东将印度输入中国的物资包括云茶通过马帮运到拉萨。从亚东出境后路分两条,一条路通往锡金的甘托克,抗日战争时期已有从甘托克通往印度的汽车公路;另一条是汽车路,

---

[1] 范和钧:《创办佛海茶厂的回忆》,赵春洲、张顺高编《版纳文史资料选辑》第四辑《西双版纳茶叶专辑》,西双版纳傣族自治州委员会文史资料工作委员会1988年11月编印。

可直达噶伦堡，抗日战争时期，这座有着英国殖民地味道和浓厚移民色彩的城市，因商业突兴而发展起来。从噶伦堡经印度东北部重镇西里古里可直接南下至孟加拉湾恒河入海口的英属殖民地大都市加尔各答，各国的货物就从海上汇集到这里。

从加尔各答或噶伦堡至亚东，补充汽车运输不足的仍是马帮。据学者李旭的调查，现丽江仍健在的赶马老人赵应仙的丽江马帮就往返过这一段路。一般是当地的国内商号将备好的货交给前来的马帮运到拉萨，再在严冬之前从拉萨赶回丽江。马帮从拉萨到加尔各答要走上1个月，其中仅亚东到拉萨就需要18天，加上从丽江到拉萨的漫漫旅途，这样来回一趟就要走上七八个月，如果顺利的话，马帮到十二月间才能回到丽江，刚刚可以赶上过年。①

抗日战争时期，是关乎中华民族存亡的一个非常艰危的时期，来自云南的茶成为能在西藏和东南亚销售后换回物资的经济依靠。这一时期，支援抗日战争、为国做茶成了云茶生产的主旋律。茶马古道上茶叶和物资的双向运输空前繁忙，再次大大催生了沿线商业集市和茶叶带动下民族工商业的迅速扩展。云南中国茶叶贸易股份有限公司各茶厂也在争分夺秒地支援抗战。现勐海茶厂文化馆陈列的照片、茶样本、奖杯等清楚地记述着勐海茶厂的创业史和发展历程。在那些珍贵的老照片中，一群西装革履的年轻人正拿着各种制茶工具忙碌着，据照片上的小女孩即范和钧的女儿讲，当年她的父辈们是靠骑马、挂棍子走了1个多月才来到这里。那是一批有理想、有抱负、有知识的人，他们当年建茶厂是为了出口赚外汇来支持抗日战争。陈列馆里由当年的员工写的"入厂志愿书"，情真意切地体现了那一代人投身茶业、报效国家的真挚情怀。

1941年太平洋战争爆发后，日军南侵东南亚，战火侵袭到佛海一带，国外交通受阻，当时勐海很多爱国者如前谈到的李拂一先生及各茶庄商号，均参加到收购和加工普洱茶行列中，想方设法地将紧压砖茶通过不同渠道经缅甸、印度转道而销往西藏甚至南洋地区，圆茶则

---

①李旭：《藏客——茶马古道马帮生涯》，云南大学出版社2000年版，第142页。

以缅甸仰光、泰国曼谷两地为集散地,销往香港地区及南洋一带,北至土耳其。然1942年日本完全占领缅甸之后,销路中断,茶叶只能靠千里迢迢的滇藏茶马古道行销各地。

  近现代英法帝国主义对华茶的争夺与汉、藏等各族人民抵制英印茶以及茶马古道南路的开拓再次证明,普洱茶和茶马古道是汉藏民族关系连接的媒介,是民族团结的象征与中华民族团结的纽带。正如谭方之在《滇茶藏销》中所言:"是以紧茶(普洱茶包装之一种),不仅为一种商品,可称为汉藏间经济上之重要联系,抑且有政治联系意义。"[①] 亦如藏族英雄史诗《格萨尔》所说:"汉地的货物运到博,是我们这里不产这些东西吗?不是的,不过是要把藏汉两地人民的心连在一起罢了。"[②]

  为支援抗日战争,抵制英印茶争夺西藏各地的销售,保卫中国茶和藏族人民热爱的普洱茶,云南各界尤其是茶业界掀起了一股爱国热潮,创办了多家云茶企业,如云南中国茶叶贸易股份有限公司、云南中国茶叶贸易公司顺宁实验茶厂、云南中国茶叶贸易股份有限公司宜良茶厂、云南中国茶叶贸易股份有限公司昆明复兴茶厂、佛海茶厂、下关康藏茶厂及云南省思普企业局等,加大制造藏销紧茶、砖茶等,由此而开启了近现代普洱茶生产走向规模化工业生产的盛大开篇,成为云茶发展的第十四个重要历史节点。

二、民国时期的茶庄、商号

  民国时期是茶庄大发展的时期,这种发展得益于茶叶产地及普洱茶对西藏及海外市场的扩大和茶叶新形制(饼、砖、沱茶及红绿茶等)的诞生。从有关资料看,民国后期,昆明的茶庄维持在45家左右;思茅的茶庄在民初有20多家,民国十二年(1923年)仅剩12家;易武如果算上茶庄或小作坊,有三四十家;下关的茶庄在1945年前后为40家左右;勐海(含当时的佛海、南峤两县)和景洪(当时叫车里)最辉煌时约有30

[①] 谭方之:《滇茶藏销》,《边政公论》1944年。
[②] 中国科学院地理科学与资源研究所:《西藏昌都茶马古道旅游开发可行性研究报告》,2001年铅印本,第133页。

家茶庄；至于景谷、石屏、猪街、顺宁（凤庆）、鹤庆等地，虽然也有很多茶庄，但由于很多是分号，因此很难统计具体数字。

（一）在普洱、思茅地区

据《普洱县志》载，清末民初时普洱仅茶庄就有六七十家，每年茶销量约570吨，如协太昌、同心昌、福美祥、元盛号、荣和昌、义盛昌、国金号、广兴隆等较大的商号有20余家，大多经营茶叶加工。其加工的普洱茶有毛尖、芽茶、小满茶、紧团茶、改造茶、团饼茶、方砖茶、牛心茶、人头团茶等。民国时期，猛景茶庄压制的心脏形紧茶很有名，其内飞中部印有"猛景茶庄"字样，中部"猛弄"二字分印左右，椭圆形圈上下印有英文，上端为"猛景茶庄"的英文、下端为"猛弄"的英文。民国三年（1914年）9月30日，曾征集茶品参加美国巴拿马万国博览会，在陈列品中有云南宁洱县糯茶。①

1914年，普洱道署由宁洱进驻思茅，彼时仅思茅城区就有制茶商号22家，年制茶1万担左右。《续云南通志长编》中记载的茶庄商号就有雷永丰、元庆、复聚、新春、宝森、永兴、三泰、庆春等。20世纪二三十年代，思茅揉制茶叶出售的茶庄商号有雷永丰、裕丰祥、鼎春利、恒和元、庆盛元、大吉祥、谦益祥、瑞丰号、钧义祥、大有庆、利华等22家。每年由产地茶山运集思茅加工的毛茶在万担以上。据黄桂枢的《清代、民国时期普洱和思茅的茶庄商号》载，在思茅设经销门市的有倚邦恒盛公商号、乾利贞商号、勐海洪盛祥商号、同信公商号等。

1. 钧义祥茶庄

开办于民国初年，茶庄主人是武钧培、武裕培兄弟2人，茶庄旧址在今思茅珠市街中段，在易武倚邦有制茶所，其包装精美的普洱茶除销往内地外，还在石屏、蒙自、昆明、上海、香港有代售处，在缅甸仰光、昔卜、阿瓦（曼德勒）、暹罗（泰国）曼谷、景迈（清迈），新加坡等地有分售处。②

---

① 黄桂枢：《清代、民国时期普洱和思茅的茶庄商号》，《中国茶叶》2007年第6期。
② 黄桂枢：《清代、民国时期普洱和思茅的茶庄商号》，《中国茶叶》2007年第6期。

钧义祥茶庄善于营销，在思茅很有名气，印制有"钧义祥茶庄包装说明单"字样的原件由黄桂枢先生搜集采访思茅老人刘天羽老先生时所得，收藏于思茅地区文物管理所，是清末民初思茅众多茶庄生产经营普洱茶的可贵物证，对研究普洱茶文化具有文物资料价值。

2. 大有庆茶庄

思茅公认最大的知名茶庄之一。庄主高岳生，石屏人氏，清光绪三十年（1904年）前后投身思茅雷逢春家名下茶庄当小伙计，后成为雷永丰茶庄庄主的三女婿，自立门户，独立主营大吉祥商号，再兴办大有庆茶庄。民国十九年（1930年）前后，茶庄生意兴隆，高岳生还在昆明开设陈永兴商号，主营茶业，经营超过雷永丰茶庄。20世纪30年代后期逐渐衰落。

3. 鼎春利茶庄

由何璞生创办于民国二十年（1931年），至民国三十七年（1948年）歇业。最盛时期每年收进攸乐山、景迈山、易武山等地的粗茶2000多驮，精心制成七饼圆茶、元宝茶、沱茶等分别销往国内西藏、江浙地区等及国外的泰国、缅甸、越南、老挝等国家，每年营业收入8万多银圆。民国十五年（1926年），为避瘟疫普洱道署由思茅迁回宁洱，有的商号茶庄也迁往倚邦、易武、江城、勐海地区，而鼎春利茶庄未搬迁。20世纪40年代初，太平洋战争爆发、日本南侵，南洋交通受阻，加之疟疾流行，商旅裹足，思茅茶业急剧衰落，茶庄商号逐渐歇业，何璞生的鼎春利茶庄靠信誉薄利推销而维持下来，后因交通不畅、销售困难，于1948年歇业。鼎春利茶庄在20世纪二三十年代思茅众多茶庄中算得上是发展较好的。

（二）在景谷地区

据《景谷县志》载，至1948年，景谷共有茶庄30多家。民国元年（1912年），有景谷人纪襄廷、纪仁寿在景谷街创办并在昆明南正街设分号经销景谷茶的恒丰源茶庄，其相关信息可参见由民国时期云南教育交通两司司长、东陆大学校长董泽撰的《纪襄廷墓志》："……公之为人，曾抱先天下之忧而忧，后天下之乐而乐之怀抱，初不以谋一人一家之幸福为己足。曾日观景谷之山脉重重,农田稀少,每岁米谷所出不敷食用。民生日困,盗匪充斥焉。如搗而思,有以匡救之。经若干心血之研究考察,以景谷气候土质之宜于种茶也。乃向外选购种子,先于陶家圆试种百株,复于塘房山续种数十万株,胼手胝足,躬亲栽植,保护培养,煞费苦心,不数年而蔚然而林可供采摘……景谷之茶衣食万姓庄跻而后见公一人。事功所在,固将与景谷茶同垂不朽也。"1916年,有景东人梁星楼在景谷街设立的同裕昌茶庄、新平人来景谷开办的三元利茶庄和三合祥茶庄、景谷人傅忠和开办的新华茶庄。1922年,有镇沅人刘继藩的日升公茶庄。1925年,有下关人罗炳生的德茂生茶庄;景谷人康韶音的美利康茶庄,并在昆明设有分号。1926年,有官员禄国藩的万兴恒茶庄、景谷人纪利清的正利茶庄。1927—1930年,开办茶庄4家,均为新平人开办,为富昌隆茶庄、元庆昌茶庄、正义茶庄、振昌茶庄。1931年,开办茶庄2家,有四川人雷振德的张鸿记茶庄、四川人的顺兴昌茶庄。1932—1936年,有四川人的同兴和茶庄、宝生号茶庄和昆明人的永生号茶庄。1937年,有由4家人合伙开的南华茶庄。1943年,有杨荫南开设的怡丰茶庄。1944—1946年,开办茶庄6家,分别是:大理人的协丰茶庄、腾冲人李雪樵的大有庆茶庄(在下关还有分号)、大理人的协利茶庄、景谷人杨茂兴等4人合伙的振兴祥茶庄、景谷人的永茂康茶庄、董大老爷的董家茶铺。1947年,开办茶盐商号2家——景谷威远街普洱人高国兴的同兴号、景谷凤山抱母井段鹤林的鹤林号。

(三)在景东地区

据《景东县志》载,民国九年至十九年(1920—1930年),经营土产、百货、茶叶的商号有湖南人谭惠平开的惠平号、四川人诸玉清开的义兴号、广西人覃华甫开的广华农、大理人赵其亚开的德茂祥以及景东人邓静安、刘承尧开的德安号、三益合作社等10多家商号。据民国三十一年(1942年)相关数据统计,景东地区茶叶销售量为3000驮。

（四）在墨江地区

据民国《墨江县志稿》和《思茅地区志》载，民国二十六年（1937年），墨江人庾晋侯、聂雨南、李子忠等集资在景星镇开办兴华茶厂，李子忠任经理，厂里分种植部、制茶部，年可获茶1万余斤，有仿制红茶、绿茶及龙井茶，茶销往石屏和省城昆明。民国三十一年（1942年），茶厂职工达40人，李子忠从浙江请来两名制茶技师，制出烘青、炒青，生产玫瑰花熏红茶和研制"寿眉""玉露"等名茶。民国三十二年（1943年），李子忠在昆明崇仁街设茶庄，专售墨江景星生产的茶叶，年生产各种茶叶四五十担，最高年达60担。民国时期，墨江县城经营茶叶的商号还有华盛昌和广生祥；经营茶叶出口的有马同恭（字敬修）的源馨斋商号，后称源馨昌，先后在思茅设原信昌，在磨黑设源馨昌分店，在泰国曼谷开设原信昌商号，在江城县开敬昌茶号，创制七子饼茶。①

（五）在江城地区

据《江城县志》及一些口述史料载，过去，江城老街茶庄商号鳞次栉比，先后开办以生产、加工、营运、购销茶叶为主的茶庄商号20余家，如福泰隆茶庄、鸿顺茶号、泰来茶号、兴华祥茶庄、福泰昌茶号、同兴昌茶号、永茂昌茶庄、四合公茶庄、仁和祥茶号、群记茶庄、敬昌茶号等。其中，较有名气、经济实力雄厚的主要有敬昌茶号、福泰隆茶庄、同兴昌茶号、永茂昌茶庄、群记茶庄、四合公茶庄等。

1. 敬昌茶号

民国初年，敬昌茶号是江城最大、最有名的普洱茶庄。敬昌茶号是墨江马同恭源馨斋的分号，开设于民国二十七年（1938年），起初为一个小店铺，只经营茶叶，办有茶厂，压制圆茶，后来慢慢扩大。开始时店铺为一个代销点，老板为墨江人王世香，主要是与越南、老挝等国家进行边境贸易，后店铺由墨江人王少周接管，然后又交由墨

---

①云南普洱茶协会、昆明民族茶文化促进会、《书报文摘·普洱茶周刊》主编：《中国普洱茶百科全书·文化卷》，云南科技出版社2007年版，第71页。

江人李发相经营，茶号规模达到最大，所制饼茶沿李仙江由船运入越南，再船运至香港等地销售。除普洱茶外，经营范围扩大到紫胶、蓝靛、名贵药材、毛皮、布匹、食盐、日用百货等，并兼营杂货及货币汇兑业务——在江城存入货币银圆，可以到昆明等地的分销处领取。敬昌茶号是当时操纵江城经济命脉的一个商号，在越南莱州、河内、西贡以及香港等处都设有分售处，至今在香港、台湾等地仍留存有该茶号的少量茶品和商标文字。1952年，敬昌茶号关闭。

2. 福泰隆茶庄

福泰隆茶庄过去在江城被称为"永恒不衰"的茶庄商号，由江城人李漾尧创办于县城东边的大寨箐。民国十二年到十八年（1923—1929年），江城茶业贸易兴旺，李漾尧与其子李纯秋开作坊收购茶叶，并加工精制茶放越南莱（莱州）等地销售，有的茶品还远销日本等地，享誉海外。然后又购回洋货出售，获益丰厚。1931年李漾尧去世，接着没几年其子李纯秋又亡，李家此后逐渐败落，福泰隆茶庄也随之湮灭。

3. 同兴昌茶号

与易武同兴昌相连，由石屏盐商何楚衡于民国初期创办于江城，潘德初任经理。当时，何楚衡为承包勐野井盐总办，经销勐野井盐巴，资金实力雄厚以后转做茶叶生意，创办了同兴昌茶号，原址在江城老街过街楼斜对面，盖有四合大院，后（约1942年）被火烧毁，茶庄化为一片灰烬。

4. 永茂昌茶庄

由江城人朱自明创办于江城，原址在今老街。民国年间，朱氏率其子朱锐从事小本经营，有了一定的资本后便做起了茶叶生意，获利丰厚。民国十六年（1927年），因境外匪扰边境，掠夺民财，朱自明派人击剿退敌有功，受到当时的云南省政府主席龙云嘉奖，获颁了一块"保卫桑梓"匾额（匾藏于今江城县文化馆），后出任团总，当时人们习惯称他为"朱老团总"，其子朱锐是江城县财政局第二任副局长。永茂昌茶庄公正经营茶业生意，贸易兴隆，精制茶品每年还销往越南、日本等国以及香港等地，享誉国内外。可惜朱锐33岁病故，茶庄由其堂弟朱针经营，而朱针又27岁亡，至1936年，茶庄衰落。

5. 群记茶庄

由石屏人张季皋创办于江城。群记茶庄资本雄厚，实力强大，茶业生意如鱼得水，青云直上，分支代销机构迅猛发展起来。其1920年后生产的圆茶，在广州、香港以及越南莱州、河内、西贡等地均设有分售处。

6. 四合公茶庄

由马同恭、李发相、谭敬之、杨月笙4人合办于江城。为江城最后关门的一家茶庄商号，其中敬昌茶号占据了大量的股份及其控制权，生产经营中以敬昌号为龙头。

7. 泰和祥茶号

由江城人朱肇山及其子朱丕斋（又名朱寿昌）创办于江城。原址在今老街派出所院内，主要以经营勐野井盐巴为主，兼营茶业生意。朱家家业实力雄厚，购有房产田庄多处，当时还在昆明护国路绣花街购有房屋，在石屏宝秀也有其房子、田地。

8. 永利昌茶号

由江城勐烈麻栗树人李景星创办，原址在今江城老街，主要是囤积居奇，做些大笔生意，同时兼营茶叶生意。

9. 江城号

据有关资料介绍，江城号系抗日英雄廖雨春将军兵败于上海后做茶商，以敬昌茶号之技术冠江城号之名而来，并将江城号所产茶视为敬昌圆茶的姊妹茶，曾经畅销港沪一带。

10. 丰顺祥号

李庭相创办于大新寨，主要进行茶叶产品的推销、贩卖、驮运。

20世纪20—40年代，江城市廛云集，茶业兴旺，茶庄商号林立，茶叶贸易十分繁荣，李仙江成了当时出口普洱茶的黄金水道。据史料载，江城县茶叶出口销售曾年达1900担。1941年以后，日军占领越南、缅甸，江城与越南、老挝的贸易线中断。从此，江城在国际上出口的大宗贸易产品——茶叶失去了销路,茶园逐渐荒芜,民族经济日益萎缩,市场交易冷落萧条,茶庄商号多数于抗日战争胜利前后歇业。

(六)在易武地区

据黄桂枢的调研和当年的茶商刘俊川回忆,倚邦、曼砖、攸乐茶都集中在易武加工。民国初年,易武茶叶产量有四五千担(每担150斤),芽茶制七子饼茶,老茶运至思茅制紧茶,销往越南莱州再转至香港。钱正利家的宋斌号还制过方压茶,民国三十四年到三十六年(1945—1947年),产量已降到1000多担,销往泰国密赛。

在曼撒茶山,清代时已有外籍石屏人进山开发。茶业在民国七年(1918年)时最兴旺,开茶号的最初有陈家和杨家,后来冯家、李家、高家等纷纷设立茶号,最多的年生产量达100担。民国时期,在曼撒街,有万顺昌、张秀书、胡发兴、胡小川、胡金城、罗士元、朱世口、段平生和大漆树的李开元、杨家明等茶号。曼乃乡紧接老挝,是出口茶叶的必经之路,过去在其老街有何福宝、杨守顺,新寨有余国宝,旧庙有胡士等茶号。

曼腊最大的商号是陈云号,有马5把(每把马5匹)、牛10把(每把牛10头),茶叶直接驮到越南莱州销售,所制的圆茶有蓝色双圈十角花纹内飞,圈内印有"陈云资印"4字,内票为直书6行蓝字,上端横书"陈云号"。在曼腊还有李当寿家的同顺号、高家星家的德顺祥等。

(七)在倚邦茶山

民国时期,创于倚邦茶山的大商号主要有以下几家。

1. 惠民号

庄主郑惠民于民国十年(1921年)创建,年收购加工茶叶70—80担。

2. 杨聘号

于民国初年开业,年可制茶80担。所制杨聘圆茶,其饼身较小,每饼有立式内飞,白底红字印文"本号开设倚邦大街,拣提透心净细尖茶，发客贵商光顾者，请认明内票为记"，上端横书"杨聘号"。

3. 鸿昌号

创于20世纪30年代，后来为避战祸转移到泰国，在曼谷设立鸿泰昌号，代理销售倚邦易武圆茶。

在倚邦，还有：杨斌铨茶号、宋耀光茶号，年各制茶60担；施友清茶号、宋贤生茶号，年各制茶50担；陈绍先茶号，年制茶40担；民国元年到民国十年（1912—1921年）的李宝云茶号，年制茶200担；民国十年到民国二十年（1921—1931年）的陈会明茶号，年制茶80担，销往越南莱州；民国十年（1921年）创办的崔梅祥茶号和盛裕祥茶号，其中崔梅祥茶号年制茶80担。据黄桂枢的《普洱茶文化大观》载，民国二年（1913年），又新增加园信公茶庄以及升义祥、鸣昌号等茶号，茶叶远销越南莱州。

（八）在佛海地区

创于民国时期的大茶庄商号主要有以下几家。

1. 可以兴茶庄

1926年，玉溪人周又卿（名丕儒）在佛海曼嘎街建盖新房，创立可以兴茶庄，并于1927年开始生产可以兴字号圆茶80余担、紧茶280余担卖给洪记。由于经营有方，生意连年兴隆，名声日振，在抗日战争前是佛海、南桥地区规模最大的7家茶庄之一。到1927年，年产茶2500担，抗日战争后年产200驮，运到南洋及印度噶伦堡销售。1942年，周文卿到澜沧、景谷躲避战火，此时茶庄由他的几位如夫人负责维持。抗日战争胜利后，周文卿回到佛海，继续经营可以兴茶庄。可以兴圆茶出口一直维持到1952年。

2. 恒春茶庄

1910年，张棠阶兄弟筹资从思茅请来汉族揉茶师傅传授技术，开设了佛海第一家茶庄——恒春茶庄，年制圆茶四五十驮，运销思茅；又制紧压茶七八十驮，授予缅甸景栋商人张仲德，由张仲德转运至印度销售，此为佛海茶销印度之始。恒春茶庄自1938年后便由张棠阶之子张锦培掌管，年产量达2500担，抗日战争后年产300驮，1947年后年产800驮，后来迁至境外。

3. 洪记茶庄

1924年，董耀廷以总号——云南赫赫有名的大商号洪盛祥的资金优势，在勐海创办最大的茶庄——洪记茶庄，生产销藏灯芯状紧茶及方茶。在缅甸景栋、仰光以及印度加尔各答等地都设有分公司或办事处，以资金优势和渠道优势进驻勐海甚至印度、缅甸的市场，挤压勐海的中小茶庄，并迫其以低价将压制的茶叶卖给洪记，故洪记的产量很快就达到每年四五千担。洪记茶庄的示范效应带动了资本的进入，随后，鹤庆张家的思茅恒盛公、边地的各土司以及其他各种势力的资本也进入勐海，到1937年，勐海茶庄达到20多家，而洪记的产量也达到每年七八千担。抗日战争时期，日本占据缅甸后，交通阻断，洪记在印度大吉岭建立茶厂生产紧茶。解放前夕，洪记迁入缅甸。

4. 恒盛公茶庄

原在思茅，1927年，恒盛公印度分号派余敬诚自印度取道缅甸的洞巴、景栋，然后进入勐海建立恒盛公的勐海茶厂，缅甸景栋栈的经理傅孟康继之兼总其事，有茶灶4盘，年产茶1万担，专门从事对西藏的茶叶贸易，加工揉制销往西藏的紧茶，年产茶2万包左右。抗日战争胜利后，由曹容川代管。同年，云南回族苏兴元在城子脚设茶灶制造紧压茶两三百驮，售予洪记茶庄，年产茶100万担。移到勐海建厂后，一度改变商标，但为藏族同胞怀疑，销售锐减，便又恢复了老招牌，在每沱茶内仍揉进一白绵纸，纸上印有"思茅恒盛公"字样，才又恢复了销路。

5. 鼎兴号茶庄

由蒙自回族马鼎臣于1940年开办于勐海，以专产高级普洱茶品著称。现尚存的鼎兴号圆茶、紧茶（带把心脏形紧茶，每个重190克），有蓝圆茶、红圆茶、紫圆茶3种内飞，其内票以一月一星的月星为注册商标。年产茶2500担，抗日战争结束后年产1500多驮，后转缅甸景栋。

除上述茶庄商号外，民国时期勐海新开业的茶庄还有：1930年腾冲人李云生的云生祥茶庄，有茶灶2盘，年产茶2500担，抗日战争后年产1000多驮，解放后年产300驮；石屏人王球时的时利和茶庄，有茶灶2盘，年产茶2500担；广西柳州人李拂一的复兴茶庄，有茶灶2盘，年产茶2500担；勐海土司刀良臣集资傣族合股的新民茶庄，有茶灶6盘，年产茶1.2万担；傣汉族合股以景谷人罕荣邦为经理的利利茶庄，生产圆茶、紧茶，有茶灶2盘，年产茶2500担；张敏然的大同茶庄，抗日战争前年产茶800驮。1936年，有回族纳成方、纳成俊合办的茶号1家，有茶灶1盘，年产茶600担。

（九）其他

民国时期，易武等六大茶山的大茶庄商号除清代延续下来的乾利贞、同兴、同庆、同昌、同泰昌、余文昌、守兴昌、元泰丰、车顺、安乐、宋聘、福元昌等众多知名老字号茶庄商号外，还创办有以下茶庄商号。

1. 泰来祥号

创建于1920年，抗日战争前夕承袭下来的老板是黄卫忠，年经营茶叶50—100担，拥有资金2万元，年营业额4万元，有骡马10匹、驮牛11条。除茶叶外，兼营棉花、日用百货及布匹。承袭下来的后人有黄国钧。

2. 庆春号

创建于民国二年（1913年），老板许颺怜，年经营茶叶200担，拥有资金3万元，年营业额5万元，有骡马10匹、楼房1幢，屹立在易武正街大天井旁。

3. 中和祥号

老板刘未章、杨寿兴，创办于民国九年（1920年）。

4. 普庆号

建于1913年，有普庆号制作的易武正山茶，有橙黄色双龙图案的"普庆号"商标圆茶内飞。

三、文献中的云南名优绿茶

（一）太华茶、普洱茶、湾甸茶、感通茶

清代汪灏等撰的《御定佩文斋广群芳谱》有云："太华山在云南府西，产茶，色味俱似松萝，名曰太华茶。普洱山在车里军民宣慰司北，其上产茶，性温味香，名曰普洱茶。孟通山在湾甸州境，产细茶，味最胜，名曰湾甸茶。《大理府志》云：感通寺在点苍山圣应峰麓，旧名荡山，又名上山，有三十六院，皆产茶，树高一丈，性味不减阳羡，名曰感通茶。《滇行纪略》：城外石马井水无异惠泉，感通寺茶不下天池伏龙，特此中人不善焙制尔。"①

（二）宜良宝洪茶

清末民初，云南又产生了一个名茶，即宜良县的宝洪茶，又名十里香茶，产于云南省宜良县城西北5公里外的宝洪寺。据1948年《新纂云南通志》载："滇茶除普洱茶外，有宝洪茶，产宜良……为该地之特品。"民国六年（1917年），马标、杨中润等纂修的《路南县志卷一·地理志·物产》载："宝洪茶产北区宝洪山附近一带，其山，宜良、路南各有分界。茶树至高者三尺许，夏中采枝移莳，一、二年间即可采叶。清明节采者为上品，至谷雨后采者稍次。性微寒，而味清香，可除湿热，兼能宽中润肠，藏之愈久愈佳。回民最嗜。路属所产，年约万余斤，上品价每斤约五角余。"可见，宝洪茶早已是云南宜良县特产，属中小叶高香型茶树品种。鲜叶采下一两个小时即散发出香气，香气高锐持久，故云南宝洪茶有"高香茶"之称。

据历史考证，云南宝洪茶早在唐朝时期宜良宝洪山建寺（当时称相国寺，明朝改建称宝洪寺）时，由开山和尚从外省来传教而引进的小叶种种植而成。开山和尚系福建人氏，宝洪茶茶种来源于闽，种植至今已有1200多年。《云南掌故·宜良之琐屑志》载："去宜良县城约十五六里，有宝洪寺，寺在江头村后之一山上，山以寺名，曰宝洪寺山。山间种满茶树，高几丈者，百年以上物也。然以高及于人者

---

① （清）汪灏等：《御定佩文斋广群芳谱》卷十八《茶谱》。

为多，足见茶树之不易长成；且不可迁动，移根必死，古人取茶茗为聘定物，即以其不可迁移也。山间所产之茶即名宝洪茶，在五六十年前，年仅产茶数十担，至多亦不上百担。惟是茶树在山，能自生香气，若在日落时，尤清芬幽馥，人于是时徒步登山，大觉头脑清快，余于此亦试尝过。山上有一大佛刹，即宝洪寺也。"① 这里对宜良县的宝洪茶再次做了详细的描述。宜良气候温和，年平均气温16.3摄氏度，年平均降雨量1000毫米左右，风力仅24米/秒，宝洪山一带茶园海拔1550—1630米，山峦起伏，云雾缭绕，漫射光占优势。茶树对光的利用率相对增加，提高了茶叶里的有效物质含量，在长期优越的生态环境下，经过茶农精心培育，宝洪茶形成萌发力强、芽叶肥壮、白毫丰满、成茶香气高锐持久的特点，有群众这样形容宝洪茶的香气——"屋内炒茶院外香，院内炒茶过路香，一人泡茶满屋香。"可见宝洪茶确属香高质优、人人称赞的名茶。宝洪茶品质分为1—3级，外形扁平光滑，苗锋挺秀，汤色碧亮，味浓爽口，香气馥郁芬芳，高锐持久。1980年，宝洪茶被评为云南省高香型名茶"绿茶品质第一名"，为省名茶之一。

（三）嵩明甸尾寺僧种的茶

民国《嵩明县志》载："茶，向本植，鲜属茶者，惟邵甸之甸尾村，昔有寺僧种茶数十株，后僧圆寂，其徒不能继其业，今仅存十余株，芳春时，村人采取烹食，味颇佳，倘能扩而充之，兼得焙制之法，不难媲美景谷。"这里谈到了在嵩明县甸尾村有寺僧所种的好茶。

（四）盐津茶

民国《盐津县志》载："茶叶：茶，常绿灌木，盐津全县皆产。每年春夏之交，各处市集乡人运茶入市，盈筐累袋，竞列争售，约计每年售出达三万斤，具见不少茶。宜植熟土，向阳山坡隙地俱无不可，最忌为旁树所阴，一有所阴即将枯萎。在昔，津属各乡盛称产茶，民（国）元（年）以来，匪乱频仍，山原高地居民远徙，土地荒

---

① （民国）罗养儒撰：《云南掌故》卷十《滇南景物志略之一·宜良之琐屑志》，云南民族出版社1996年版，第317页。

芜，茶树因而枯萎者不知凡几。今后民生安定，恢复茶业宜仿顺宁采植方法，获利必丰。第一，要防止表土流失，栽植宜作横列或斜行。坡度较大之地，开沟宜密，易泄大雨，铺盖草叶以护表土。第二，整理茶树于移植二三

盐津县

年后，春间摘其顶芽，冬初修剪其旁枝，使匀齐圆矮。十年分区施行台刈，从土面将老树刈去，使根部另发新枝。第三，采茶须待新叶放散四五片时，只取一芽两叶为标准，至少须留两叶（除最下之小叶外），使将来由叶腋发生新定芽，产量愈丰。"[①] 该史料介绍了民国时期盐津县的茶叶种植业。过去盐津全县皆产茶，每年售出达3万斤，产量可观。

（五）元江莎罗茶

民国十一年（1922年），黄元直、刘达武纂修的《元江志稿·食货志》卷七《物产》载："生芽《台阳随笔》：普茶以倚邦、易武二山为最，近来元人购种遍植猪羊街诸处，其色香味不减，普产最佳者为生芽，即银尖，亦曰白尖，乃谷雨时所采之蘖，惜业此者尚用土法制造，人迪新机，我封故步，殊难望发达耳。娑罗茶，《台阳随笔》：产大哨之茶叶山，以树似娑罗，故名。性寒，能除热毒，生采曝干，炒食之，味香而美。"《元江志稿·地舆志》卷二《山川》载："大哨山'采访'：在县东北百里，产莎罗茶。"

（六）楚雄雀舌茶

光绪二十九年（1903年），周沆纂修《浪穹县[②]志略》卷二《产地》："雀嘴茶 采访：产荞后里，形如雀嘴，芽作淡碧色，味苦微酸，性寒，能清郁消滞。"民国三十七年（1948年），霍士廉、由云

---

① 昭通旧志汇编编辑委员会编：《昭通旧志汇编》第六册《盐津县志》卷四，云南人民出版社2006年版，第1696页。

② 旧县名，原县辖境属今楚雄彝族自治州。

龙等纂修的《姚安县志卷四十四　物产志》载："甘志杂物属载：雀舌茶出州西四十里凤山，土人亦间有采之者，味虽回甘，性却大寒。近弥兴有携普茶种植数十株，现亦长成，将来或有发展希望。又普溯有近山茶一种，味淡而甜，性寒，昔祥云人采购混入普茶中售之；近土人采取煮膏，晒干，成灰白面，冲水服之，味可口，五斤可制膏一斤，价值普茶二倍。"

此外，见诸文献记录的还有昌宁的碧云仙茶、云龙的罗峰茶等历史名茶。

当代云南茶业

新中国成立至改革开放前的云茶

一、云茶生产的恢复与发展

（一）1950—1959年是云茶恢复生产与发展的第一个时期

1943—1949年云茶彻底衰落后，茶园荒芜，百废待兴。但自1950年起，人民政府大力宣传工商业政策，鼓励茶农栽培加工，增产出口，发起"恢复老茶园，开展新茶园"的号召，为使茶叶的种植生产得到逐渐恢复发展，云南省各级党委和政府对茶业发展十分重视，采取了一系列恢复生产的措施。

茶叶生产方面，在省农业厅的主持下，茶叶的购、销、调、存和出口业务统一由省外贸局（后更名为省外经贸厅，2004年更名为省商务厅）负责，具体业务由云南中国茶叶贸易股份有限公司负责，1950年云南中国茶叶贸易股份有限公司便与下关茶厂共同熬制普洱茶膏2100公斤供销西藏。

云南中国茶叶贸易股份有限公司于1950年9月更名为中国茶叶公司西南区公司云南省公司。1951年12月15日"中茶"（8个红色"中"字围着中间的"茶"字，故又称"八中茶"）商标注册。中国茶叶公司"中茶"商标经中央私营企业局核准，发给商标审定书，取得专利权，在计划经济时期，云茶产品一直统一用此"八中茶"标志。中国茶叶公司西南区公司云南省公司于1955年更名为中国茶叶公司云南省公司，1958年5月更名为云南茶叶采购批发站，1959年7月更名为云南省经济作物贸易局，1962年4月更名为云南对外贸易局茶叶土产处，1964年5月更名为中国茶叶土产进出口公司云南省分公司，1966年6月更名为中国茶叶土产进出口公司云南茶叶分公司，1971年5月更名为中国粮油食品茶叶进出口公司云南分公司，1972年6月更名为中国土产畜产进出口总公司云南省茶叶分公司，1991年11月更名为中国土产畜产云南茶叶进出口公司（后文简称云南茶叶进出口公司）至今。云南茶叶进出口公司自成立之日起，一直主管云南茶叶尤其是普洱茶的购、销、调、存和出口业务。

1951年8月，云南省农业厅在接收民国时期成立的思普企业局思普垦殖场（在今勐海南糯山）的基础上，成立了佛海（今勐海）茶叶试验场①，场部设在佛海县曼真，辖南糯山一厂和南糯山二厂。1964年6月8日，还在勐海县成立云南省园艺学会茶叶组，开始试验、扩大示范和推广新的云茶茶园栽培管理技术。

灵芽报春

新中国成立前，云南茶叶采用的基本是原始野放的种植方式，从20世纪50—60年代开始过渡到等高条栽方式。其中，50年代亩植1000株左右，60年代亩植1200—1600株，主要是改善茶树群体结构，但除了增加植株之外，还是采用原始的种植方式，且绝大部分茶园只采不管，单产很低，茶叶产量的增加主要是依靠面积的扩大而获得，茶叶增产与茶园面积的扩大基本同步。茶树修剪和留养采摘技术开始推广。20世纪50年代前期开始试验、示范茶树修剪技术和分批留叶采摘法，60年代扩大示范和推广，70年代在全省大面积推广，这项技术主要是控制树高、扩大蓬面、增加发芽密度，大大提高了茶叶产量。

---

①该试验场于1953年更名为云南省农林厅勐海茶叶试验站；1954年更名为西双版纳傣族自治区（1955年改区为州）勐海茶叶试验站；1959年更名为云南省思茅专区茶叶科学研究所；1963年更名为云南省勐海茶叶试验站；1972年更名为云南省茶叶研究所；1979年更名为云南省农业科学院茶叶研究所，所长蒋铨，后任所长张顺高等。

在全省各族人民的共同努力下，1950—1959年的10年间，云茶产量迅速得到恢复并增长。1955年比上年增产57.7%，为产量最大增幅年。1959年云南茶园面积52.15万亩，比1949年增加73.8%；产茶13145吨，比1949年的2500吨增长了约4.3倍，年平均增长42.6%，比之前最高年1937年的9750吨增加了34.8%。[①] 但总体来看，茶价十分低，茶农采摘茶叶并不足以维持正常生活，产量、销量都不高。

（二）1963—1972年是云茶恢复发展的第二个时期

1960—1962年，云茶生产出现大幅度下滑。1962年茶园面积缩减到35.24万亩，比1959年减少16.91万亩；产量下滑到6250吨，比1959年减少6895吨；面积和产量均退回到1955年的水平。后省政府高度重视，紧抓茶叶发展，号召"大搞茶园建设"，不断垦复老茶园，大力发展新茶园，特别是在种植技术的发展上，一是等高条栽的茶园种植方式得到推广；二是茶树修剪和留养采摘技术开始推广；三是快速发展新茶园，在思茅坝、曼歇坝、景东县文井大街、澜沧县的惠民和勐滨开垦新式茶园。

作者考察垦植于70年代的茶园

这一时期云南省在恢复云茶产量的同时快速发展新茶园。1965年新植茶园面积比上年增长39.7%，为该时期最大增幅年；产品上重点发展云南大叶种红茶及绿茶，以满足国际茶叶市场的需要。但受"文化大革命"的影响，1966—1969年茶叶产量在0.88万—0.96万吨之间徘徊；1968年和1969年新茶园栽植停顿。20世纪70年代，云南茶叶进出口公司开始自营出口普洱茶、红茶。1972年云南省茶园面积发展到94.05万亩，比1962年增加58.81万亩，增加约1.7倍，年平均增长16.7%；茶叶产量恢复并超过1959年的水平，达14550吨，比1962年增加8300吨，增长约1.3倍，年平均增长13.4%。

[①] 朱强：《云南茶业发展60年回顾与展望》，云南省人民政府茶叶办公室。

（三）1973—1978年是云茶走向较快持续发展的时期

1978年云南茶园面积增至149.4万亩，居全国第3位。1989年云南茶园面积达239.75万亩，比1972年增加145.7万亩，增加约1.5倍，年平均增加8.57万亩，增长9.1%；产量达4.28万吨，比1972年增加2.83万吨，增长近2倍，年平均增长11.5%。密植速成高产茶园技术得到推广。20世纪70年代末到80年代中期，推广密植速成高产茶园技术，亩植3000—5000株，实施等高台地、重施基肥、修剪及合理采摘等技术措施，全省绝大部分新植茶园都采用这项技术。

这一时期云茶发展的重点是推广低产茶园改造技术和提高机械化加工技术。从20世纪60—80年代直至今日，不断推广低产茶园改造技术，并采取坡改梯、深耕施基肥、台刈或重修剪、补齐缺株断行、合理采摘、采留结合以及适时中耕除草、追肥和防治病虫害等综合技术措施。

作者考察垦植于80年代的坡改梯茶园

在加工技术与产品发展方面，新中国成立前，云南省只生产晒青茶和极少量的红茶，制作粗糙，技术落后。新中国成立后，云南茶叶加工技术不断改革，茶叶产品实现了多样化，品质不断提高。为适应生产发展的需要，机械制茶技术迅速发展，由20世纪50年代的铁木加工机具以及以人、畜、水为动力的半机械加工发展为60年代的铁木机械、机械动力，经过七八十年代的不断革新升级，茶叶加工实现了以电动力为主的机械生产。

其中，红茶加工技术体现在云南红茶——滇红的突破上。从1939年顺宁（凤庆）研制工夫红茶成功至20世纪50年代在凤庆、昌宁、勐海等12个县推广红茶生产技术，由晒青茶改制红茶；1958年试制分级红茶（红碎茶）成功并开始批量生产；20世纪80年代中期到90年代初推广转子揉切机红碎茶生产技术，取代了传统的盘式揉切机技术；20

世纪90年代初逐步从英国和印度引进CTC红碎茶生产技术成套设备，以取代转子揉切机技术。由于滇红品质在国内居首位，在国际上可与肯尼亚、斯里兰卡和印度等国的同类产品匹敌，故红茶产区不断扩大，产量迅速增加，到1980年云南省有20多个县生产红茶，产量达7290吨，占全省茶叶总产量的40.97%。1998年云南省红茶产量达18745吨，为历史最高产量年。90年代初以前，红茶是云南省主要出口商品茶。

在绿茶加工技术上，20世纪70年代末开始推广烘青、炒青等烘炒型绿茶加工技术；90年代初期开始研发高档名优绿茶，中后期开始批量生产。在普洱茶加工技术上，鉴于国际市场的发展，为满足外销市场对普洱茶的需求，1973年云南茶叶进出口公司开始办理自营出口茶叶业务，昆明茶厂试制渥堆发酵普洱茶（即现代普洱茶）获得成功，使得普洱茶除原来的生茶外又有了熟茶。1974年，云南茶叶进出口公司在昆明、勐海、下关、普洱的4个茶厂推广加工生产渥堆发酵普洱熟茶，20世纪90年代初逐步扩大到多个茶厂生产，2004年开始大量生产，形成了生普洱、熟普洱并驾齐驱的发展局面。1975年新建普洱茶厂，先后加工制作的红茶、沱茶、特制普洱茶等六大类40多种品种规格的精致茶叶，国内国外均有销售。

二、计划经济时期的云茶企业

改革开放之前，云茶企业都是由国家统一经营的国有企业，都起身于原云南省茶叶公司，由国营茶厂改制而来，主要生产对外出口的产品，以换取外汇。这一时期的云茶企业主要有：昆明茶厂、勐海茶厂、下关茶厂、宜良茶厂、普洱茶厂。

（一）昆明茶厂

昆明茶厂前身为创办于1939年的复兴茶厂，厂址设在昆明市金碧路478号（今342号），由童衣云任厂长，主要任务是以勐库和凤山的茶为原料加工名牌复兴沱茶。1950年7月恢复建置，1953年3月撤销，1956年8月又恢复建置，任李金铎为厂长。茶厂占地面积为

12000多平方米，厂房面积达9888.5平方米。隶属于云南茶叶进出口公司，年产茶2000吨，是以生产普洱茶为主的茶厂。1960年，昆明茶厂正式命名为云南昆明厂，位于昆明市书林街石桥铺1号。1993年进入市场经济后，茶厂被撤销。2006年昆明茶厂重新恢复，厂址迁至昆明市跑马山，主要生产Y562、Y671小包装普洱茶及7581普洱茶砖、普洱方茶等。

因经历多次停产、撤建、更名、合并，昆明茶厂实际上少有茶品生产，直至1965年以后才开始以250g的方茶、砖茶规模供应云南北部及西藏少数地区。1973年，为适应广东、香港市场需求，云南茶叶进出口公司指派昆明茶厂、勐海茶厂、下关茶厂相关人员组成7人小组奔赴广州茶厂学习普洱茶渥堆发酵生产技术。而在此前，云南并不生产通过人工渥堆发酵的普洱茶。当时，国内此类产品由广州茶厂组织生产销往香港及在当地应市。去广州学习前，昆明茶厂当时的厂长吴启英与老茶师陈佩仁已首先试制过发酵熟茶。赴广州学习返昆后，云南省茶叶进出口公司组建了由两级审检生产营销骨干组成的技术攻关组，由昆明茶厂按广州茶厂工艺试产。起初，按照广州茶厂的温水发酵工艺进行了渥堆，但不成功，后运用冷水渥堆获得了成功，该批产品成为云南首批渥堆发酵普洱茶产品，当年就实现港销普洱茶10.2吨。适宜昆明气候特点的人工渥堆发酵工艺定型后，昆明茶厂也多次派人到云南其他茶厂做经验交流，推广这一技术，还制定了《昆明茶厂普洱茶制造工艺及其品质要求》，这是普洱茶发展史上第一个有着翔实理论依据和技术指导的行业标准。以此为基础，云南省茶叶公司由吴启英等人共同拟写了《云南普洱茶制造工艺要求》下发到各大茶厂，成为云南普洱茶试行生产规范，将云南普洱茶的发展推入一个新的历史阶段。

（二）勐海茶厂

勐海茶厂前身为云南中国茶叶贸易股份有限公司佛海实验茶厂，始建于1938年冬，由范和钧先生任厂长，1940年正式建成投产，当时员工仅90余人,年产红茶约200吨。1942年因日寇轰炸茶厂被迫停产。1942—1950年,佛海实验茶厂停产达8年之久。1951年7月,中国茶叶公司云南省公司派唐庆阳到勐海县负责茶叶生产恢复工作,当时仅有几间破烂不堪的茅房和几台残缺不全的制茶机具;同年11月14日,中国茶叶公司云南省公司以云业〔51〕第1714号文批准佛海实验茶厂恢复生产,唐庆阳任副厂长,茶厂于1952年5月1日正式开工恢复生产。1953年3月,西双版纳傣族自治区成立,茶厂更名为西双版纳制茶厂,属西双版纳自治区政府管辖。1958年,茶厂从勐海县城象山镇东南区的博爱路搬迁至现在的新茶路1号,占地面积32.8万平方米,其中生产区占地面积22万多平方米,年生产加工能力达7500吨。1959年更名为思茅专区勐海茶厂,1961年更名为勐海县茶厂,1963年更名为云南勐海茶厂,1970年复称勐海县茶厂,1982年更名为勐海茶厂。现在的勐海茶厂是1958年由老厂搬至新茶路1号后重建的,为云南最大的普洱茶生产企业。之后注册的"大益"普洱茶商标也成为云南普洱茶行业中的第一大著名品牌。其中,"大益"七子饼茶(7572、7542、7262、7592、8582、8592、7672、7692等)、勐海沱茶、普洱砖茶、女儿贡茶、宫廷普洱茶等成为业内经典普洱茶的代表。

(三)下关茶厂

下关茶厂前身为创建于1941年春的云南中国茶叶贸易股份有限公司康藏茶厂,1948年4月更名为云南中国茶叶贸易股份有限公司新康藏茶厂,1950年4月更名为中国茶叶公司云南省公司下关茶厂,1958年12月更名为大理茶厂,1959年9月恢复云南省下关茶厂厂名。1994年8月进行股份制试点,改制为云南下关沱茶股份有限公司,1999年规范为云南下关茶厂沱茶(集团)股份有限公司,冯炎培司任董事长、总经理。全厂占地面积56097平方米,建筑面积41810平方米,年精制加工能力为6000吨,是以生产沱茶为主的云南最大的紧压茶加工基地。下关茶厂创制了众多的优质名牌产品,在国际国内屡获殊荣,成为云南省100家重点骨干企业之一,是云南省茶叶行业率先进入国家二级企业行列的茶企。

（四）凤庆茶厂

凤庆茶厂前身是成立于1939年1月的云南中国茶叶股份有限公司顺宁实验茶厂，厂长为冯绍裘。厂址位于凤庆凤城小北门27号。由创办人冯绍裘先生开创的机制红茶和凤庆滇红茶，成为与安徽祁门红茶及印度大吉岭红茶齐名的世界三大红茶品牌之一。1950年3月30日，顺宁实验茶厂收归国有，改称顺宁茶厂，吴国英为厂长。1954年随县名更改为凤庆茶厂。1996年12月组建为国有控股的云南滇红集团股份有限公司，后经2001年、2003年两次改制，成为民营股份有限公司。主要生产红茶、绿茶、普洱茶、紧压茶、袋泡茶、速溶茶等，年生产能力达6000吨。

（五）宜良茶厂

宜良茶厂最早系1939年5月云南中茶公司与省合作事业委员会、富滇新银行组成的省办茶叶技术人员训练班实习场，何亦鲁任所长；1940改茶场为茶厂，童衣云任厂长。茶厂位于昆明东郊的宜良县环城南路，占地面积8615平方米，厂房使用面积7373平方米，年生产加工能力600吨，是一个以加工和经营内销名茶、花茶和普洱茶为主的茶厂。

（六）普洱茶厂

普洱茶厂位于普洱县城龙潭路，成立于1975年4月，为云南省最早生产普洱茶的4个厂家之一。1985年更名为普洱县茶叶公司，1998年企业改制后成立普洱县精制茶厂。

三、早期经典印级普洱名茶

改革开放以前，云茶企业都是国有企业，按计划经济由云南中国茶叶贸易股份有限公司统一经营布置，主要由昆明茶厂、勐海茶厂、下关茶厂、宜良茶厂、普洱茶厂生产对外出口以换取外汇的产品，仍沿用1938年中茶公司成立后生产的首批红印圆茶商标，即外包纸上印有"中茶牌

中茶牌圆茶

圆茶"和"中国茶业公司云南省公司"繁体中文字样。20世纪50年代公私合营到60年代末期，云茶生产进入国有茶厂时期。国有茶厂出品的普洱茶饼基本沿用了中茶牌商标。1972年前后，因海外市场对普洱茶的需求量逐渐增大，国家对出口的茶叶包装统一规定了识别标志、外形、重量、包装及规格，由于普洱茶饼每块净重357克（古制约7.7两），每7块用竹箬叶包装成1筒，故统称"七子饼茶"，以其8个"中"字围绕的中间的"茶"字的颜色来命名品种及标识，分别有红印、绿印、蓝印、黄印4种，故民间称之为"八中茶""印级茶"。

1976年，云南省茶叶进出口公司召开全省普洱茶生茶会议，基于出口需要规范了普洱茶唛号。饼茶唛号以4位数字表示，前两位数为该款茶最早开始生产的年份（即配方的创始年份），第3位数字为此产品的茶叶综合等级，第4位数字为茶厂编号（如昆明茶厂为1、勐海茶厂为2、下关茶厂为3、普洱茶厂为4）。为便于区分，民间把勐海茶厂、下关茶厂、昆明茶厂等从20世纪40年代开始至1978年改革开放以前生产的普洱茶品统称为"印级茶"，经典产品主要有以下几种。

（一）普洱铁饼

铁饼是用机器压制的比较铁的茶饼，有圆茶铁饼和七子铁饼两种。圆茶铁饼也叫圆铁，是下关茶厂在20世纪50年代生产的经典产品，直径18.5厘米、重350克，有青樟香，品质较好。当时下关茶厂向勐海茶厂要来了普洱毛茶，而且是最好的四等、五等、六等茶菁，还专门设计了一套全金属的普洱型茶压模，才做成了这批圆茶铁饼普洱茶，至今仍被业界奉为上好、有青樟香的普洱圆茶的典型代表。七子铁饼系20世纪60年代由昆明茶厂生产，直径19厘米、重330克，条索细长均匀，茶饼夹层中多有霉变，有淡淡的樟香。

（二）红印圆茶

红印圆茶又称现代普洱贡茶，始制于1940年范和钧创办佛海实验茶厂之时。其饼茶内正均为红色印记，且茶饼的外纸正面都印着"八中茶"标志——在8个"中"字围成的圆圈内有一个红色"茶"字。在中茶公司所产的普洱生茶品中，冠以"八中茶"标志且"茶"字为红色者，只有红印普洱圆茶和红印云南沱茶。早期红印圆茶直径20厘米、重240克；后期红印圆茶直径21厘米、重370克，外包绵纸上标有"中国茶业公司云南省公司"和"中茶牌圆茶"的繁体中文字样，是普洱茶的世纪佳品。目前市面上以假乱真者甚多。

红印圆茶

（三）绿印圆茶

此类茶香高持久，富于变化。绿印圆茶分为早期绿印圆茶和后期绿印圆茶，均为"八中茶"内飞，8个"中"字为红色，中间的"茶"字为绿色。早期绿印圆茶由勐海茶厂在20世纪40—50年代生产，品质较红印普洱圆茶稍次，但总的来说品质仍然较好，是红印圆茶的姊妹产品，也叫"绿印甲乙圆茶"或"蓝印甲乙圆茶"。

绿印圆茶

早期绿印圆茶无论在陈香、樟香还是在滋味、茶气等方面都是一流的，其"老味""老气""老香"的粗老香很轻，是一种不多见的演变香型。后期绿印圆茶是指20世纪50—60年代勐海茶厂所产的大批量普洱茶，其中有一部分是用新树茶菁制造的，且仍以生茶方式制造，被称为"绿印尾"，在普洱茶极品中有极高的典藏价值。此外，还有无纸绿印圆茶，也是勐海茶厂在20世纪50—60年代生产的普洱茶系列产品之一，属后期绿印之一，是当今普洱茶界收藏家们眼中的珍宝。该产品采用勐海的乔木茶树的茶菁为原料，以生茶方式制成，因此又被称为"绿印头"，与"绿印尾"相对，品质各异，优者可与红印圆茶媲美。

（四）红印沱茶

由下关茶厂在20世纪50年代中期生产，外包装纸用的是牛皮纸，其上印有红色的"中茶牌""中国茶业公司云南省公司""云南沱茶"繁体中文字样，规格11厘米×5厘米，重225克，5个沱茶用竹箬包装成1捆。现已绝迹。

红印沱茶

（五）黄印圆茶

由勐海茶厂在20世纪50年代末生产，被称为"现代拼配茶菁的普洱茶茶品始祖"。该茶由于毫头多，陈化后都转变为金黄色，是以茶饼呈黄色，故其外包纸上标记的由8个红色"中"字组成的圆圈中的"茶"字为黄色，而内飞正标记为绿色"茶"字。该茶产品数量不多，故在60年代中茶公司以该茶之拼配工艺为基础，推出黄印圆茶的替代品——云南七子饼，其中"红带七子饼"和"黄印七子饼"最具代表性。"红带七子饼"产于70年代，以生茶制成；"黄印七子饼"产于80年代，是轻度熟茶拼配。"红带七子饼"在南洋的华人世界里往往被视为中秋团圆的象征，故国家园梦，一饼以系之，畅销几十个国家和地区，是外销出口免检产品。

黄印圆茶

（六）销法沱茶

关于销法沱茶，《云南省下关茶厂志》中有如下表述：

产品名称：云南沱茶（100克和250克普洱沱茶，唛号7663）。注册商标：中茶牌。云南沱茶（外销）是下关茶厂以传统的工艺与现代科技结合开发配制的新产品。原料采用云南茶树大叶群体良种加工

云南沱茶

的晒青毛茶,经拼配、筛制、发酵、蒸揉而成。该产品1975年开始试制,1976年在广州商品交易会上首次亮相,并获得外商的好评,达成批量出口。主要销往法国、英国、德国、卢森堡以及东南亚等10多个国家和地区,深受消费者喜爱,享有"减肥茶""益寿茶"之美称。据巴黎大学营养生理学试验室主任吕通教授说:"云南沱茶中有一种或数种不详物质,在水中溶解后有促进新陈代谢、平衡和节制胆固醇的奇效。"该产品具有独特的色、香、味,制作成碗状。外形紧结端正,松紧适度,色泽褐红,具有醇厚的陈香和红浓的茶汤,滋味醇和回甜。

销法沱茶为普洱熟茶。因按当年销往法国的沱茶标准生产,故俗称"销法沱"。销法沱黑褐色尚显毫,有陈香,汤色呈褐红色透明状,滋味醇和回甘,长期饮用,具降脂、减肥、美容之功效。其生产工艺先进、发酵技术成熟,是下关茶厂的传统出口产品,也是熟沱中不可多得的名品。

销法沱茶

下关茶厂的销法沱茶(熟茶)有大、小两种规格。大沱茶生产于1975—1998年,产品规格沱高约6厘米,外径宽约12.5厘米,重250克,为正方形纸盒包装。小沱茶生产于1976年以后(又称7663,自左往右:第3位的6为茶叶等级、第4位的3代表下关茶厂编号),产品规格沱高约4.2厘米,外径宽约8.2厘米,重100克,为圆形纸盒包装。这两款不同规格的茶品皆使用"中茶"商标,2005年后全部改为"松鹤"商标。

(七)文革砖茶

文革砖茶生产于1967年,是云南茶叶进出口公司出品的第一批普洱砖茶,是选用勐海大叶种茶作原料压制成的青饼,规格为14厘米×9厘米×2.5厘米,重220克,由勐海茶厂生产。内飞为白底,上有"八中茶"商标,"中"字为红色,"茶"字为绿色,还印有"云南砖茶""中茶牌""云南省勐海茶厂革命委员会出品"红色繁体中文字样。

（八）7581熟茶砖

7581普洱茶是由昆明茶厂于20世纪70年代中期渥堆技术成熟后压制的熟普洱茶砖，也是昆明茶厂大量生产的主要茶品之一，其生产直至1993年昆明茶厂关厂为止。早期7581砖茶用黄色条纹牛皮纸包装，上印有红色的"云南普洱茶砖""净重250克""中国土产畜产进出口公司云南省茶叶分公司"繁体中文字样，是目前品质较好、最受消费者欢迎的熟茶砖。其有两种规格：200克×160块/箱，纸箱包装，每件净重40公斤；250克×130块/箱，纸箱包装，每件净重32.5公斤。该茶使用茶菁级数以5—8级为主，依年代不同而生产不同包装、重量、规格的产品。1993年昆明茶厂关厂以后，7581熟茶砖由私人茶厂制作，渥堆制程、包装、规格都有所差异，以白纸包装为多。1980年末至1993年间，砖茶右上方贴有镭射圆形标记，坊间称"镭射砖"，此时包装纸均为单面油纸，与1993年后私人小厂制作之白纸包装有很大区别。

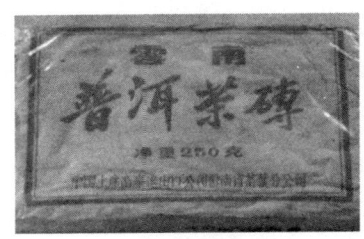

7581熟茶砖

7581熟茶砖是生产时间延续最久的熟茶品，故被称为最具代表性的普洱熟茶。不过，市面上鱼目混珠的也很多。7581熟茶砖的生产以外包辨识看，可分为4个阶段：70年代初的有内飞的枣香砖茶，其内飞在砖茶内；70年代中的又称"七三砖"，由昆明茶厂生产，因生产初期形制未定，所以印刷、纸材、字形、尺寸大小等多样，各具特色，辨认容易，七三砖厚度较文革砖厚约一成，目前在台湾应有完整的收藏；70年代末称为"七十年代砖茶"，白纸包装，尺寸与文革砖同，字体有大、小两种；80年代称为"八十年代砖茶"，形制固定，包装纸材、印刷、字形、尺寸大小一致。要辨识该茶品年代，只能以品评分辨。80年代以前的茶品，如茶材佳、制作好又经专业仓储存，经长期陈化，则熟味已转化为陈熟香（俗称枣香、参香、沉香），且汤色酒红、清澈油亮,绝非一般色黑混浊的劣品可比拟。90年代以后,印刷、字号仍沿袭80年代,但纸材改为模造纸,故辨识不难。此外,昆明茶厂的7581熟茶砖发酵度较低,后期小厂制作的7581熟茶砖发酵度较高,堆味更轻,口感较顺滑且制作较为工整。

(九)7542生饼

7542生饼作为勐海茶厂出产量最大的生饼,以肥壮茶菁为里、幼嫩芽叶撒面,茶色泽乌润显芽毫、拼配得当、结构饱满,口感与品质始终稳定,充分体现了大益茶拼配之美。该茶品香气纯正持久,有花果香,滋味浓厚回甘好,汤色黄亮,叶底匀齐,存放后的变化较为丰富,被市场誉为"评判普洱生茶品质的标杆产品"。

7542茶品可谓是一个系列,其先后诞生过的名品经典如73青饼、88青饼、97水蓝印、紫大益、红大益、蓝大益、简体云……无一不在茶人的心中占据举足轻重的地位。7542生饼能够经久不衰与其稳定的品质、丰富的变化和口感分不开。其配方的成功,使其生产标准成为行业标准,7542生饼也就成了普洱茶生茶的标准产品,推动普洱茶得以进入工业化生产、批量化生产。

(十)7572熟饼

7572熟饼是勐海茶厂出品的大宗茶。7572的意思就是1975年的配方、综合茶菁等级为7级、由勐海茶厂生产。茶品原料以勐海茶区青壮茶菁为心茶、金毫细茶撒面,外观饼形端正,松紧适宜,撒面均匀,显金毫,冲饮时汤色红浓明亮,滋味醇厚,甜香明显,香气馥郁,综合品质极高,能带来美好的品饮体验。被誉为"评判普洱熟茶(熟饼)品质的标杆产品",

并获得2002年中国普洱茶国际学术研讨会金奖,具有很高的品鉴和收藏投资价值。

20世纪70年代中期的7572熟饼,芽叶肥壮,色泽棕褐油润,汤色红浓明亮,香气为陈香,是早期熟普洱茶中的精品。最初推出市场的时候,使用的是勐海茶厂标准的七子饼包装绵纸、内飞、说明书,包装上印有"中茶牌"商标以及"勐海茶厂出品"的字样。到了90年代中期以后,7572七子饼的包装绵纸、内飞、说明书基本上已经改为"大益牌"专利商标。另外,内飞上印有"勐海茶业有限责任公司"字样,一直持续到今天,是大益普洱熟茶的经典代表。

7542生饼和7572熟饼是勐海茶厂生产的数量最大的普洱饼茶,作为被业内誉为评判普洱生、熟茶品质的标准产品,与其说是勐海茶厂的代表,不如说已成为普洱经典的象征。自20世纪70年代中期问世至今,7542生饼和7572熟饼珠联璧合,在悠悠岁月中打造了一个普洱茶界的传奇。

(十一) 8582 生饼

8582生饼由勐海茶厂于1985年研制成功,该产品外形圆厚,条索肥壮,滋味醇厚,香味纯正,是与7542生饼同样著名的配方产品,不同于以往勐海茶厂饼茶以青壮叶为底料,8582生饼以3—8级茶菁拼配紧压,其中3、4级为铺面,5、6、7、8级为里茶,以7、8级为主。该茶外形端正,撒面茶条肥硕显毫,同样体现了拼配之美。

(十二) 福禄贡茶

福禄贡茶是采用凤山出口茶菁于泰国曼谷制成,茶性品质优良,所制茶品甚至返销中国。福禄贡茶为圆饼茶型,饼身较一般厚重,每饼埋贴有绿字白底横式长方形的内飞,规格为5厘米×7.5厘米,每筒有一张红字白底立式长方形的内票,规格为9厘米×13厘米,上有英文写的茶厂地址。茶厂名称为鸿利两合公司,设厂在泰国曼谷。筒包的竹箬完整大片，应该也是云南省内竹山的产品，以竹心篾条绑扎，整齐美观，在茶筒顶部竹箬上以紫色油墨印上"选庄　福禄贡茶　鸿利公司督制"字样，字体正楷工整。茶菁约为4、5、6等级，叶厚肥壮，叶条容易成断片，饼身疏松易剥。

改革开放　厚积而薄发

一、迈向产业化发展的新起点

党的十一届三中全会后，尤其是1979—1993年，在云南省委、省政府对茶业发展的重视领导下，茶业在改革开放中加快了发展步伐。茶叶生产仍由省农业厅负责，茶叶行业管理由省经贸委负责，茶叶流通及外贸仍由云南茶叶进出口公司负责，全省精制茶厂技术改造由省轻工厅负责，在全省主要产茶的州市及县成立茶叶办公室对茶叶生产流通进行管理，在全省范围内，通过各产茶区政府及农垦系统的支持，不断加大茶叶种植生产。

（一）加大良种茶园种植和栽培技术推广力度

云南在20世纪70年代中期便开始了茶叶良种研究，对云南独有的有性系大叶种优良原始品种如勐库大叶种、凤庆大叶种、勐海大叶种和景谷大白茶等进行无性系良种繁育研究试验，成功培育出国家级良种云抗10号、云抗14号，以及省级无性系茶树良种10余个，并不断试验示范。80年代建设了无性系茶树良种繁育基地和示范茶园。到90年代中期，开始全面推广无性系良种技术，采用无性系良种及合理密植综合栽培技术管理措施，每亩植3000株左右，大大提高了茶叶单产量。

随着改革开放的不断深入，云茶不断在生态良种茶园栽培技术、无公害生产技术、对茶树病虫害的有效控制及茶园机械化修剪技术等方面得到提升，20世纪80年代初期到中期进行试验示范，80年代末期开始在局部地区推广，到90年代末开始在全省范围内推广。1989年，全省茶园面积达239.75万亩，产量达4.28万吨。

（二）加强教学科研，健全专业标准

云南农业大学于1979年设立茶叶专修科，学制3年，校址在寻甸回族彝族自治县，1980年迁至昆明市黑龙潭；1984年改为4年制本科，隶属园艺系；1994年成立茶学系。

1980年2月21—25日，云南茶叶进出口公司在昆明召开普洱茶加工座谈会，拟定了《云南普洱茶制造工艺要求（试行办法）》，统一了9个标准样，确定了普洱茶茶号的编号办法，统一了普洱茶的质量标准和加工工艺，《云南省普洱茶制造工艺要求（试行办法）》首次明确指出："普洱茶是由茶叶中的多酚类经过缓慢的后发酵的转化作用而逐渐形成的色、香、味，具有越陈越香的风格……"为普洱茶耐久存和越陈越香的特性的形成奠定了基础。同年4月1日，云南省茶叶进出口公司以[79]云外茶调字第40/12号文件下发昆明、勐海、下关、普洱4个茶厂《关于普洱茶品质规格和制造要求的通知》。1981年10月19日，云南茶叶进出口公司以（81）云外茶技字第142/29号文件给昆明茶厂、下关茶厂、勐海茶厂、普洱茶厂、澜沧茶厂、景谷茶厂发出《检发云南普洱茶品质规格试行技术标准的通知》，规定了普洱茶的感官指标、理化指标、成品质量、包装材料等。

（三）进行企业改革

1989年，勐海茶厂正式注册并开始启用"大益"商标。1996年改制，勐海茶业有限责任公司成立。2004年10月，云南博闻投资有限公司全面接手勐海茶厂，勐海茶厂完成全面改制（2004年3月，云南大益茶业集团有限公司注册成立）。

1996年12月，凤庆茶厂改制为由国有控股的云南滇红集团股份有限公司，后经2001年、2003年两次改制成为民营股份有限公司。

1994年8月，下关茶厂进行股份制试点，改制为云南下关沱茶股份有限公司，1999年规范为云南下关茶厂沱茶（集团）股份有限公司。

经过改革开放，厚积薄发，云茶在企业及产品生产方面同样迈上了产业化发展的新起点，还涌现出一批现代化企业、名优品牌及获奖产品。

勐海茶厂改制前至21世纪初，除生产普洱茶系列产品外，还生产有滇红工夫、CTC、滇绿等70个花色品种共3000吨，销往全国各地以及欧、亚、非、美各大洲，年创汇400多万美元。其中，南糯白毫于1982年被评为全国名茶、红碎茶1号于1985年获国家银奖、七子饼茶于1988年获全国优质保健食品"金鹤杯"奖，茶品获全国首届食品博览会金、银、铜牌各2枚，在全国同行业评比中荣获4个第1，获省优产品5个、省优食品4个。作为云南最大的普洱茶生产企业，其生产的"大益"牌普洱茶也成为云南普洱茶行业中的第一大著名品牌，其中"大益"牌七子饼茶（7572、7542、7262、7592、8582、8592、7672、7692等）、勐海沱茶、普洱砖茶、女儿贡茶、宫廷普洱茶等成为业内经典普洱茶的代表。

改革开放后，以凤庆茶厂为主的红茶生产基地在加工技术与产品发展方面，从英国和印度引进了CTC红碎茶生产技术成套设备以取代转子揉切机技术，使得红茶产量迅速增加。到1980年，云南全省有20多个县生产红茶，产量7290吨，占全省总量的40.97%。1998年产量18745吨，为历史最高年。90年代初以前，由于滇红品质在国内居首位，在国际上可与肯尼亚、斯里兰卡和印度等国的同类产品匹敌，故红茶成了云南省主要的出口商品和出口茶。

1996年12月，凤庆茶厂改制为由国有控股的云南滇红集团股份有限公司，注册资金5000万，有资产4.2亿元，有职工900人、技术人员300人，茶园99片共2.4万亩，初制所133个，年产茶5000吨，实现利税1000多万元，后经2001年、2003年两次改制，成为民营股份有限公司，主产滇红，同时生产滇绿、沱茶、普洱茶、速溶茶等100多个品系，年生产能力达6000吨。滇红工夫一级于1975年位列全国榜首，于

1988年获首届中国食品博览会名特优新产品金奖；金芽茶于1958年创制，被称为滇红超级极品，在当时以每磅500便士的价格轰动国际茶叶市场；特级工夫茶，于1959年被定为国家外事礼茶；早春绿于1990年荣获商业部"部优名茶"称号，被评为全国名茶；蒸酶茶，于1999年被评为云南优质茶；速溶茶，曾获中国保健食品中医中药博览会"优秀研究"金奖和"优秀产品"金奖。

下关茶厂作为以生产沱茶为主的云南最大的紧压茶加工基地，是驰名中外的云南沱茶的专业厂家。1994年起改制至成立云南下关茶厂沱茶（集团）股份有限公司后，截至2005年，年加工沱茶、紧茶可达6000吨，销往23个省区市以及20多个国家和地区，实现工业总产值6359万元，销售额达7500万元，实现利税760万元，位列云南榜首。内销甲级沱茶多次获国家质量银质奖，于1988年获首届中国食品博览会金奖，1989年荣获"国家名茶"称号；外销沱茶于1987年被评为"商业部系优质产品"，于1986年、1987年、1993年3次获世界食品（饮料）金冠奖，1996年获第十届产品质量欧洲金奖。

普洱茶厂从1998年企业改制至2001年2月成立普洱茶（集团）有限责任公司，经过发展，茶厂占地面积43547.9平方米，厂房面积7278平方米，有直属茶园基地6个，面积达11578亩，有员工及茶农2800人，主要生产"普秀"牌传统普洱茶、工艺茶、袋泡茶、礼品茶、名优绿茶等60多个品种，年生产加工能力达4000吨，成为普洱茶又一大重要生产基地。

除上述老牌企业外，在改革开放中，还产生了一批新企业，其中比较大的有以下几家。

大渡岗茶厂，1981年建立于景洪市，属国家二级企业，中国企业形象AAA级，有出口权，属农垦系统，拥有现代化高产茶园15200亩，平均单产200公斤以上，有橡胶园31700亩、咖啡4000亩，是云南最大的最为现代化的茶叶实业企业，有20个生产队、6个直属单位、3个分场、3个公司、1个肥料厂。茶叶年产值5700万元，财税370万元，主要生产滇红工夫、CTC茶系列、烘青绿茶。其中，工夫一级、CTC 2号和5号、龙山云毫获绿色食品证书，工夫一级、CTC 5号获全国名优产品特等奖和"省优质产品"称号。

牛洛河茶场，1988年建立于普洱市江城县。在5万亩的荒山上，3年建立复合生态茶园10300亩，种树10余万株，是云南最大的生态茶场，也是易地扶贫的典范。有固定资产1800万元，年产茶1350吨，产值2000多万元。茶场得到时任云南省委书记普朝柱的肯定，1992年茶场5周年庆典时，普朝柱还亲笔赠条幅祝贺。该茶场在全省影响深远，产品行销全国，尤其生态茶颇受消费者欢迎。

昌宁茶厂，于1956年建立，位于云南第四大产茶县昌宁县，以生产优质出口红茶为主，是保山地区最大的茶叶企业。

澜沧茶厂，于20世纪70年代建立，位于云南第五大产茶县澜沧县城，以生产烘青绿茶为主，该区茶园多位于海拔1800米左右的高海拔区，天然品质极为优良。

普文农场，位于景洪普文镇，有茶园面积万余亩，年产茶750吨，生产红茶、绿茶。

芒市华侨农场，位于芒市，职工为归国华侨，主产红茶。

二、科研文化推动，云茶再次走向世界

1986年3月10日，云南普洱沱茶在西班牙巴塞罗那第九届国际食品评奖会上荣获世界食品汉白玉金冠奖；9月，下关甲级沱茶荣获国家质量银质奖，后多次被评为省优产品；10月，英国女王伊丽莎白二世偕其丈夫菲利普亲王（爱丁堡公爵）来昆明访问，饶有兴致地鉴赏了陈列在西山华亭寺中的云南普洱茶；10月15日，下关茶厂生产的云南沱茶在德国杜塞尔多夫第十届国际食品（饮料）节荣获世界食品金冠奖；10月23日，全国人大常委会副委员长班禅额尔德尼·确吉坚赞视察下关茶厂，表示仍有部分藏族人喜欢带把的心脏型紧茶，于是下关茶厂开始恢复带把的心脏型紧茶的生产。1990年11月30日，"宝焰"牌紧茶注册商标正式启用，证号为535357。1992年，"松鹤"牌沱茶（内销）注册

商标正式启用，证号为585634号。1993年3月15日，下关茶厂生产的云南沱茶在西班牙马德里第十六届国际食品节上荣获世界食品（饮料）金冠奖。1994年8月30日，由下关茶厂、云南茶叶进出口公司、重庆渝中茶叶公司等5个单位共同发起，经省体改委批准后成立云南下关沱茶股份有限公司。1998年12月，经大理州政府批准，以云南下关沱茶股份有限公司为母公司，以大理州茶叶有限责任公司和南涧茶叶有限责任公司为子公司，组建下关沱茶（集团）股份有限公司。

1987年7月15日，云南茶叶进出口公司在欧洲的沱茶总代理商法国甘浦尔先生在巴黎王子酒家举行了法国国家级的云南沱茶研究报告会，并发布临床试验报告称：云南沱茶特有疗效，可降低人体中的血脂含量。此事在法国《欧洲时报》、中国香港《成报》及《国际贸易消息》《云南日报》均做了报道。是年，昆明医学院附属医院内科心血管组对沱茶的药理效应进行临床试验：一组服用沱茶（55例），一组服用西药氯贝丁酯（33例）。结果表明，服用沱茶者血脂、胆固醇的下降率明显高于服用氯贝丁酯者。1990年，在亚太地区国际肿瘤学术会议上，昆明天然药物研究所国家级专家梁明达、胡美英教授公开展示了普洱茶抗癌作用的科研成果及其产品。两位教授发现，普洱茶杀灭癌细胞的作用最为强烈，甚至常人喝1%浓度的茶亦有明显作用。

1988年12月13日至次年1月1日，台湾茶艺大陆观光团由台北茶艺文化事业联谊会会长季野先生率领，一行14人到云南昆明、下关、勐海等茶区考察普洱茶，寻根访祖，朝拜勐海巴达1700年的野生古茶树王。

1989年，云南省茶叶进出口公司王树文、苏芳华、陈露云率云南代表团"云茶苑"茶艺表演队在北京参加了中国首届茶与文化展示周的茶文化活动，他们编排（以陈露云为主）的"云茶苑"茶艺表演曾轰动京城，中外20多家媒体争相进行报道，这是云茶第一次受到人们的广泛关注。随后"云茶苑"茶艺表演又被指定作为1990年亚运会的表演节目，云南民族茶文化从此不断走向国内外。

在西双版纳，由州政府、外贸局、茶叶学会等单位主办的首届西双版纳国际茶王节在景洪市举行，来自6个国家和地区及11个省市的茶界人士共195人出席。茶王节旨在以茶会友，弘扬茶文化，促进贸易，振兴西双版纳。来自日本、泰国、韩国、马来西亚、印度尼西亚、缅甸等国家及台湾、香港地区的200多名专家、学者、客商参加了节庆，推出了丰富多彩的茶文化专项旅游活动。

1989年陈露云在中国各省市茶叶展销会及茶艺表演中进行"云茶苑"茶艺表演

在昆明市，由中国国际茶文化研究会和云南省政府联合召开第三届国际茶文化研讨会，有7个国家及国内各地共265位茶界人士参加。会后，香港、台湾等地的15名知名茶人在中华茶艺联谊会会长吕礼臻的带队下前往景迈考察，接着又在云南省茶司陈露云的协助下去易武考察。之后，吕礼臻先生于1995年订购并监制的第一批易武茶在易武乡长张毅和省茶司陈露云的协助下做成"真淳雅号"销往台湾，让沉寂已久的普洱茶和易武茶山古镇走向复兴，由此翻开了普洱茶振兴的又一篇章。

作者率队考察镇沅千家寨野生茶王树

1996年11月，思茅地区在镇沅县举行了哀牢山国家自然保护区云南镇沅千家寨古茶树考察论证会，10位专家学者受邀到镇沅县九甲乡和平村千家寨进行考察、论证。其中最古老的一棵茶树树龄达2700年，树基部直径1.2米、树高25.5米、树幅22米。经专家组系统考察确认：该县九甲乡和平村千家寨的大茶树群落是迄今为止发现的世界上最大、最古老的野生茶树群落。类似这样的茶树群落有8处，计4200亩之多，其中千家寨上坝古茶树树龄为2700年、小吊水头古茶树为2500年。1997年2月28日，第二届中国普洱茶国际学术研讨会在澜沧县召开，参加研讨会的海内外专家学者共有56人，提交论文20篇，会上交流了11篇。全体与会者实地考察研讨了景迈万亩古茶林。我国首套《茶》邮票在全国发行，全套邮票共4枚：《茶树》（云南澜沧邦崴古茶树）、《茶圣》（陆羽）、《茶器》（唐代鎏金银茶碾）、《茶会》（明代《惠山茶会图》）。这套邮票由任宇设计。在茶树进化中属过渡型的邦崴古茶树为此套邮票的第1枚，面值50分，展现了中国是世界茶的故乡、茶文化的悠久和博大精深。

从20世纪90年代初开始，大量科学文化研究表明，普洱茶"温饱品饮、盛世收藏"和越陈越香的特点开始受到市场的关注。香港回归前夕，大量存于香港的陈年普洱茶被发掘出来。1995年12月，台湾师范大学教授、中国普洱茶学会创会会长邓时海著的《普洱茶》一书由台湾壶中天地杂志

协助邓时海《普洱茶》一书在大陆出版并积极弘扬普洱茶时间价值的陈露云老师

社出版发行（2004年4月，在云南知名茶人陈露云的帮助下，云南科技出版社将该书以简体字在大陆再版），对普洱茶文化的传播起到了较大的推动作用。普洱茶的价值不断被人们重新发现，在香港、台湾，越陈越香的普洱茶被视为最有益于人体健康的茶饮品、"绿色黄金"和最具收藏价值的"能喝的古董"，并从中国港台地区至

韩国、日本后又返至中国珠三角地区并波及内地，逐渐出现一股收藏、品饮普洱茶热。从1993年4月在普洱市（思茅）举办了首届普洱茶叶节暨中国普洱茶国际学术研讨会后，海内外围绕普洱茶的研讨和茶事活动越来越多。在普洱茶历史文化和普洱茶人文社会科学方面，云南被确立为世界茶源和最早种茶、用茶和茶文化发祥地，在全国逐渐掀起了普洱茶品饮及收藏热潮，形成了波及全国乃至国外的普洱茶巨大市场需求，带动了云南茶叶经济，从1997—2007年全省新种茶园面积平均每年以超10万亩的速度递增，茶叶综合产值实现翻了3倍的跨世纪大发展。

三、改革开放后涌现出的茶品牌及获奖名茶

（一）云南在国际上获奖的名茶

云南普洱沱茶：于1986年在西班牙第九届国际食品评奖会上荣获国际食品汉白玉金冠奖；于1986年、1987年、1993年3次获世界食品（饮料）金冠奖。

云南袋泡沱茶：获第10届产品质量欧洲金奖。

绿海白梅：获'99昆明世界园艺博览会银奖。

香蕊：获'99昆明世界园艺博览会银奖。

（二）在全国获奖的名茶

在全国获奖的名茶主要有：勐海茶厂南糯白毫（1982年）、省茶科所云海白毫（1986年）、凤庆特级滇红工夫（1986年）、凤庆早春绿（1990年）、下关甲级沱茶（1985年）、凤庆滇红工夫一级（1985年）和红碎1号（1985年、1988年）、勐腊尚上勇茶厂旋云茶（国家星火金奖）、勐海滇红工夫二级（1984年、1988年）、勐海七子饼茶（1983年）、勐海红碎2号高档（1984年）、江城农场红碎2号高档（1984年）、普洱农场红碎2号高档（1984年、1988年）。

1999年获"中茶杯"奖的名茶有：大渡岗滇红工夫一级、CTC碎5获特等奖，大渡岗滇红工夫二级、滇红集团CTC茶、昌宁雪兰绿茶获

一等奖,省茶科所滇红香曲、版纳曲茗获二等奖,大渡岗龙山云毫一级被评为优质茶。

(三)省级名茶

省级名茶主要有:云龙大栗树茶厂的云龙绿茶(1993年),下关茶厂的感通茶(1993年)、苍山雪绿(1993年、1999年)、甲级沱茶(1999年)、普洱沱茶(1999年),大渡岗茶场的龙山毫尖(1993年)、龙山龙虾(1993年)、龙山旋峰(1993年)、龙山毫针(1993年),牛洛河茶场的南江奇兰(1993年)、报春银毫(1993年)、云海玉芽(1993年),普洱茶厂的板山毫峰(1993年),普文茶厂的版纳毫(1993年)、版纳螺(1993年),尼诺茶厂的尼诺绿茶(1993年),腾冲茶厂的腾翠(1993年)、凤山绿茶(1993年),龙生集团的龙生翠茗(1999年),腾冲徐剑茶厂的徐剑毫峰(1999年),凤庆茶厂的太华茶(1993年),勐海茶厂的大黑山香眉(1993年)、南糯白毫(1993年)、宫廷普洱(1993年)、七子饼茶(1999年),思茅茶树良种场的雪兰(1993年)、卷云(1993年),省茶科所的版纳白毫(1993年)、版纳云奇(1993年)、佛香茶(1993年),临沧茶科所的光山剑毫(1993年)、光栅盼雪(1993年、1999年)、光栅银毫(1993年、1999年),思茅名特优茶开发公司的绿海白梅(1999年)、绿海银毫(1993年),思茅茶叶公司的庙山毫尖(1993年)、庙山银毫(1993年),澜沧茶场的苍涌玉泉(1993年)、王冠银毫(1993年)、苍峰玉露(1993年),景谷县茶技站的景谷大白茶(1993年),黎明茶厂的黎明银针(1993年)、竹筒香茶(1993年),勐根茶厂的恐龙松针(1993年),三家村茶厂的弯山银毫(1993年)、春兰(1993年),云县茶厂的碧玉银针(1993年),勐撒农场的洛凌玉芽(1993年),勐底农场的菊花茶(1993年),雪兰茶厂的雪兰绿茶(1999年),昌宁茶技站的碧云银毫(1993年),芒市华侨农场的大叶剑峰(1993年),遮放农场的云雾银钩(1993年),南涧茶办的黑龙潭毛峰(1993年)、仙龙洞芽毫

（1993年）、凤山云蕊（1993年），绿春茶厂的玛玉茶（1993年、1999年）。

（四）当代名茶

通常，我们把1973年开始生产熟普洱茶以后的普洱茶品称为现代茶品。

根据1990年9月由王树文、苏芳华主编的《茶的故乡——云南》一书中的"云南省茶叶进出口公司商品目录"，云南普洱茶的茶品有以下几种。

用纸箱包装的熟普洱散茶有74021、75022、79072、78001、79122等6个茶号，每箱净重25—30公斤。这里的茶号的第1、2位阿拉伯数字代表年份，中间两位阿拉伯数字代表茶的级别，最后一位阿拉伯数字代表厂别。其中："1"代表昆明茶厂、"2"代表勐海茶厂、"3"代表下关茶厂、"4"代表普洱茶厂、"5"代表澜沧茶厂。（以下号码茶中阿拉伯数字代表的含义相同）

用塑料编织袋包装的熟普洱散茶：75671、78071、88071、79072、76073、77074、89075、78081、88081、79082、76083、77084、89085、78091、88091、79092、76093、77094、89095、78101、88101、79102、76103、77104、89105、81001、79112、76113、81004、79115，每件净重30—40公斤。

云南普洱茶小包装：Y562，为勐海茶厂生产的5、6级普洱散茶，规格为100克×160盒/箱，纸箱包装，每箱净重16公斤；Y671，为昆明茶厂生产的6、7级普洱散茶，规格为100克×160盒/箱，纸箱包装，每箱净重16公斤；P901，规格为100克×200盒/箱，纸箱包装，每件净重20公斤；P902，规格为100克×80袋/箱，纸箱（铝塑）包装，每件净重8公斤；P904，规格为500克×45袋，夹板箱包装，每件净重22.5公斤。

普洱袋泡茶：Y801，规格为40克×150盒/箱，纸箱包装，每件净重6公斤。

沱茶袋泡茶：7643，规格为50克×120盒/箱，纸箱包装，每件净重6公斤。

绞股兰袋泡普洱茶：G803，规格为30克×100盒/箱，纸箱包装，每件净重3公斤。

普洱茶砖：7581，有两种规格——200克×160块/箱，纸箱包装，每件净重40公斤；250克×130块/箱，纸箱包装，每件净重32.5公斤。

云南贡茶：F901，有两种规格——500克×4×10盒/箱，纸箱包装，每件净重20公斤；250克×4×20盒/箱，纸箱包装，每件净重20公斤。

紧茶：规格为250克×120块/筐，竹篮包装，每件净重30公斤。

云南香竹筒茶：NP901，规格为100克×120筒/箱，纸箱包装，每件净重12公斤。

云南沱茶：7663，有两种规格——100克×160盒/箱，纸箱包装，每件净重16公斤；250克×80盒，夹板箱包装，每件净重20公斤。7653，规格为100克×160盒/箱，纸箱包装，每件净重16公斤；精装沱茶，规格为100克×160个/箱，纸箱包装，每件净重16公斤。便装沱茶，规格为100克×300个/箱，纸箱包装，每件净重30公斤。

云南七子饼茶：有7个茶号，即7452，规格为357克×42盒/箱，纸箱包装，每件净重15公斤及规格均为357克×84饼/篮、竹篮包装、每件净重30公斤的7572、8582、8592、8653、8663、7542 6个茶号。

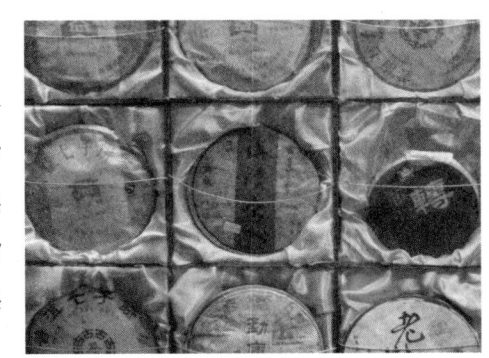

经典357克普洱生饼

（五）市面上比较知名的普洱茶品

1. 七子饼茶

7542，青饼，是勐海茶厂出品的大宗茶，茶叶内质滋味浓厚；

7572，熟饼，是勐海茶厂出品的大宗茶，20世纪70年代中期的7572芽叶肥壮，色泽棕褐油润，汤色红浓明亮，香气陈香，是早期熟普洱茶的精品。

2. 普洱茶砖：7581

昆明茶厂20世纪70年代中期压制的熟普洱茶砖，用黄色条纹牛皮纸包装，上印有红色"云南普洱茶砖""净重250克"中国土产畜产进出口公司云南省茶叶分公司"繁体中文字样，是目前品质较好、最受消费者欢迎的茶砖。

3. 73厚砖

勐海茶厂20世纪70年代的产品，以熟普洱茶为原料压制，规格为14厘米×9厘米×3.5厘米，重240克，用土黄色油面纸包装，上印有红色的"云南普洱茶砖""净重250克""中国土产畜产进出口公司云南省茶叶进出口分公司"繁体中文字样，目前市面上仍有少量流通。

4. 7562茶砖

勐海茶厂20世纪70年代的产品，以较细嫩的熟普洱茶为原料压制，规格为14厘米×9厘米×2.3厘米，重240克，用白色油面纸包装，正面字样同73厚砖，背面用蓝墨水印有"7562"字样；砖面呈金黄色，有淡淡荷香。

7562普洱小方砖

5. 普洱方茶

由昆明茶厂和勐海茶厂出品。昆明茶厂压制的普洱方茶为普洱生茶，重250克。正面印有"普洱方茶"4个凸体字，背面印有"八中茶"的凸体字，用白底红字和黑字薄纸盒包装，"普洱方茶"4个字为黑色字体，中间拼音字母"PUERH"用红色，右上角为"中茶"商标，8个"中"字为红色、中间的"茶"字为绿色。20世纪80年代后，勐海茶厂出品100克的小普洱方茶，包装设计如上，为熟普洱茶压制而成。

6. 普洱沱茶

云南最著名的沱茶有下关沱茶、银毫沱茶、凤凰沱茶和白毫沱茶。

下关沱茶有生沱和熟沱两种，有100克和250克两种规格，为下关茶厂生产，产品多次被评为国内优质产品并获世界金奖。

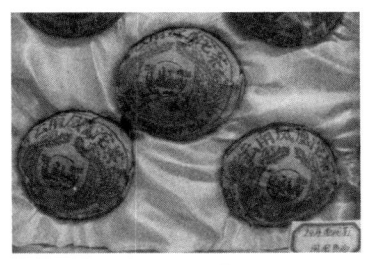

凤凰沱茶

银毫沱茶，是以双江勐海大叶种茶压制成的生普洱沱茶，有青沱、熟沱两种，为临沧茶厂1984年首批生产，质量较优。规格为8厘米×4厘米，重95克，土黄油面纸包装，上印有红色"普洱沱茶、银毫，云南省临沧茶厂出品"字样及图案，现已由临沧千年古茶公司临沧茶厂恢复生产。

凤凰沱茶，南涧茶厂于1985年开始生产，目前南涧茶叶公司茶厂和南涧凤凰茶厂均生产凤凰沱茶，有青沱、熟沱两种，重100克，品质较好。

白毫沱茶，是云县卫氏红茶厂近年生产的沱茶，全用无量山茶园细嫩白毫压制为生沱，有100克和250克两种规格，品质特优。

7. 班禅紧茶

下关茶厂压制成形的带把心脏形紧茶。1986年11月20日，全国人大常委会副委员长班禅额尔德尼·确吉坚赞视察下关茶厂后，下关茶厂恢复了带把心脏形紧茶的生产，又名班禅紧茶。

8. 白针金莲茶

白针金莲茶是勐海茶厂20世纪80年代初制成的轻微发酵的一级普洱散茶，上有薄薄的"白霜"，有淡淡荷香。茶汤砂滑、回甘生津，茶气强。

（六）比较有名的云南普洱茶商标

1. "中茶"

"中茶"商标（8个红色"中"字组成的圆圈围绕着中间绿色的

"茶"字）是中国茶业公司于1951年12月15日经中央私营企业局核准后发给商标审定书，取得了专用权，专用年限20年（1952年3月1日至1972年2月28日），商标注册证号码为13072号。

1984年茶叶流通体制改革以前，由于国家茶叶出口业务统一由中国茶叶进出口公司及其18个省区市的茶叶分公司经营，因此全国出口茶叶统一用"中茶"商标。

茶叶流通体制改革后，中国茶叶进出口公司对"中茶"商标实行有偿使用，于是各产茶省区市的茶叶生产、经营企业纷纷开始使用各自的商标。

"中茶"商标是最早使用在普洱茶产品上的商标，全省普洱茶生产厂都使用"中茶"商标，标有"中国土产畜产进出口公司云南省茶叶分公司"字样。1991年，中国土产畜产进出口公司云南省茶叶分公司更名为中国土产畜产云南茶叶进出口公司以后，由于国内外客商已习惯这一品牌，改变公司名称将对贸易产生不良影响，因此在1993年以前生产的普洱茶仍沿用了"中国土产畜产进出口公司云南省茶叶分公司"这一名称。

2006年3月，中国茶叶股份有限公司授权中国土产畜产云南茶叶进出口公司取得"中茶"商标使用权，继续生产"中茶"牌普洱茶，公司名称正式改为"中国土产畜产云南茶叶进出口公司"。

昆明茶厂作为中国土产畜产云南茶叶进出口公司的直属茶厂，茶叶产品使用的商标和标志与公司完全相同。

2."吉幸"牌

"吉幸"牌是云南茶叶进出口公司于1980年11月10日设计，经国家工商行政管理总局批准使用的商标，注册证号为第141504号。

吉幸牌沱茶

该商标采用我国汉朝文物"镂空螭虎玉佩"图案，寓意是带来吉祥命运，获得幸福人生。

3."凤牌"

这是凤庆茶厂使用的商标，现为云南滇红集团股份有限公司使用。1985年2月15日，"凤牌"商标由国家工商行政管理总局批准使用，注册号为220289，有效期限为1985年2月15日至1995年1月14日。1992年9月，荣获云南省首届著名商标称号。现已续展使用。

4."大益"

"大益"是勐海茶厂于1989年6月10日正式注册使用的商标。注册证号是第350839号。"大益"的含义是："大"是指云南茶质优秀、内蕴丰富的大叶茶种；"益"是指饮茶有益于身体健康，精神愉悦，有益于健康长寿，寓意饮用大益普洱茶对人们的身体健康大大有益。大益牌普洱茶年产5000吨左右，为云南普洱茶第一大品牌。

5."宝焰""松鹤"

"宝焰""松鹤"是下关茶厂经国家工商行政管理总局（今国家市场监督管理总局）商标局批准使用的商标。

"宝焰"是于1991年11月30日正式启用的商标，主要用于紧茶，商标注册证号为第535357号。图案是由红、黄、黑3色组成，分为3个部分：香炉采用黑边，为黄色、金黄色金鼎；炉内4个桃形图像系元宝，象征贡茶；炉中之火焰象征佛光，为红色。金鼎中元宝的熊熊烈火燃烧正旺，象征佛光普照、吉祥如意。

下关沱茶

"松鹤"是下关茶厂于1992年3月10日注册使用的商标，主要用于沱茶和七子饼茶，注册证号为第585637号。

6."普秀"

"普秀"是普洱县茶叶公司于1994年1月14日经国家工商行政管理

总局商标局注册使用的商标,注册证号为第673377号。普洱县茶叶公司的前身是普洱茶厂,成立于1975年4月,是云南最早定点生产普洱茶的4个厂家之一。1985年,普洱茶厂更名为普洱县茶叶公司。1998年,普洱县茶叶公司改制后成立普洱县精制茶厂。2001年2月,成立普洱茶(集团)有限责任公司。2004年10月,成立云南普洱茶(集团)有限公司,继续使用"普秀"商标。2006年2月14日,集团公司注册成功以"大叶种茶叶"及"马"为主要表现元素、马帮精神渗透其中的"普秀"新商标,注册证号为第5157600号,旨在有效推动树立"正宗、传统、专业、领先"的企业形象。同年,"普秀"被云南省工商行政管理局评为"云南省著名商标"。

7."勐库"

"勐库"是云南省双江茶厂于1994年5月24日注册使用的商标,注册证号为第158954号。现为云南双江勐库茶叶有限责任公司续展使用的商标。

8."凤临"

"凤临"是昆明市凤临茶厂于1997年2月14日注册使用的商标,注册证号为第946435号。2003年荣获云南省著名商标。2006年荣获云南"金财杯"十大兴滇领袖品牌。凤临牌商标已续展注册,续展注册有效期为2007年2月14日至2017年2月13日。

9."龙生"

"龙生"是云南龙生绿色产业集团于1999年9月14日正式注册的商标,注册证号为第1314646号。商标图案中的两片叶子代表茶叶,绿色代表生机盎然,叶子的形状代表澜沧江流域,寓意是澜沧江流域的龙生集团像茶叶一样,朝气蓬勃,意气风发。

"龙生"商标于2003年10月被评为云南省著名商标,于2006年10月被重新认定为云南省著名商标。

10."老同志"

"老同志"是安宁海湾茶业公司使用的商标,于2005年4月7日正式注册使用，注册证号为第3698003号。

11."加嘉"

"加嘉"是2003年1月28日注册使用的商标，注册证号为第3013395号。

12."六大茶山"

"六大茶山"是云南六大茶山茶业有限公司于2004年3月21日注册使用的商标，注册证号为第3311127号。

13."滇云""国辉神农"

"滇云""国辉神农"是昆明国辉神农茶业工贸有限公司注册使用的商标。"滇云"商标于2000年5月28日注册，注册证号为第1402684号；"国辉神农"商标于2002年11月14日注册，注册证号为第1959626号。

14."龙圆号"

"龙圆号"是云南省西双版纳古茶山茶业有限公司于2005年7月21日正式注册使用的商标，注册证号为第3765283号。龙圆号普洱茶年产量已达3000吨。在中国云南首届普洱茶茶王评选活动中，龙圆号版纳印象沱、龙圆号太子砖荣获金奖，龙圆号古树茶王沱荣获银奖。

龙圆号七子饼茶

15."帕卡"

"帕卡"是云南省思茅茶树良种场和中国普洱茶研究院于2006年7月28日正式注册使用的商标，注册证号为第4079600号。"帕卡"二字出自彝族语言，为音译，意为老茶树上采摘的鲜叶制成的茶。

帕卡普洱茶

16."双绿牌"

"双绿牌"是澜沧县古茶有限公司于2001年11月7日注册使用的

商标，注册有效期限为2001年11月7日至2011年11月8日，注册证号为第166309号。2005年12月被云南省工商行政管理局认定为云南省著名商标。

17."八角亭"

"八角亭"是云南省黎明农工商联合公司茶厂使用的商标，注册有效期限是2000年9月28日至2010年9月27日，商标注册证号为第1450644号。2005年8月通过了中国绿色食品发展中心颁布的绿色食品认证证书，2006年7月取得食品质量安全证书（QS证书），2006年10月获云南省工商局颁发的"云南省著名商标"牌证。"宫廷普洱王"和"早春银毫"饼荣获2006年中国（广州）国际茶博会特等奖和金奖，是该次茶博会唯一一家荣获双奖的企业。

茶叶晾晒

此外，还有大渡岗茶叶实业总公司的"大渡岗"，云南大理南涧县茶叶公司的"土林""无量山"，临沧古茶公司的"临毫"，等等，均为云南普洱茶的知名商标。

一韵千年的跨世纪发展

一、依靠茶科技率先推广生态茶园

迈向21世纪后,随着改革开放不断深入和社会经济的发展,人民生活水平也在不断提高,茶叶进一步成为人们的生活必需品,云茶的生产也依靠科技和文化推动出现了大发展机遇。从20世纪末开始大量推广生态茶园,加大新建和换种改植力度,推广无公害茶叶及机械化生产技术,为云茶产业的跨世纪大发展提供了坚实的基础保障。

作者在生态茶园调研

在生态茶园的推广中,1990—2000年是云茶依靠科学技术增产、提质、增效的时期。1986年,云南在全国率先提出了生态茶园的理论,大力进行生态茶园研究并推广,在以往速成高产的基础上开创了云南茶树栽培生态化道路。种植最多的品种为云抗10号,仅2008年推广面积就达150万亩,占无性系良种茶园总面积的93.0%。推广良种茶园栽培技术,在改变种植方式和推广剪、采、养技术的同时,贯彻实施茶园多层多种立体结构;对茶园重施基肥,实现不同程度的有机化;针对茶树病虫害推行生态控制和生物防治等管理措施,在茶园中种植覆阴树、行道树,形成以生物多样性为主的病虫害生物防治体系,尽量不使用农药,禁止使用国家规定的禁用农药。20世纪90年代初，开始茶叶绿色食品试验示范工作。2001年，开始大面积推广无公害、绿色、有机茶叶生产技术，无论是新植茶园还是现有茶园都以无公害为基本要求进行管理。

随着茶叶生产责任制的落实和社会经济的发展，无论是新茶园还是老茶园，都普遍采取了综合技术管理措施，施肥面积扩大、施肥量增加，茶树病虫害也得到了有效控制。在茶园机械化修剪技术方面，从20世纪80年代初期到中期进行

普洱市万亩茶园

试验示范，80年代末期开始在局部地区推广，90年代末期开始在全省范围内推广；2007年开始大面积推广，2008年全省机械化修剪面积达60多万亩，无公害生态茶园和科技的推广使全省茶叶面积一直稳定在240万—251万亩之间，且品质大大提高。1991年苏联解体后，云茶单一的红茶国际市场发展受阻，云南茶业开始积极寻找新出路，开拓内销市场，大力开发名优新产品，形成了产品多样化、优质化的格局。至2000年，全省茶叶产量达7.94万吨，比1989年增加3.66万吨，增长85.5％，年平均增加3660吨，平均增长8.6％。

二、茶树源地和大叶种茶价值的确立

1991年3月，在澜沧县富东乡邦崴村发现邦崴古茶树，树高11.8米、树幅8.2×9米，经专家学者4次考察，10月11—14日，云南省茶叶学会、云南省农业科学院茶叶研究所和思茅地区茶叶学会在澜沧拉祜族自治县联合召开了澜沧邦崴古树考察论证会，来自全国相关科研机构、院校等的46位茶叶专家参会。论证结果是：该古茶树树龄千年左右，是处于野生型与栽培型之间的过渡型茶树，并定名为"邦崴古茶树"。邦崴古茶树的发现，为研究茶树的起源与进化提供了新的证据。中国邮电部于1997年4月8日发行的《茶》邮票，将过渡型邦崴古茶树设为此套邮票第一枚的图案。

从20世纪80年代始,经过中外植物学家和茶学专家的多年研究,云南是茶树的起源中心和大叶种茶原产地的论断不断得到确立。1993年4月,由云南省茶叶学会、思茅地区茶叶学会、中华茶人联谊会、中国茶叶学会等单位联合召开的中国普洱茶国际学术研讨会暨中国古茶树遗产保护研讨会及由思茅地区行署举办的首届中国普洱茶叶节在思茅隆重举行,会上收到论文76篇。来自9个国家和地区的181名专家学者对澜沧邦崴千年古茶树王进行了考察,将澜沧邦崴古茶树通过染色体组型并与云南大叶种和印度阿萨姆种的核形进行对比,结果发现在邦崴大茶树核形的对称性上,云南大叶种比印度阿萨姆种的对称性更高。云南澜沧邦崴大茶树是较印度阿萨姆种更原始、起源更早的茶树,是野生型向栽培型过渡的过渡类型。① 这一结论轰动了世界,它再次雄辩地证明了中国是茶树的原产地,而云南是茶树的原产中心,这可以说是颠覆世界茶叶原产地原学说的重大科学突破。而至今还存活在勐海巴达大黑山的有着1700多年树龄的野生茶树王,也为

作者于2021年出版的著作
《云茶史志辑考》

这一论断提供了最好的佐证。"中国是茶树的原产地,而云南是茶树的原产中心"的论断及大叶种茶地位的确立,不仅为中国茶,而且为普洱茶的价值体现及发展奠定了重要的科学和理论基础。② 这次研讨会后,全体代表在澜沧邦崴村古茶树旁竖立了"保护古茶树,弘扬茶文化"的石碑,台湾吕礼臻、邓时海、曾志贤、陈怀远等著名茶人与云南省茶叶公司、省茶叶学会参与负责接待并担任茶文化交流活动主

---

① 黄桂枢主编:《中国普洱茶文化研究:中国普洱茶国际学术研讨会论文集》,云南科技出版社1994年版。

② 黄桂枢主编:《中国普洱茶文化研究:中国普洱茶国际学术研讨会论文集》,云南科技出版社1994年版。

持人的陈露云等很多云南茶界人士进行了广泛的交流,普洱茶就如和平友好的文化使者,将祖国海峡两岸的茶人和普洱茶文化的先行研究者紧紧联系起来。此后,思茅每年都举办中国普洱茶叶节和云南省开展各种茶文化活动,并且港澳台茶商积极推介、宣传普洱茶。这些活动的成功举办,为弘扬普洱茶文化、振兴普洱茶产业做出了积极的贡献,在中国茶叶界产生了深远的先导影响。茶源地和大叶种茶价值确立,科研和文化双管齐下,不断夯实了云茶在世界茶叶中的产业地位。

三、茶产业及茶文化的双崛起

步入21世纪,云南茶业迈向了新的发展时期。2000—2007年是云南以普洱茶产业及文化为主的大发展时期。云南茶业实现了3个突破。一是茶园面积突破500万亩,8年间增加了252.45万亩,年平均增加31.56万亩;2007年新植茶园

作者率团考察临沧凤庆香竹箐"锦秀古茶王"

82.9万亩,为面积最大增量年。二是茶叶产量突破17万吨,其中普洱茶产量达9.9万吨。2008年比2000年产量增加9.21万吨,增长接近2倍;年平均增产1.15万吨,增加14.5%。2007年比上年增产3.17万吨,为产量最大增量年。三是云南独特的普洱茶得到发扬光大,产量突破5万吨。2006—2008年每年普洱茶产量都在5万吨以上,2007年达9.9万吨,比上年增加4.7万吨,增长90.4%,为最大增长年。

至2006年,从云南工商注册统计看,云南茶叶生产、加工、营销等各类企业总量增至500家左右,在国内及国外设有办事处、分公司、旗舰店的企业有100多家,新增经销商2000多户,市场网络从一线城市向二、三线城市延伸。2008年12月1日,《地理标志产品 普洱茶》(GB/T 22111—2008)开始实施,促进了云茶品牌战略的实施,涌现出了一批知名企业和品牌,例如勐海茶厂的"大益"、下关沱茶集团的"松鹤""宝焰"、滇红集团的"王子冠""凤牌"、

昌泰集团的"易昌"、勐库茶叶公司的"勐库"、海湾茶业的"老同志"、六大茶山茶业公司的"六大茶山"、牛洛河茶业公司的"牛洛河"、龙生集团的"龙生"、普洱茶集团的"普秀"、龙润集团的"龙润"等等。

2007年作者与陈露云及台湾学者邓时海先生等在古云海茶庄交流访谈

至2016年底,经过10年的快速稳步发展,全省市县各级党委、政府高度重视茶业发展,把茶业纳入经济工作的重要议事日程,作为产茶山区农民脱贫攻坚必不可少的建设项目和政策措施,在社会各界的同心合力下,云茶产业在巨大的发展中达到了一个前所未有的高度。云南茶叶生产、加工、营销等各类企业总量增至1000多家。2016年在全国茶叶公共品牌评选中,普洱茶品牌价值达57.09亿元,位居全国第3,被评为"最具品牌传播力"的三大品牌之一;滇红茶品牌价值达15.91亿元。全省茶叶企业获"国家农业产业化重点龙头企业"4家、"中国驰名商标"12件、"省级龙头企业"60余家、"省著名商标"新申请认定23件。云南下关沱茶(集团)股份有限公司、云南双江勐库茶叶有限责任公司、云南白药天颐茶品有限公司、云南六大茶山茶业股份有限公司、勐海陈升茶业有限公司、云南滇红集团股份有限公司、云南普洱茶(集团)有限公司、云南农垦集团勐海八角亭茶业有限公司、云南中吉号茶业有限公司、云南龙生茶业股份有限公司等10家企业荣获"2017全国茶叶行业百强企业"称号。

茶产业的大发展同时也促进了云南茶文化的崛起。在围绕普洱茶的一系列科学文化研究中,涌现出大批茶科学和茶文化学者,产生了大量研究成果,特别是云南作为世界茶源和最早种茶、用茶的地方以及茶文化发祥地而不断得到世界认同,为云南茶产业和茶文化的发展奠定了坚实的基础。

一是举办召开了大量高水平的国际学术研讨会。主要有:2001

年4月,第三届中国普洱茶国际学术研讨会在思茅地区镇沅县举行,参会专家、学者63人,提交论文22篇。本次研讨会对中国云南是世界茶源和茶文化发祥地等再次进行了充分讨论,通过了镇沅千家寨野生古茶树保护倡议书。2002年6月,由中国国际茶文化研究会、云南省西双版纳州人民政府、云南省茶业协会主办的2002中国普洱茶国际学术研讨会在景洪市隆重举行,来自日本、韩国、马来西亚及国内的共190名专家学者参加了大会,通过了对《中国普洱茶原产地区域论证意见》。会上,由苏芳华主编、云南人民出版社出版发行的《二〇〇二中国普洱茶国际学术研讨会论文集》首次亮相。2002年9月,"中国茶城——思茅茶文化研讨会"

作者正与外国学者交流

在思茅地区召开,参会的30多名国内专家、学者审议通过了《中国茶城建设初步设想》。会后,中国茶叶流通协会正式授予思茅"中国茶城"称号。2002年11月,由云南省茶业协会和中国科学院西双版纳热带植物园共同举办的"云南古茶园申报世界遗产工作座谈会"在勐腊县勐仑植物园召开。

2003年3月,经过长达一年关于"什么是普洱茶"和"云南普洱茶标准"的大讨论,云南省质量技术监督局正式颁布《云南普洱茶地方标准》。这是云南省第一个茶叶地方标准,为普洱茶产业发展奠定了坚实的基础。2004年12月19日,云南科技出版社与云南省茶叶商会在云茶大酒店共同召开了"什么是普洱茶"专家座谈会。会上,20位专家针对目前社会和学术界对普洱茶认识的现状展开了激烈的讨论。2005年3月27—30日,由云南省政协文史委员会、中国国际茶文化研究会、西双版纳州人民政府主办的"纪念孔明兴茶1780周年暨中国云南普洱茶古茶山国际学术研讨会"在勐腊县勐仑镇中国科学院西双版纳热带植物园隆重举行。会上,通过了保护和利用古茶树资源为主题的

《勐仑宣言》。由张顺高主编的《中国云南普洱茶古茶山·茶文化研究——纪念孔明兴茶1780周年暨中国云南普洱茶古茶山国际学术研讨会论文集》首次在会上亮相。

二是"普洱茶"地理证明商标获准注册。2005年10月31日,云南"普洱茶"地理标志证明商标获国家商标总局批准注册;11月,国家商标局向云南普洱茶叶协会颁发了《普洱茶原产地证明商标注册证》,

作者参与普洱茶标准的研讨及茶叶评审活动

这是云南省继"文山三七""呈贡宝珠梨"之后第3个获准注册的地理标志证明商标,也是唯一一个地域范围跨多个州市的证明商标。2006年7月1日,云南省质量技术监督局发布《云南省地方标准 普洱茶》(DB53/103—2006)和《普洱茶综合标准》(DB53/T171—173—2006)。2007年7月1日,云南省正式启动"普洱茶"地理证明商标的使用、管理和保护工作。这是云南省茶产业发展和商标注册工作的一项重大突破,是云南省大力实施商标战

2005年作者参加"普洱茶"地理证明商标会议做交流发言

略、加快茶产业发展的又一重大成就，它标志着传承千年的普洱茶产业进入一个依托品牌加快发展的新阶段。

三是科研机构不断设立，有关研究成果不断推出。2004年2月，中国普洱茶研究院在云南省思茅茶树良种场的基础上成立，杨柳霞任院长。2005年10月28日，全国首家普洱茶品质检测中心在云南云药实验室挂牌成立，这是专门从事普洱茶研究与开发和普洱茶品质检测分析的机构。

云南农业大学龙润普洱茶学院
学生进行茶艺表演

2006年4月9日，云南农业大学龙润普洱茶学院和云南普洱茶研究院挂牌仪式在云南农业大学隆重举行；5月10—20日，由云南省质量技术监督局的杨春华处长和云南民族茶文化研究会的李师程、蒋文中等组成调查组，在六大茶山调研普洱茶传统生产的市场准入，提出"易武模式"。截至2007年，全省有省级茶叶研究所（院）2个、省级茶树良种场2个、州级茶叶研究机构2个，开办有茶叶专业的大学1所、中等学校3所。另外，主产茶区市、县两级均建立了茶叶技术推广站。这些机构对云茶发展做出了积极的贡献。如：云南省农业科学院茶叶研究所先后完成了150多项研究课题，其中获得国家级和省部级等各级科技成果奖45项，60年来全省推广的茶叶技术绝大多数出自这些科技成果；该所先后在各主产茶区建立科技示范点100多个，派出科技人员长期驻点指导，推广茶叶科技；开办各类培训班500多期，共培训人员10400余人次。云南农业大学自1973年开创茶学高等教育以来，共培训人员3200余人。

茶文化研究成果不断推出。主要有：云南省普洱茶叶协会编的《中国普洱茶文化新探——第二、三届中国普洱茶国际学术讨论会论文集》（2003年），周红杰主编的《云南普洱茶》（2004年），滇濮茶人（蒋文中笔名）编著的《中国普洱茶》（2006年），由云南科技出版社发行的《云南普洱茶》(春、夏、秋、冬)季刊(2005年),思茅市政协编的《普洱茶源》(2005年),邓时海、耿建兴著的《普洱茶·续》(2005年),云南民族茶文化研究会、新境普洱茶文化传播机构编的《普洱茶之

作者参与编著的部分普洱茶著作

一经典文选》(2005年),云南人民出版社自2006年出版发行的《云茶》(双月刊),蒋文中、张明春编著的《中华普洱茶文化百科》(2006年),詹英佩著的《中国普洱茶六大茶山》(2006年),蒋文中、华林合著的《古茶乡韵》(2008年),等等。此外,2006年,蒋文中教授、林世兴记者等组成调查组,对全省产茶区及广东等地进行"发展云茶产业对策"调研,并发表《普洱茶深度大调查》系列报道。2007年,蒋文中、张明春编著的《爱随茶香》出版,被媒体誉为"继《中华普洱茶文化百科》之后又一部颇具人文色彩、反映普洱茶哲学与艺术之美的文化力作"。上述所有这些研究成果为云南茶产业发展奠定了科学的文化理论体系。

四是各种茶文化交流宣传活动的举办,加大了普洱茶市场的推广力度。2002年3—4月,云南茶文化考察团到台湾进行普洱茶文化考察和交流活动;11月,在广州茶博览交易会第二届(秋季)优质茶评比大赛中,云南古普洱茶公司的宫廷普洱茶荣获"普洱茶王"称号,100克宫廷普洱茶王拍卖了16万元。2004年,在临沧市举办了中国临沧首届"大友杯"普洱茶神农奖公开赛,评出金奖1名、银奖2名、

"马帮茶道·瑞贡京城"推介活动上的民族歌舞表演

铜奖3名、优质奖8名，由云南六大茶山茶叶公司为广东芳村茶叶城开业志庆制作的巨型普洱茶饼获得上海大世界基尼斯总部颁发的"大世界基尼斯之最"证书。2005年，由胡明芳等组织策划的首届"马帮茶道·瑞贡京城"活动正式在普

作者在参加马帮贡茶途中

洱县拉开帷幕，由120匹马驮224筐共14420片普洱茶饼于5月1日从普洱出发，于10月9日到达北京，在老舍茶馆举行了希望工程云南普洱茶慈善拍卖会，使普洱茶轰动京城；应广州茶文化促进会、广州芳村茶叶市场邀请，由省茶叶商会组织普洱茶专家宣讲团赴广州出席"谈古论今话普洱"大型茶文化活动，向广州市民宣讲普洱茶；11月，"滇茶大益天下 马帮西藏行"活动在勐海县拉开帷幕，这支由99匹马驮运普洱茶的马帮，其中还有13名女子，他们沿滇藏茶马古道最终到达西藏。

2006年2月12日，由西双版纳州人民政府、中国电视艺术家协会和北京亚视星空国际文化艺术交流中心举办的"马帮贡茶万里行"活动从勐腊县易武镇出发，由99匹马组成的大马帮驮运普洱茶经广西、广东、福建、浙江等地，于7月到达北京；4月30日至5月2日，中国临沧首届茶文化博览会在临翔区举行；9月23日，在云南普洱茶国际博览交易会上，由云南民族茶文化研究会李师程、蒋文中撰稿并指导，云南卫视摄制的《时光在吟唱·普洱茶》电视纪录片举行首播仪式。

五是2000—2007年，茶叶专业市场及普洱茶国际博览交易会不断出现，影响较大的有：2005年，全国首个以普洱茶为经营内容的茶叶城在广州芳村开业，占地2万多平方米，百余家大小茶商云集其中；云南茶叶批发市场在昆明市金实小区南门隆重开业；第七届中国普洱茶叶节（评选出了首届"全球普洱茶十大杰出人物"）、首届全球普洱茶嘉年华会、云南首届普洱茶交易会在云南思茅举行；首个"普洱茶都"落户北京马连道茶城，这是思茅市和北京市宣武区政府联合建立

的"普洱茶都",经营的茶商有100多家、普洱茶品种有400多个,成为以普洱茶为主体的茶叶展示交易中心。2006年由云南省人民政府主办的首届中国云南普洱茶国际博览交易会在云南茶叶市场隆重举行。自2005年迄今,每年均有一届茶博会在昆明举办。

总之,1997—2007年这10年是普洱茶发展最为迅猛的时期,以普洱茶为标志的云茶产业呈快速发展的态势,达到一个前所未有的高度,成为云南省工农业经济发展中的一大亮点。

作者参加首届泛亚茶马古道马帮文化艺术节高峰论坛

在云南的许多地区,茶产业成了区域性支柱产业,各种茶事活动蓬勃开展,对茶文化的发掘、弘扬,不仅推动了云茶产业的发展,也催生和带动了茶文化及相关产业的大发展。在云南省委、省政府"发挥优势、注重特色、做实做深文化产业,不断提高文化产业增加值占全省GDP的比重"的思路推动下,省委宣传部及省文产办在指导发展文化产业进程中,把茶文化产业列入云南省重点扶持的十大文化产业项目。省文产办主任范建华认为,茶文化不仅可为社会全面协调发展提供精神动力,而且可成为促进经济发展的重要补充。弘扬茶文化,加快云南省茶文化产业发展,对于进一步激发民族生命力、增强民族凝聚力、提高民族创造力、全面建设社会主义和谐社会有着重要意义。在范建华的组织指导下,由云南民族茶文化研究会组织开展了茶文化产业调研,并由蒋文中执笔编写了《十二五云南省茶文化产业发展规划》。在全省大力推进特色文化产业发展的背景下,一系列独具云南特色的文化产业群体逐步发展壮大,茶文化产业发展成效显著,与民族民间工艺品、珠宝文化等一道逐渐形成云南特色文化产业集群。

调结构、育品牌、拓市场

一、跌宕中调整前行

2007年底至2009年，以普洱茶为首的云茶产业从波峰跌到低谷，茶业发展在跌宕中调整前行。2007年年底以来，由于国际金融危机蔓延及其他种种原因，普洱茶市场出现较大波动，以致云茶市场受到冲击，茶叶总产量自2000年以来首次出现减产。

临沧市双江县举行祭茶神活动

2008年，云南省茶园面积从2007年的500万亩减少到350万亩，茶叶总产量从2007年的17万吨减少到9.5万吨，其中普洱茶产量从2007年的9.9万吨减少到4.5万吨，全省茶业经济大滑坡，企业和茶农效益降低，作为新兴产业的茶产业经受着严峻的考验。

茶产业是云南省传统优势产业，也是高原特色农业的重要组成部分。面对震荡中的云茶市场，中共云南省委、省政府高度重视，出台了一系列扶持茶产业发展的政策措施，尤其是在2007年普洱茶市场波动

普洱茶万亩茶园

的情况下,及时采取了"稳定面积、调整结构、培育品牌、开拓市场"的应对措施,夯实基地建设,强龙头、拓市场、树品牌,促进了云茶产业稳步发展。同时,根据当前国内市场仍是绿茶和花茶需求最大的趋势,云南各茶区调整产品结

西双版纳大渡岗万亩茶园

构,恢复了名优绿茶、花茶、红茶等优势品种的生产,从根本上改变了普洱茶产量增长快于消费增长的局面,形成了普洱茶、滇红茶和名优绿茶协调发展的格局,以保障茶产业稳定发展,满足广大消费者和饮茶爱好者的需求。2008年,云南省高优茶园面积达350多万亩,占全省茶园总面积的70%左右,其中无性系良种茶园达159.90万亩,占全省茶园总面积的31.8%,比1978年的94万亩增加1倍多;平均亩产干茶53.84公斤。名优茶产量达9.5万吨,其中名优绿茶4.0万吨,优质普洱茶4.5万吨。随着人们食品安全意识的不断增强,无公害茶叶生产规模也迅速扩大。据不完全统计,到2008年,全省无公害茶叶种植推广面积达430万亩,占全省茶园总面积的85%,其中通过认证的有130多万亩,占全省茶园总面积的25.8%,产量达10.5万吨,占全省茶叶总产量的61.2%。

经过市场洗礼,普洱茶市场正从以往更多为收藏增值进入以饮品为主的理性消费阶段,很多企业对茶业市场的认识更加理性,更专注于产品开发、品牌和销售市场渠道建设,对稳定云茶产业发展起到了积极作用。加工规范化程度不断扩大,产品质量大幅提升。10年来,茶叶企业按照清洁化生产的要求进行技术改造、扩建或新建茶叶加工厂,加工能力和食品安全生产能力显著提升。据不完全统计,2008年有茶叶初制所(厂)5170多个,年生产能力突破25万吨;精制厂1000多个,年加工能力25万吨左右,比1978年增加23万吨,增加了11.5

倍。大部分茶叶企业通过进行技术改造实现了清洁化生产,其中已有852家企业通过了QS认证。

品牌效应日益彰显,产业地位不断提升。2008年12月1日,《地理标志产品 普洱茶》(GB/T 22111—2008)发布,促进了云茶品牌战略的实施,涌现出了一批知名品牌,例如勐海茶厂的"大益"、下关沱茶集团的"松鹤""宝焰"、滇红集团的"王子冠""凤牌"、昌泰集团的"易昌"、勐库茶叶公司的"勐库"、海湾茶业的"老同志"、六大茶山茶业公司的"六大茶山"、牛洛河茶业公司的"牛洛河"、龙生集团的"龙生"等。

2008年作者在广州首届中国茶品牌评选活动上发言

此外,科技先行,推动产业发展。建立茶叶技术推广体系,做好人才培养和技术培训,加快科技推广的步伐以及抓好良种繁育和示范基地建设工作,提高良种良法推广能力。如:1986年和2000年,农业部分别在云南建立了普洱茶树良种场和凤庆茶树良种场,共建设无性系茶树良种母本园和示范园1600多亩,为各茶区提供了大量的无性系良种苗木和配套技术,其中云南省普洱茶树良种场向省内外提供了无性系良种茶苗近2亿株和穗条5400余吨。为解决山区交通不便、茶苗运输成本高、移栽成活率低等问题,云南省农业厅(今云南省农业农村厅)实施就地就近繁育、就地就近移栽,降低成本、提高成活率的良种推广方针。1991—1995年,在32个茶叶主产县建设无性系茶树良种繁育和示范基

作者在理论与实践中制作的普洱茶

地；1995年，无性系良种茶园从1990年的0.12万亩增加到2.7万亩，为全省大面积发展无性系良种茶园奠定了坚实的种苗和技术基础。依靠科技进步，狠抓基地建设，如1986年凤庆、勐海等8个县被列为国家出口茶基地、昌宁县被列为全国优质茶基地之后，云南省掀起了推广合理密植丰产综合栽培技术的热潮；2001年以来，各茶叶产区抓住历史发展机遇，应用无性系良种和无公害茶叶生产等先进适用技术，大力建设无公害良种茶叶生产基地。

云南各级党委、政府高度重视茶业发展，切实加强领导，把茶业发展纳入经济工作的重要议事日程，对产茶山区农民脱贫致富必不可少的建设项目和政策措施加大投入，促进茶产业发展。在社会各界的合力支持下，2009年后，云茶产业又开始走向稳步增长。

2007—2009年，为提振市场，云南茶企也纷纷想办法努力前行。如2008年大益斥巨资到央视打广告，这无疑极大程度上重新提振了茶业市场发展的信心，一时间"茶有益，茶有大益"之广告语响彻全国；同年，大益茶制作技艺入选第二批国家级非物质文化遗产名录。到了2009年，大益的巨额广告投入取得了回报，普洱茶界第一个真正意义上的大众品牌由此诞生，这也标志着普洱茶行业正式进入品牌时代。此外，2008年，临沧推出了"煮饭茶"、陈升茶业入驻"老班章"、龙润推出"奥运普洱"等；2009年，普洱茶养生面问世、普洱茶膏异军突起、龙润茶集团有限公司上市、《普洱茶地理标志产品保护管理办法》实施、天士力进军普洱茶产业等都为重新提振普洱

作者在广州南国书香节上开展首发
《云上的茶路——大地史诗·茶马古道》一书的讲座

茶发展起到一定作用。2009年后，很多茶商茶企认识到，普洱茶市场之所以崩盘，是因为产量太大造成的，于是希望避开该行业的普通资源，去寻找稀缺资源，以重建普洱茶行业的价值。在此契机下，古树茶、名山茶的市场被挖掘出来，率先复苏，并被培育成行业的高端市场，带动整个茶叶行业加快了复苏的步伐。

二、跟上时代，普洱茶带动再创佳绩

2010—2017年，云茶在调整提质增效中稳步发展。2010年，云南省政府出台了《云南省人民政府关于进一步加快茶产业发展的意见》，明确了云茶产业发展的总体思路、发展目标、区域布局、重点工程和保障措施。2010年，云南省茶叶种植面积回升到490万亩，总产量15万吨，其中普洱茶产量5万吨。与此同时，西南大旱助推普洱茶价、云南省规划未来十年云茶发展、云南普洱茶亮相世博会、昆明茶叶行业协会成立，一些企业如龙润、天士力、蒙顿等避开传统市场推出普洱茶饮料、茶粉、茶珍、茶膏等创新产品，主攻快消市场，极大地丰富了普洱茶品种，拓展了普洱茶的生存空间。除产品外，渠道建设也取得了重大突破，其中最令人惊喜的无疑是互联网渠道的迅速崛起，商超、专卖店等直面消费者的终端越来越受到厂家的重视。到2012年，整个茶叶行业终于强劲复苏。至2013年完成茶叶技术推广示范面积10万亩、中低改茶园48.7万亩、绿色防控茶园25万亩，全省有机茶园面积达38.08万亩，通过"三品一标"认证面积达180万亩，为茶产业发展奠定了良好基础。

第五届中国云南普洱茶国际博览交易会签约仪式现场

第一,加工水平明显提高。2013年云南省成品茶产量达20.55万吨,茶产品加工精制率达66.33%,同比提高了4个百分点。龙头企业不断壮大,产值超亿元茶企数量达20家,产值在5000万—1亿元的茶企共27家,产值在1000万元以上规模的茶企共158家,加工量达11.91万吨,产值达96.68亿元。龙头企业加工能力和带动力不断提升,企业的产品加工集中度明显提高。

第二,产品结构不断优化。以普洱茶、滇红茶为代表的特色产品的主导地位进一步显现,尤其是云南古树茶,因其资源稀缺、生态有机及风味独特,深受茶叶爱好者的追捧。普洱茶、滇红茶两大茶类产量约占全省成品茶总产量的70%,其中普洱茶产量达9.7万吨,约占成品茶总产量的50%;滇红茶产量近5万吨,占成品茶总产量的近23%。新开发的产品如茶粉、茶膏、茶饮料及茶类化妆品等高科技、高附加值茶产品取得新进展,进一步优化了茶产品结构。

作者家中供奉的陆羽像

第三,市场拓展成效明显。云南省每年组织省内茶企参加省外茶博会、推介会数十场。2013年,云南茶企在国内外设立办事处、分公司、旗舰店100多个,新增经销商2000多户,市场网络从一线城市向二、三线城市延伸,市场拓展取得明显效果。同时,云茶出口也稳步增长,产品销往40多个国家和地区。据出入境检验检疫局2013年统计,云茶出口7500吨,创汇6000万美

作者主编或参编的图书、杂志在昆明国际茶叶博览会上得到展示

元，出口、创汇均同比增加近30%。

第四，品牌打造强力有效。普洱茶被评为"2013中国茶叶区域公用品牌价值十强"，位居第三，品牌评估价值49.41亿元，品牌最具带动力排名第1。2013年云南省新增中国驰名商标2件，总数达7件；新增国家地理标志商标2件，有23家茶企新获云南省著名商标。

2013年，双微时代到来。如果说QQ、博客、微博开启了新的信息传播时代，那么微信的到来则改变了信息的传播方式及生活方式。微信的发展速度比新浪微博的发展速度更加快速。微信公众号于2018年8月推出，个人和机构都可以在微信这个平台上建立一个公众账号，与特定群体进行文字、图片、语音的全方位沟通和互动。截至2013年1月，微信用户已经突破了3亿，这是任何一种移动终端的即时通信类软件都比拟不了的，其发展速度令人吃惊。不少业内人士已经意识到，或许在不久的将来，茶叶网购将会变成一个突出的商业现象。

随着微信商业圈的延伸，茶行业人士意识到，要提升茶叶经济消费，就必须让消费者了解这个文化，通过文化的渲染带动消费，这才是关键所在。2013年，涉茶类微信公众号呈密集式增长，"茶人王心""茶业复兴""禅茶一味""茶的故事""中国茶叶榜""老茶鬼""微茶楼""茶泡泡""茶搜搜""弘益茶道美学""博山茶馆""书香茶香"等具有影响力的公众号相继面市，开创了茶文化传播、茶叶品牌建设、茶叶市场销售的新渠道。同时，央视《茶，一片树叶的故事》《茶颂》等影视作品的传播持续加速了茶文化热，对世界不同的茶产区、文化、生活等进行了多角度、全景式的扫描，将一片杯中之叶上升为一国的文化符号认同，在行业内引起了热烈讨论，收获了诸多好评。

2013年9月和10月，习近平主席在出访中亚和东南亚国家期间，先后提出共建"丝绸之路经济带"和"21世纪海上丝绸之路"的重大倡议，即"一带一路"倡议。"一带一路"倡议对茶行业未来的发展将产生持续影响，茶也会在各国文化交流和民心相通中起到重要作用。云南茶界也积极响应，笔者发表了《让中国茶跟上"一带一路"的步伐》《用茶文化助推"一带一路"国际文化交流》等多篇论文。全省各地不断加大对民族茶文化的挖掘、整理、宣传，如：普洱、临沧、保山、西双版纳等以千年古茶树为重点举办祭茶祖活动，融入布朗族、拉祜族、佤族、傣族、哈尼族等云南特有少数民族文化元素，着力打造以普洱茶为重点的少数民族茶文化；部分茶企组建了以少数民族青年为骨干的茶文化表演队，不断创新推介形式，加大宣传力度；等等。少数民族茶文化带动了云南名茶山自驾游热潮，成为茶区的一道亮丽风景线。

在民族茶文化的助推下，普洱茶收藏之风再次兴起，整个普洱茶市场就像再次回到了2007年，但又有所不同，此次追捧的是普洱茶古树茶，除普洱茶古树茶的价格上涨迅猛外，其他品种的茶叶价格涨幅不大。2013年6月，马云和李连杰的景迈山之行引起了无数

作者参与编写的部分普洱茶书籍

茶人的猜想和关注。他们在景迈山亲自压"太极禅普洱茶"，喝百年宋聘号，其间，李连杰的"一杯108年的茶汤"发在微博上引起了不小的轰动，马云还表示要借助电商网络渠道助推普洱茶走向全国乃至世界。

此外，茶文化具有亲民风、简朴风。在包装上，过去很多人在选择送礼的时候都是面子大于里子，有钱人选择高端包装、高端产品，没钱人选择高端包装、低端产品，往往包装礼盒比茶叶还要贵。正因为这样，市场上出现茶礼盒垃圾的堆积，并且还有很多包装材料回收后不能溶解，成为污染物。在新民风、简朴风影响下，很多企业从此

改变包装成本,降低产品价格,追求包装的古典、文化内涵美,开始采用低碳环保材料。

至2014年,按照云南省委、省政府关于发展高原特色农业和加快传统优势特色产业发展步伐的指示精神,云南省农业厅认真落实推动云茶产业发展的各项政策措施,在"强基地、促加工、优结构、树品牌、拓市场、秀文化"六大举措助推下,云茶产业再上新台阶,普洱茶产值首破百亿,成为云茶产业的突出亮点。在普洱茶带动下,云茶再创佳绩。

据云南省茶叶产业办公室公布数据[①],2014年全省茶园面积595万亩,采摘面积538万亩,实现茶叶综合产值370多亿元,茶农来自茶产业的人均收入达2400多元。全省茶叶出口(含转口)近3万吨,创汇近1亿美元。云茶产业处于全国采摘面积第1、产量第2、综合产值第3的位置。全省涉茶人员600万人,同时茶产业为社会提供就业岗位30余万个。

2014年,普洱茶产量达11.4万吨,产值首次突破百亿,达101亿元。产值过亿元的茶企有24家,产值达千万元以上的茶企有170多家,其中仅大益勐海茶厂产值就达21亿元,龙头企业实力得到进一步提升。在全国区域公用品牌价值评选中,普洱茶品牌价值52.10亿元,市场竞争力排名第

2019年昆明国际茶叶博览会上的云茶产业发展展览

1;滇红茶产量5万余吨,品牌价值11.61亿元。在国内众多传统名茶价格滑坡、传统市场低迷的形势下,普洱茶成为国内茶叶市场中的一大

---

① 云南省茶叶产业办公室:《2014年云南省茶产业发展报告》,《云南经济日报》2015年1月14日。

亮点。在深入打造区域公用品牌方面，西双版纳州勐海县打造出"中国普洱茶第一县"、临沧市凤庆县打造出"中国红茶之都"、保山市昌宁县打造出"昌宁红"等，推动了云茶品牌建设。为加大云茶市场的开拓力度，以省茶博会为依托，举办了"云南展团·云茶巡展"活动，营销网络不断延伸至全国各个城市。

随着古树茶知名度的扩大，古树茶、名山茶市场出现持续高热，价格不断上扬，产销两旺，成为茶农增收的亮点。2014年，西双版纳州古树茶春茶总产量达400吨，实现农业产值超2亿元，同时带动了台地茶鲜叶收购价上扬，部分古茶产区台地茶鲜叶收购价达40元/公斤以上；临沧市区域名山茶同比上涨40%以上。此外，古树茶知名度的扩大还带动了旅游业的发展。云南各地茶山具有中国东部地区少有的原始气息与少数民族风情，普洱茶粉丝对茶山旅游朝圣之情怀，为普洱茶企业发展茶山旅游奠定了坚实的基础，很多普洱茶企业都推出了类似"茶山体验日""茶乡之旅"等深度体验旅游活动，使茶友们不仅可以零距离接触数千年的古茶树，还能亲临普洱茶制作现场，感受普洱茶从采摘到制作成型的全过程。

旅游车开上了勐海茶山

三、融合创新，提质增效，脱贫攻坚

2015年2月以后，"一带一路"建设开始发挥重大影响。2015年底，"茶马古道——八省区文物联展"拉开序幕。在外交场合，习近平主席也多次与外国领导人一同"茶叙"，共话友好未来。2016年G20杭州峰会期间，习近平主席在西湖国宾馆的凉亭以共品中国茶的形式会见时任美国总统奥巴马。《采茶舞曲》将茶文化通过歌舞的艺术形式呈现给各国来宾，让世界领略了源远流长的中华茶文化魅力。

2017年11月，农业部正式下发《农业部关于抓住机遇做强茶产业的意见》（后文简称《意见》），提出要以发展新理念为统领，统筹国际国内两个市场，加快建设一批标准化的茶叶生产基地，培育一批国际化的茶叶集团，创响一批有全球竞争力的茶

云南民族茶艺表演

叶品牌。《意见》为茶产业未来的发展指明了方向，也表明了国家对茶产业的发展更加重视。

2015年5月，第十届中国云南普洱茶国际博览交易会在昆明举办，其以"展高原特色神韵·享彩云之南香茗"为主题，标志着云茶被纳入高原特色农业的重要组成部分。随着云南省勐海县被授予"中国普洱茶文化之乡"和2005年云南勐海县获得"勐海茶"地理标志证明商标，勐海普洱茶以其独特的"勐海味"受到了广大普洱茶消费者的青睐。如：南京的大圆普洱交易中心于2015年向云南6家茶企下单164吨茶、七彩云南茶业顺利登陆新三板及众筹茶馆建设如火如荼等，推动了云茶行业的持续发展和大金融时代的到来。2015年11月11日，首届茶金融论坛在北京举办。

2016年被称为金融元年，全国共有15个交易所从事茶金融产品交易。"产融互动"的茶叶交易模式使古老的茶叶重新焕发生机。此外，云茶产业发展还出现了一些新的发展趋势：柑普茶、普洱丹珠、高端熟茶都不是普洱茶领域的传统产品，但在2016年的市场上，它们却都大放异彩，迅速获得追求时

2016年广州琶洲茶博会

尚、独特茶品和口感的茶友的喜爱，新式茶饮带来茶消费新趋势。此外，如"像做咖啡一样做茶"的高度标准化生产流程以及全球采购的模式，让中国的茶品牌有了全国化甚至国际化的可能，简单易饮型茶的需求和年轻化、时尚化的趋势成为消费导向之一。由茶衍生出的茶会、茶人服、茶旅游、茶培训、茶空间，已经逐渐成为一个系统化的体系，创造了巨大的商业价值，构建了一幅崭新的中式生活图景。

2016年是社会发展和国民经济"十三五"规划开局之年，也是云茶产业实施高原特色农业现代化战略的起步之年，以打造"千亿云茶"为目标任务，以转方式、调结构、抓质量、拓市场、增效益为根本，协调推进云茶产业供给侧结构性改革，深入挖掘发展潜力，持续推进云茶产业安全健康、稳中向优发展。据云南省农业厅行业统计，2016年全省茶叶种植面积达610万亩，采摘面积达575万亩；云茶总产量达37.5万吨；全省茶农来自茶产业的人均收入达2900元，产业扶贫效果进一步体现。在2016中国茶叶区域公用品牌价值评估结果中，普洱茶品牌价值达57.09亿元，与2015年相比增加1.4亿元，增长2.6%，位居全国第3，并被评为"最具品牌传播力"的三大品牌之一。在区域品牌建设中，临沧市实施"全国滇红茶产业知名品牌创建示范区"建设；普洱市大力打造景迈山古茶林文化景观以申报世界遗产项目；西双版纳州勐海县"勐海茶"获国家地理标志证明商标并启用，打造"全国普洱茶产业知名品牌创建示范区"；保山市昌宁县"昌宁红"、德宏州梁河县"梁河回龙茶"等的发展持续推进。随着云茶公用品牌、区域品牌知名度和影响力的提升，一批大企业、大资本投向云茶产业，促进了各种现代生

2016年昆明国际茶博会

产要素加快涌入，推动了云茶产业与其他产业跨界融合，产业发展活力明显增强。如临沧市"绿金产业融合生态走廊"和普洱市"百公里十万亩茶产业链综合示范区"建设等，出现了茶与旅游、文化创意、科技创新等资源共享、渠道共用，茶与金融保险、证券期货、电子商务等相结合的许多新兴业态。

2017年，为促进全省茶产业提质增效、茶农持续增收、茶区脱贫致富，以茶产业助力乡村振兴战略，《云南省茶产业发展行动方案》明确了发展要求，打造大产业；夯实茶园建设，做优大基地；培育新型经营组织，做强大主体；紧扣优势特色，打造大品牌；加强质量监管，构建大安全；增强科技支撑，做好大服务；顺应消费需求，做强大市场；突出文化引领，促进大融合；强化保障措施，推进大跨越。着力重点推进茶产业一二三产业融合协调发展，积极培育产业互联网平台主体，强化云茶品牌竞争力，大力扩展省外及国外市场，提升茶产业综合效率。

至2018年，全省茶叶种植面积、产量、产值较2017年又有所增长。（详见图1至5）。

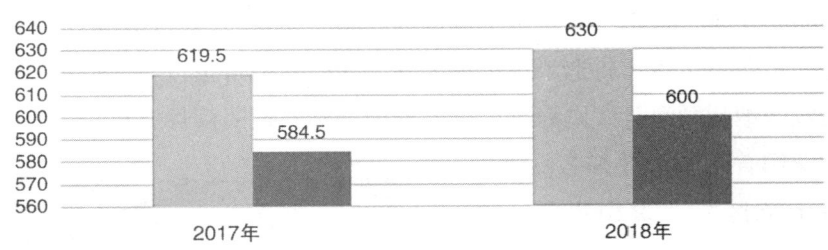

图1 云南省2017年和2018年茶叶种植及采摘面积情况

（云南省茶叶流通协会提供）

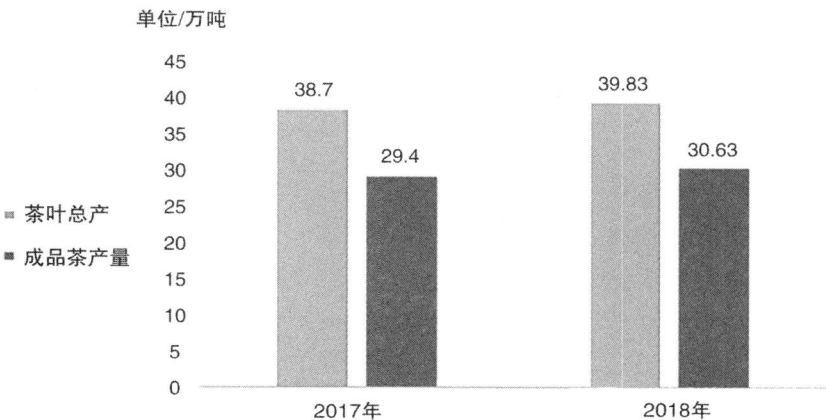

图2 云南省2017年和2018年茶叶总产、成品茶产量情况

（云南省茶叶流通协会提供）

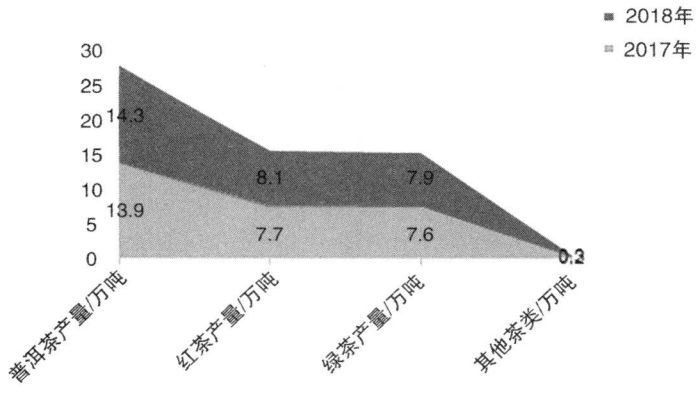

图3 云南省2017年和2018年普洱茶、红茶、绿茶及其他茶产量情况

（云南省茶叶流通协会提供）

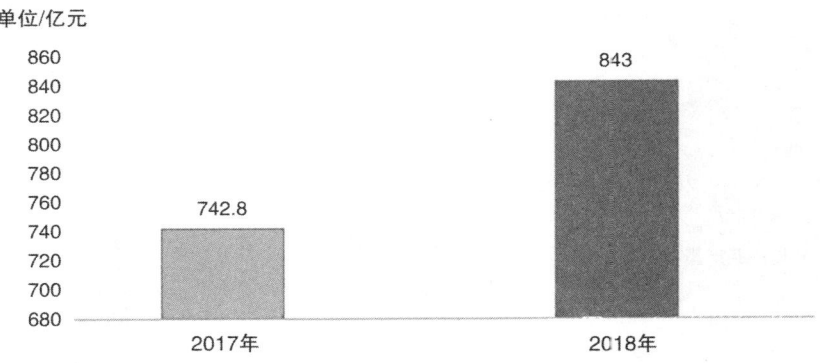

图4 云南省2017年和2018年茶叶综合产值对比
（云南省茶叶流通协会提供）

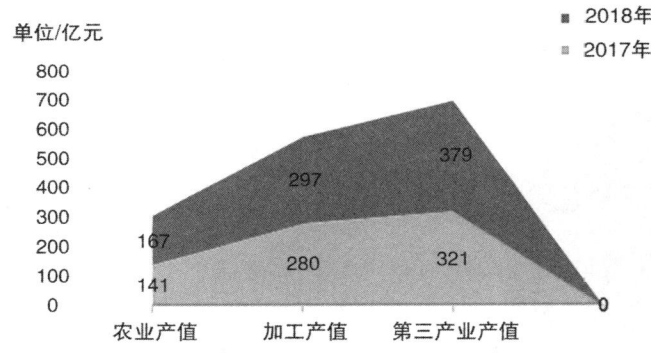

图5 云南2017年和2018年农业产值、加工产值、第三产业产值情况
（云南省茶叶流通协会提供）

随着全省茶产业加工体系的不断完善，全省有茶叶初制所（厂）8000多个、精制厂1000多个，精深加工规模居全国第2，已初步形成了勐海、凤庆、翠云木乃河3个以茶叶为主的工业园区。全省万元以上产值茶企达170多家，超亿元的茶企20多家，产品销往全国31个省区市以及30多个国家和地区。云南特有的普洱茶，因其良好的保健养生功

展示于成都杨薇茶店里的金花普洱茶

效被越来越多的消费者认可,连续被评选为全国十大区域公用品牌。滇红茶历史悠久,品质优良,是计划经济时期国家茶叶出口的重要产品。2014年滇红茶产量5万余吨,品牌价值11.61亿元。云茶企业中有9个商标获中国驰名商标,100多个获云南省著名商标,大益、滇红、下关沱茶、勐库戎氏4家茶企被授予"农业产业化国家重点龙头企业"称号,普洱市荣获"中国茶城"称号,临沧市荣获"中国红茶之都"称号。云南下关沱茶(集团)股份有限公司、云南双江勐库茶叶有限责任公司、云南白药天颐茶品有限公司、云南六大茶山茶业股份有限公司、勐海陈升茶业有限公司、云南滇红集团股份有限公司、云南普洱茶(集团)有限公司、云南农垦集团勐海八角亭茶业有限公司、云南中吉号茶业有限公司、云南龙生茶业股份有限公司等10家企业荣获"2017全国茶叶行业百强企业"称号。全省规模以上(年产值1000万元以上)茶叶企业达180多家,有国家级龙头企业4家、省级龙头企业75家。

新产品开发亮点纷呈,很多高科技高附加值新产品如速溶茶、茶粉、茶膏、茶饮料、茶牙膏、茶面膜等的开发取得突破性进展,产品结构不断得到优化,云茶市场营销网络覆盖国内各省区市,并延伸至二、三线城市。据初步统计,

云南少数民族手工传统制作茶叶

全国有2万多个云茶代理店、经销点,营销人员达3万—4万人,大益、滇红、澜沧古茶等茶企步入国际市场,在国外设立办事机构,云茶出

口量稳步递增。同时，在各级政府引导下，全省茶企努力拓展国内外市场，每年举办数十场专业茶展，有近千（次）云茶企业参展。

　　云南茶区多位于少数民族聚居区，民族茶文化特色浓郁。茶文化中融入了很多丰富多彩、纯朴生态的少数民族元素，进一步增添了云南茶文化的神韵和魅力，每年春茶开采期都会迎来"名山茶"自驾游潮，成千上万的茶商、茶人自驾聚集古茶山，吃住在茶农家，品鉴、购买古树茶，成为茶山一道亮丽的风景线，也成为展示云南丰富多彩的民族茶文化的一张名片。①

---

　　①王平华：《茶产业正从一产独优逐步迈向二、三产融合发展的新道路》，云南网，2015年4月14日。

实现千亿产值大产业

一、以绿色大产业助推乡村振兴

2018年,云茶产业紧紧围绕中共云南省委、省政府打造世界一流"绿色食品牌"的部署,全面贯彻落实《关于推动云茶产业绿色发展的意见》精神,以"大产业、新主体、新平台"的发展思路,培植"千亿云茶产业"。通过"抓有机、创品牌、育龙头、占市场、建平台、解难题"和加工升级、质量管控、科技攻关、产业融合、政策支持等推动云茶产业发展,坚持云茶产业走"绿色、有机"发展道路,助推实施乡村振兴战略,促进产

现代茶厂人工拣剔茶叶

业扶贫和茶农持续增收。全省茶叶采摘面积稳定在600万亩,同时加大巩固提高生态、绿色、有机茶园的建设力度。在增强茶区和企业发展实力,开拓市场、促进流通中,凤庆县、勐海县、昌宁县、临翔区、云县、思茅区、双江县、镇康县、永德县、景谷县、澜沧县、龙陵县、梁河县、景东县、南涧县等15个县(区)荣获"2018年中国茶业百强县"称号,其中南涧县还荣获"2017年度中国茶旅融合竞争力十强县"称号。

2019年云南"十大名品"活动评选出的"十大名茶"分别是:大益普洱茶生肖茶——勐海茶业有限责任公司、松鹤延年牌下关甲沱沱

广东资深评茶大师邝信和在品评普洱山生茶

茶——云南下关沱茶（集团）股份有限公司、"庆沣祥"正山古树普洱茶（生茶）——昆明七彩云南庆沣祥茶业股份有限公司、帝泊洱茶珍——云南天士力帝泊洱生物茶集团有限公司、龙生绿茶——云南龙生茶业股份有限公司、陈升老班章普洱茶（生茶）——勐海陈升茶业有限公司、祖祥有机普洱茶"无量淳普"——普洱祖祥高山茶园有限公司、八角亭（班章）普洱茶——云南农垦集团勐海八角亭茶业有限公司、龙腾沧江——云南昌宁红茶业集团有限公司、001大饼——普洱澜沧古茶股份有限公司。

"普洱茶""滇红茶"品牌及十大名茶影响力进一步得到提升。2018年，由浙江大学中国农村发展研究院（CARD）中国农业品牌研究中心联合相关机构评选并公布了"2018年中国茶叶区域公用品牌价值十强"名单，普洱茶名列其中，其公用品牌价值达64.1亿元，并连续两年位居第1；"滇红工夫茶"的公用品牌价值达21.02亿元，居全国第26位。2018年，云南省打造世界一流"绿色食品牌"领导小组办公室公布"大益"牌经典7542普洱茶（生茶）、"勐库"牌本味大成普洱茶（生茶）等入选云南省2018年"十大名茶"，有3家茶叶生产企业分别荣获"绿色食品十强企业"和"二十佳创新企业"称号。在第二届中国国际茶叶博览会上，云南的"普洱山""昌宁红"等9家茶叶企业产品品牌获金奖。2018年，全省茶产业综合产值达843亿元，茶农收入稳定增加，

科技与文化赋能的金花普洱茶熟沱

茶农人均来自茶产业的收入达3630元,连续3年来增速在10%以上。以茶脱贫、助力乡村振兴效果明显。

二、绿色、有机、健康强品牌

2019年,云茶产业按照云南省人民政府《云南省茶产业发展行动方案》及《云南省人民政府关于推动云茶产业绿色发展的意见》要求,坚持稳面积、抓质量、强标准、重品牌、拓市场、促流通,在市场推广上发力,在优化产品、扩大消费群体上使劲,在抓好质量上下功夫,强化品牌意识,打好"绿色、有机、健康"牌;着力产业转型升级,提质增效,围绕到2022年实现全省茶园绿色化,力争有机茶园面积、绿色加工达一流水平,茶产业产值达到1200亿元的目标。

2019年,全省茶叶种植面积上升至676万亩[①],茶叶产量稳定增长,总产量达43.1万吨,较2018年增长3.3万吨,增幅达8.3%,其中成品茶产量达33.2万吨,较2018年增长2.6万吨,增幅达8.5%。茶类以普洱茶为主,其产量占总产量的近50%,为云茶产品的半壁江山,红茶次之,绿茶占比略低于红茶,另还有乌龙茶、白茶等约3000吨。茶类结构依市场需求调整在合理区间不断优化。

2019年,茶业产值持续增长,综合产值达936亿元,较上年增加93亿元,增幅达11%。其中:茶业农业产值170亿元,较上年增加3亿元,增长1.8%;茶业加工业产值331亿元,较上年增加34亿元,增长11.4%;茶业三产产值达

有机茶园

435亿元,较上年增56亿元,增长12%。加工产值及三产产值增速均突破10%,明显高于农业产值增幅,说明产业内部结构趋于优化,各地更加注重加工及市场推广。全省茶叶出口稳中有增,全年出口茶叶7958.57吨,比2018年增加85.57吨,增长12%,占全国茶叶出口总

---
①茶园面积因规范统计口径增加46万亩。

量的2.4%；出口金额达20.2亿美元，比2018年增加6671万美元，增长101.5%，占全国茶叶出口总额的3.3%；出口均价为8.38美元/公斤，均价增幅达80%，增额3.73美元/公斤。其中，普洱茶出口2786吨。

2019年，为着力生态、绿色、有机茶园建设，做优做大基地建设，打好云茶"生态、有机、健康"这张牌，着力扩大茶园绿色及有机化生产。全省有机认证茶园面积达71万亩，比2018年增加26万亩，增幅达57.8%；绿色食品认证茶园面积44万亩，比2018年增加7万亩，增幅达18.9%。茶园结构逐步优化，为茶叶品质的提升奠定了基础。

员工专用通道　　　　　　　整洁明亮的拣剔车间

越来越规范卫生的茶叶加工环境

为了以绿色、有机、健康强品牌，全省一是抓好"一县一业"示范创建。2019年，云南省委、省政府决定将发展"一县一业"作为打造世界一流"绿色食品牌"的重要抓手，出台了一系列政策措施以确保县域主导产业实现飞跃。勐海、双江、思茅入选"一县一业"示范县，昌宁入选"一县一业"特色县创建工作。其他产茶大县也高位谋划推动，各自制订创建实施方案，并按照"一所一档"要求建立茶叶初制所档案，全省普查建档茶叶初制所共6487家。确保以茶为主的县域主导产业培育有突破，以示范引领云茶高质量发展。同时还建立云南绿色有机联盟，充分发挥"云南茶叶评价检测溯源中心"的作用，强力推进有机茶园建设，发展壮大云南绿色有机茶产业。二是加大宣传推介云茶产品的力度，要充分利用各类信息平台宣传云茶产业优势、云茶企业风采、云茶品牌以及云茶正确的科学知识，办好"普洱茶大讲坛",做好云茶品饮推介会,让更多的消费者了解云茶、爱上云茶。三是办好"茶界专家学者云南茶区行"活动,邀请茶界专家学者考察调研云南省茶区茶产业发展情况,扩大交流合作。通过实地调研找准产业发展的关键问

作者与外国学者进行茶文化交流

题,结合国内外茶产业形式提出意见建议,肯定成绩、找准差距、明确目标、选准措施,促进茶区依靠科技提质增效、创新发展。

2019年12月5日,云茶大数据中心正式启动运行,这是云茶产业投资集团投资创建的产业大数据平台,以物联网、云计算、区块链等信息技术为基础,截至目前收录相关数据已达3亿多条,每日新增数据20余万条,还将为云南茶产业发展提供产品溯源技术、数字茶园监管、智慧茶仓、产业金融风控等基础运营及增值运营服务,加速助力云南茶产业转型升级。

继续加强与国家级茶叶社会组织、科研院校及产茶省涉茶社会组织的交流合作,扩大合作范围。通过"走出去""请进来",让会员茶企了解产业发展情况,明确科研进展,促进产销研结合;了解市场需求,为云茶产业可持续发展注入活力,通过举办不同形式、不同规模、不同茶类的品鉴、推介活动,学习和汲取先进理念,促进茶企自我发展。

加大招商引资,推动龙头企业发展。各地加大招商引资,北京小罐茶公司进入云南,计划投资10亿元,其在凤庆县的项目已部分投产运行,在勐海县的项目正积极推进;勐海陈升号茶业有限公司在临沧市凤庆县投资2亿元,项目已启动;临沧市引入海南森华信实业集团有限公司协议总投资25亿元。着力推动云茶龙头企业上市挂牌,2019年起全省共有14家茶叶企业进入上市后备企业资源库,其中2家茶叶企业(昆明七彩云南庆沣祥茶业股份有限公司、普洱澜沧古茶股份有

大理的土林茶业有限公司和南涧县茶叶公司

限公司)经审定为"金种子",其中昆明七彩云南庆沣祥茶业股份有限公司已进入辅导备案。新增的普洱澜沧古茶股份有限公司、腾冲市高黎贡山生态茶业有限责任公司为国家级农业产业化龙头企业,全省已有6家茶叶企业成为国家级农业产业化龙头企业。认真推动茶旅融合项目实施,勐海茶业有限公司以"文化+旅游+科研+康养+特色产业"为主题,建设大益庄园,2019年营业收入超3000万元;天士力帝泊洱生物茶谷、中华普洱茶博览苑分别成功申报为国家AAAA级、AAA级旅游景区。茶产业三产融合发展初见雏形。

云南省委、省政府高规格表彰连续两年评选出的"十大

作者与为云茶产业做出巨大贡献的张顺高老师在中国茶文化研究中心和中国茶马古道研究中心成立大会现场留影

名茶"。通过组织"十大名茶"企业参加各类展会、制作国庆献茶、开发"一部手机游云南"APP、形成"十大名茶"专题、打造昆明长水机场"绿色食品牌"、参与十大名品展示销售中心建设等,提升了"十大名茶"的知名度和影响力。2018年第一批"十大名茶"企业销售额增长率为30%—50%,2019年第二批"十大名茶"企业获奖后销售显著提升,全年销售额达25.8亿元,比上年增长18.8%。

三、完成千亿产值,力争"十四五"再上台阶

2020年受疫情影响,全国上下对大健康产业有了高度关注,这是一次史无前例的全民健康教育,从以治病为中心向以人民健康为中心转变,人们对保健需求的增加使以绿色生态见长的云茶尤其是普洱茶对人体健康的作用有了更多的关注。2019年,云南省认真落实《云南省人民政府关于推进云茶产业绿色发展的意见》《云南省茶叶产业三年行动计划(2018—2022)》,稳面积、抓质量、强标准、重品牌、扩市场、促流通,深入推进云茶产业提质增效、转型升级、绿色发展,为实现云茶高质量发展和"十四五"翻番目标奠定了坚实基础。根据云南省农业农村厅提供的数据和云南省茶叶流通协会发布的《2020年度云南省茶产业发展报告》,2020年全省茶叶综合产值达1001.4亿元,实现了"千亿云茶产业"目标。

"十四五"期间(2021—2025年),云南省将继续围绕打造世界一流"绿色食品牌"部署,大力推进"大产业+新主体+新平台"建设,实施"一二三行动",培育"一县一业",努力实现到2025年云茶产业综合产值翻番、达2000亿元的目标。同时,认真贯彻落实习近平总书记2021年3月22日在武夷山考察时提出的"把茶文化、茶产业、茶科技统筹起来,让茶产业成为乡村振兴的支柱产业"等重要指示精神,处理好产业主体与产业特

2020年昆明茶博会茶文化节日文艺表演

色、现代茶园茶产品与古树茶产品、国内市场与国际市场、茶文化与茶产业融合发展、品饮与收藏的关系，推动云茶在高质量发展中更好地走向全国和世界。

茶园面积稳中有增，茶叶产量持续增长，产品结构渐趋合理。2020年，全省茶园面积达历史最高峰720万亩，比2019年增加43.3万亩，增长6.4%，"十三五"期间年均增长3.6%。全省干毛茶产量达46.6万吨，比上年增加3.5万吨，增长8.1%，2015—2020年年均增长5.1%。全省成品茶产量达35.7万吨，精制率达76.7%，其中：普洱茶产量达16.2万吨，占总产量的45.4%；红茶产量达8.8万吨，占总产量的24.6%；绿茶产量达10.1万吨，占总产量的28.3%；其他茶类产量达0.6万吨，占总产量的1.7%。茶产品结构渐趋合理。

茶叶价格稳中有升，茶农收入逐年增长，总产值突破千亿元。2020年，全省茶叶综合产值突破千亿元大关，达1001.4亿元，比2019年增加65.4亿元，增长7%，"十三五"期间年均增长10%。全省茶产业一二三产业产值占比分别为18.5%、37.1%、44.4%，产值比为1∶2∶2.4。"十三五"期间，普洱茶、绿茶价格年均增长分别为4.7%、5.1%，均呈稳步增长态势；红茶价格年均增长0.4%。茶叶作为精准扶贫的重要产业之一，在云南打赢脱贫攻坚战中发挥了重要作用。全省茶产业涉及茶农600多万人，"十三五"期间，茶农来自茶产业的人均收入年均增长9.2%，至2020年，人均茶产业收入达4050元，比上年增加218元，比2015年增加1450元，增幅达56%，茶产业为精准脱贫做出了积极贡献。

绿色有机茶园建设、茶叶初制所规范化建设卓有成效，产业加工能力提升。2020年，全省有机认证茶园面积82万亩，认证有机产品1014个，分别比上年增长15.1%、43.4%。认证有机产品产量8.4万吨，比上年增长6.4%。绿色茶园认证面积45.4万亩，比上年增长3.4%。认证绿色食品504个，比上年增加77个，有机认证面积及产品数量居全国首位。获农产品地理标志6个，产量7.8万吨，占全省茶叶总产量的17.1%。认定345个茶产业基地为"绿色食品牌"产业基地，总面积为

158.5万亩。

2020年，根据云南企业注册黄页数据，各类大小茶企达5000余家，其中集生产及销售于一体的有1850多家、零售茶店有3000多家，大型知名企业主要有勐海茶厂、云南下关沱茶（集团）股份有限公司、云南龙生茶业股份有限公司、

云南现代化茶厂

云南省茶叶进出口公司、云南昌泰集团茶叶公司、云南云茶茶业集团有限公司、云南瑞贡茶业有限公司、昆明南香茶业股份有限公司、昆明倮倮普洱茶有限公司、云南茶马司茶叶有限公司、云南龙园号茶业有限公司、普洱景谷李记谷庄茶业有限公司、昆明鑫海茶行、云南田园普文茶业有限公司、云南天下茶仓普洱茶储备交易有限公司、云南景谷万润利茶叶公司、云南六大茶山茶业有限公司、云南云县嘉木茶业制品有限责任公司、昆明易武鸿庆茶业有限责任公司、云南龙润茶业集团有限公司、云南庆良号茶业有限公司、昆明天顺祥茶业有限公司、云南西双版纳勐海县郎河茶业有限公司、昆明七彩云南庆沣祥茶业股份有限公司、云南西双版纳州古茶山茶业有限公司、福海茶业有限公司、勐海陈升茶业有限公司、云南农垦集团勐海八角亭茶业有限公司、云南中吉号茶业有限公司、云南白药天颐茶品有限公司、云南岭南茶业有限公司、云南匠人制茶茶业有限公司、云南茗日苑茶叶有限公司、西双版纳明泽藏香茶业有限公司、云南茂连茶业有限公司、西双版纳顺升号茶业有限责任公司、云南书香茶香茶业有限公司等。

为推进茶叶评价检测溯源、助力茶产品质量安全和流通，云南成立了茶叶评价检测溯源中心，以构建云茶质量安全溯源体系、提高云茶质量安全公信力为宗旨，为以"十大名茶"为主的40余家茶企近1000款产品提供了质量保证溯源服务，帮助企业从基地管理、原料控制、初加工、精加工、贮存、库存管理、经销商管理、防伪防窜货管

理等全链条引入标准化的管理，提升企业整体质量控制水平，建立质量管理长效机制。2020年，云茶产业进一步实行对古茶树的普查建档保护、有机茶园的建设改造、龙头企业与著名茶庄园的建设、普洱茶可追溯体系的应用、普洱茶地理标志申请及建设、名牌普洱茶的培育、普洱茶全产业链的建设等，以促进普洱茶综合产值于2020—2025年达到1000亿—1400亿元。

作者在广州"金芽奖""陆羽奖"评选活动上被评为2008首届"陆羽奖"国际十大杰出贡献茶人

云茶产业在中共云南省委、省政府打好云茶"绿色、有机、健康"牌，突出绿色生态优势，强化"以绿色发展"为方向的一系列政策指引下，正不断着力生态、绿色、有机茶园的建设及在提质增效、创新发展中转型升级。在坚持稳面积、抓质量、重品牌、强标准、拓市场、促流通，突出"普洱茶""滇红茶"两大区域公用品牌品质，既坚守好传统加工工艺，又顺应市场要求，生产适应消费者需求的新茶品中，使云茶品牌品质不断提升。茶产业是云南省一大支柱产业，也是茶农脱贫奔小康的致富产业，还为茶区的乡村振兴发挥重要作用。

作者在理论与实践相结合方面的部分研究成果

茶与云南民族社会历史发展

云南作为世界茶树和茶文化的起源地，其民族社会经济与茶的关系十分密切，以濮人及其后裔为首的云南南部众多少数民族种茶的历史长达三四千年，且一直持续至今。茶是云南各民族生产生活的一大依靠，对云南民族地区社会、经济、文化及政治的影响是巨大的，不仅构成了一部鲜活生动的云南茶史，还是研究云南民族史及地方史不可缺少的重要组成部分。具体可从以下几个方面加以论述。

茶与云南民族社会经济

云南澜沧江流域古老的土著民族先民濮人当属世界上最古老的茶农，他们是世界上最早发现野生茶叶并加以利用的民族，也是世界上最早驯化、栽培和种植茶的云南少数民族先民。《云南各族古代史略》载，布朗族和崩龙族（历史上）统称仆子族，善种木棉和茶树。今德宏、西双版纳山区还有一千多年的古老茶树，大概就是德昂族和布朗族的先民种植的。

布朗山寨

从对云南目前还大量遗存的古茶树的研究来看，澜沧邦崴过渡型千年古茶树最早是由布朗族先民濮人驯化、栽种成功并存活至今；勐海南糯山树龄达800余年的栽培型大茶树是由距今已历55代的被称为"蒲满人"的布朗族先民栽种下的；澜沧景迈栽培型万亩古茶林是于傣历五十七年（695年）由布朗族先民濮人栽种的，其首领帕岩冷最先把野生茶称为"得责"，把栽培茶称为"腊"，为傣族、基诺族所沿用。根据布朗人的传说，西双版纳的茶树籽是从景迈带过去的。勐腊县易武曼撒茶山是古六大茶山之一，据当地茶农说，自1949年以前石屏人到此种茶至今已历经6代人，而茶树在石屏人来前就有了，是昔日当地布朗族种的。

1975年，在布朗山老曼峨山出土了一些濮人种植茶树的工具。在南糯山、布朗山巴达村除有1700多年的野生大茶树外，附近还有许多树龄达800多年的人工种植的古茶树、古茶园及布朗族先民在此安锅扎寨的遗迹。凡布朗族先民居住过的地方，都有着零星或成片的古老茶园。布朗族至今以茶树为始祖，认为茶不仅孕育了人，还孕育了日月星辰，因此他们无论迁移至何地都要先种茶树，把茶与祖先联系在一起。布朗山寨的寨中心还保留着祭祀茶树、敬奉祖先的祭台。

佤族妇女

佤族同样是古代濮人后裔，在中缅边界一带，佤族、布朗族有"腊人"即"茶人"之称。在云南西盟县已发现野生茶树群落5处，有9平方公里共约28500亩，这里的野生茶树资源很早以前就被本地佤族所利用。据调查，野生茶佤语叫"缅"，人工栽培茶佤语叫"腊"，"腊"是从"缅"来的。传说"缅"是和阿佤祖先在洪水泛滥的远古时期一起来到西盟山的，那时大地被淹没，只剩下竹子、茅草、"缅"、芭蕉和小红米，会动的除了人以外，还有水牛、大象、小灵雀。阿佤祖先靠吃"缅"等活了下来，是"缅"救活了阿佤祖先的命，所以茶叶成为阿佤人心中最圣洁的灵物，他们用茶祭"司岗里"祖先、祭太阳神、月亮神，生娃娃道喜、老人去世、劳动干活、腰酸头痛、生疮生病都要用茶、吃茶。

哈尼族是古代羌人的后裔。汉晋时期，战乱频繁，社会动荡不安，导致民族迁移扩散，哈尼族也就在此时大量南迁到红河和澜沧江的中下游地区，即哀牢山、无量山之间的广大山区。从调查看，仅居住在西双版纳勐海县格朗河乡南糯山的哈尼族至今已历57代人，推算约有1450—1600年的历史，他们一直把茶作为重要的经济来源。在普洱和西双版纳，哈尼族生活的山区均有着数百年历史的古茶园，这说明哈尼族的生存发展与茶叶密切相关。

傣族是西双版纳人口占多数的少数民族，茶叶生产发展有悠久的历史。据傣史记载，傣族人的种茶历史已有1700多年。在今天傣族聚居的平坝丘陵上，到处可见成百上千块的连片古老茶园，总面积达数万亩，而这些茶树的树龄都在500—1500年，这说明傣族先民也是种茶的行家。

云南的少数民族，特别是布朗族、佤族、德昂族、傣族、哈尼族、基诺族等少数民族都是种茶、制茶的行家里手。他们过去在长期的丛林生活中懂得了利用丛林进行生产和生活，从而发现和利用野生茶叶，并广泛流传；又在长期对茶叶的生产及加工、饮食中不断积累经验，加上与内地汉族和其他各民族茶文化的交流，对茶叶有了更科学的认识，并有了一定的生产、加工和销售规模，最终使茶叶成为他们稳定的经济来源之一。今天分布在六大茶山的古老茶园

正在祭祀茶树的布朗族

布朗山路边采茶的布朗族妇女

和茶庄、茶马古道等遗迹，是茶叶发展活的历史，与众多史籍记载一起，构成了一座历史悠久的茶文化活宝库。正是因茶对云南民族生活的重要性，才有了唐代以后至今风生水起的普洱茶。

现学界普遍认为，云南民族地区大规模种茶始于三国时的"武侯兴茶"，从前面已述及的研究考证看，云南民族地区有一定规模的人工种茶始于汉晋时期这个说法是可靠的，至少早于唐宋时期云南就已是中国的重要产茶区。茶叶不仅成为云南各民族的一项重要经济来源，而且由云南沿金沙江向东和向北传播，并由药用过渡到广泛饮

用,从而进入社会各阶层人士生活中。

唐咸通三年(862年),出使南诏的唐使樊绰在其所著的《蛮书》卷七说:"茶出银生城界诸山,散收无采造法。蒙舍蛮以椒姜桂和烹而饮之。"说明茶山广袤,且各民族皆"烹而饮"。"采无时",即采茶不分季节,一年到头都可以采,这正是云南热带亚热带气候茶叶生产的真实写照;"银生城",是唐朝南诏六节度使之一的驻地(今云南景东),所辖地域为西双版纳、思茅、临沧;"银生城界诸山"指当今仍盛产茶并有大量古茶园的哀牢山、无量山各地。

从相关研究看,在唐代南诏时期,云南茶已销往内地和西藏。阮福的《普洱茶记》中说:"西蕃之用普茶,已自唐时。"从唐代起,商人们始终不间断地将云南的茶、盐及内地的丝绸运往康藏沿线,又

将当地的皮货及来自印度的珠宝、首饰运回。"……铁桥接吐蕃界,三千二千口交来博易。"① 宋代为扩大这种边境贸易、获得战马来源并征收税收,于四川雅安设博易场和茶马互市司。定期组织大规模的贸易。绍兴三年(1133年),南宋于邕州横山寨置卖马司,云南与内地贸易往来所市马大都超过1500匹定额,最多突破3000匹。罗甸、白把、特磨诸部市大理马(藏马)转卖广西,打开了桂滇通道,使得经济文化增强。"马之来,他货亦至……"大理与宋以盐、茶、马为主要商品的贸易可谓盛况空前。

兴于唐而盛于宋的茶马交易为普洱茶在全国的销售奠定了基础。至元代,以普洱茶为代表的茶更成为云南与外界市场交易的重要商品。元代李京在《云南志略诸夷风俗》中说:"金齿、白夷交易五日一集,以毡、布、盐、茶,相互贸易。"《滇云历年志》载:"六大茶山产茶……各贩于普洱。……由来久矣。"沿茶叶贸易集散地及

---

① (宋)李石:《续博物志》。

通道的西双版纳六大茶山易武、倚邦，普洱，临沧凤庆、鲁史，楚雄云南驿，大理剑川，丽江塔城，迪庆中甸、德钦等地逐渐成为滇、川、藏之间交通的茶马古道上的站点和贸易集镇，并由此成为多元民族文化的交汇之地。元代以前，云南茶皆无固定名称，但随着明代中后期普洱茶的闻名遐迩，于万历年间的《滇略》和《云南通志》中有了正式记载，普洱也因在历史上作为普洱茶中心集散地而成名。

作者考察今仍存的铁索桥

普洱茶由于品质优越而成为宫廷贵胄新宠。清代初年，云南普洱茶被正式写入朝廷贡茶案册，并被指定为皇家冬天专用茶。清廷特令在普洱府增设官茶局，专司上贡用茗，每年向清廷进贡一定数量。清廷将普洱茶引为贡茶后，普洱茶声名远播，每年畅销10万担以上，极大地促进了普洱茶的发展。成书于嘉庆四年（1799年）的《滇海虞衡志》中写道："普茶名重于天下，此滇之所以为产而资利赖者也，出普洱所属六茶山：一曰攸乐，二曰革登，三曰倚邦，四曰莽枝，五曰蛮嵩，六曰曼撒，周八百里。入山作茶者数十万人，茶客收买，运于各处，每盈路可谓大钱粮矣。"

当时以六大茶山为主的西双版纳茶区，年产干茶8万担，达历史最高水平。据史料记载，清顺治十八年（1661年），仅销往西藏的普洱茶就达3万担之多。在西双版纳、思茅、临沧等广袤的沃土上几乎村村寨寨都有种茶、制茶、卖茶的茶叶经济，当时的茶山上马铃声终年回荡，商旅塞途，茶区生意十分兴隆。今天仍可在沿澜沧江中下游的临沧、思茅、西双版纳山区看到大量上千年至数百年的古茶树、古茶园和古老的制茶文化，这些都完好地被保存了下来。

普洱茶的产地以西双版纳古六大茶山为中心，不断覆盖云南省澜沧江中下游一带广大地区。"衣食仰给茶山"，茶叶成为边疆各族群众与内地交换物资的一种主要商品，在各族人民生活中占有重要地位。茶叶生产贸易的繁荣促进了澜沧江中下游一带民族地区经济文化的大发展,且始终没有中断的茶叶贸易集散运输促进了自滇南、滇西、滇西北几千公里的茶马古道交通和商业集镇的形成,对云南各民族经济文化交流和社会发展产生了巨大影响。

茶与民族关系及边疆巩固

由于茶与云南社会经济和民族关系密切,因而从蜀汉以来茶便受到封建统治者的高度重视。三国时期,诸葛亮平定南中后采取了一系列调和民族关系及巩固政权、发展经济的措施,倡导种茶、用茶,帮助各民族发展生产、改善生活,受到各民族的爱戴并被奉为茶祖祭祀至今。由此可看出,诸葛亮深知处理民族关系的重要性,用茶文化潜移默化地推进和平、文明与团结,把茶文化与政治巧妙结合,可谓用意深远。这种"以茶教化""以茶治边"以达到治国安邦、长治久安的措施在清雍正时期体现得更充分。

清雍正七年(1729年),清政府派往云南的总督鄂尔泰在云南少数民族地区推行改土归流政策——设官府、置流官、驻军队以加强行政统治。为扩大茶叶生产,特在普洱设置普洱府治;在攸乐山(现为景洪市基诺族乡,六大茶山之首)设置攸乐同知,驻军五百,防守茶山,征收茶捐;在勐海、勐遮、易武、倚邦等茶山设置钱粮茶务军功司,专管粮食、茶叶交易。乾隆元年(1736年),撤销攸乐同知,设置思茅同知,并在思茅设官茶局;在六大茶山分设官茶子局,负责管理茶叶税收和收购;在普洱府道设茶厂、茶局统一管理茶叶的加工制作和贸易,一改历代民间贩卖交易为官府管理贸易,普洱便成为茶叶精制、进贡、贸易的中心和集散地。于是,普洱茶这一美名便名震天下。《云南通志》《普洱府志》《大清一统志》中都有"蛮民杂居,以茶为市,仰食茶山"的记载。

从道光年间到光绪初年(1821—1875年),云南普洱茶发展到了鼎盛时期，其产销盛极一时，商贾云集普洱，市场繁荣，国内每年都有上千名藏族人各自组成商队到此买茶，国外如印度、缅甸、锡兰、暹罗、柬埔寨、安南等东南亚南亚的商人也前来普洱做茶叶生意，每年有5万多匹骡、马、牛帮商队穿梭于千山万水之间，远销的茶叶号称达10万担以上。随着普洱茶的声名远播，连曹雪芹都将普洱茶写进了《红楼梦》。

如果说孔明南征是推动云南边疆种植茶叶并以茶治边的开篇，那么清代从雍正至光绪年间在云南推行改土归流和发展茶叶经济的一系列措施则是以茶叶促进西南边疆社会经济大发展和巩固政权的显著时期。可以这么认为，饮茶的兴起是中国盛世之产物。康熙休养生息，招徕垦荒；雍正改土归流；乾隆取消茶叶专卖，这300多年来国运昌盛，使得茶叶经济崛起。但鸦片战争后，西方列强入侵，从中法战争到抗日战争，茶产业完全走向了衰落。直至新中国成立，国运复兴，尤其改革开放后，茶产业才重现辉煌。

茶马古道上的运输者

茶与多元民族文化的交流与融合

中国茶文化历经千年的发展，博大精深。茶不仅对中国内地和边疆民族经济及社会历史文化的发展有着突出的作用，还对促进边疆民族关系发展和多元文化的交流起着至关重要的作用，它既是构成多姿多彩的中华民族文化的媒介，又是传承各民族多元文化的载体。云南民族茶文化既是中国茶文化的重要组成部分，又有着自己独特的地方民族文化特点，无论是在历史文化、传播和贸易文化、交通文化、饮茶文化，还是在茶礼、茶艺、茶俗中，都有着促进民族关系和民族文化交流的深刻烙印。

马帮用溜索渡江

在云南，茶叶经济的发展带来文化的交流和繁荣是十分明显的。在普洱，据《普洱县志》记载，普洱咸丰年间从事茶业者已达20多万。道光同治年间，普洱府普宁城内城外有商家300余，茶庄有六七十家，每年茶的销量达570吨。普洱因茶叶贸易而成为文化荟萃之地。今天的普洱城还保留有当年的朝阳门、宣武门等，城墙高大坚实。当年由于各地商人云集，这里还建有江西会馆、两湖会馆、四川会馆、秦晋会馆、徽州会馆、两广会馆、石屏会馆、建水会馆、玉溪会馆等，带来了不同地区的文化特色，如四川会馆供奉的是李冰、秦晋会馆供奉的是关公、徽州会馆供奉的是王安石等，虽如今大多数会馆已不见当年雍容，但仍保留有不少文化遗址。

清代中期，西双版纳年产销茶已达4000吨。清末，除镇越（今勐腊）、车里（今景洪）以及以易武为中心的倚邦、蛮砖、攸乐、莽枝、革登等古六大茶山仍是主产区外，以佛海（今勐海）为中心的南糯、勐宋、布朗山、巴达、景迈等澜沧江下游西岸（亦称江外）茶山也逐渐兴起，1939—1941年，仅勐海县年产紧压茶就达2000吨以上，并远销国内外。除普洱和西双版纳外，临沧亦是同一历史时期的普洱茶主产区域，临沧的凤庆、云县等地也是近代普洱茶贸易的重要生产和集散地。

马帮泅渡过江

在西双版纳六大茶山，从明代开始，随着内地先进加工技术的传入，当地茶农长期的生产实践，尤其是茶叶贸易需要的日益扩大，不断促进了当地茶叶种植和加工的大发展。清雍正年间改土归流后，各地汉族大量迁入，开山种茶、大建茶园，在勐腊县境内形成以易武为中心的"周围八百里"的古茶山。李拂一编纂的《镇越县新志稿》载："清嘉庆、道光年间易武茶区年产茶七万担……光绪二十年前后易武茶区产量为二万担。"易武茶山地处中老边境，今属西双版纳勐腊县易武乡，易武清朝时期归普洱府管辖，可称为普洱府六大茶山中最大的制茶中心和出口基地，普洱府一半的茶税都来自

今重新修缮的易武关帝庙
（现为茶文化博物馆）

易武。在从雍正、乾隆至民国约200年的时间里，易武常商贾云集、马帮塞途、茶庄林立，其中同庆号、同兴号等10余家大茶号在泰国、马来西亚、越南等国开设商号，易武产的七子饼茶名震海内外，每逢春茶上市时，每天出入易武的马匹多达500匹。茶山经济的发展不断吸引了大批汉族移民迁入，到茶山淘金的各行业商贾们也纷至沓来，他们在易武一带开作坊、设店铺，开展各种贸易活动，这一时期易武人口最多时超万人，形成八大村寨，建有寺庙、会馆、街道、学堂、中式居民楼房。今天的易武古镇仍存有当年繁华的景象，庙宇、会馆、公家大院、关帝大庙、石屏大庙及很多老字号茶庄等还依稀可辨当年的雄伟壮观，在老字号茶庄车顺来家还保存着道光皇帝于道光十八年（1838年）赐给当时贡茶的车顺号主人——晚清进士车顺来的"瑞贡天朝"宝匾1块。此匾历经百年沧桑却仍保存完好，经专家考证，其真实无误，是易武普洱茶辉煌历史和最高荣誉的见证。

易武，本是一句傣语，"易"意为女性、"武"意为蛇，"易武"即美女蛇。汉族大量迁入此地开山种茶后，建关帝大庙、兴办学堂，于是"易"和"武"又有了易经和关武帝的汉文化的新解释，反映了傣文化与汉文化的交融。除易武街的关帝大庙外，在通往各个村寨的大路边也建盖有清乾隆年间的关帝大庙，在马道子石洞还可看到迄今仍保存完好的石洞壁诗。茶文化的交流使这里不仅成为茶马古道上的驿站，而且成为中原汉文化与当地民族文化的荟萃之地，延伸至国内各地及老挝、越南、泰国、缅甸等周边国家。易武成为边疆民族地区多元民族文化交融荟萃和中原汉文化传播的又一历史文化古镇。

六大茶山的村村寨寨

倚邦茶山在兴旺时期有繁华的倚邦街，倚邦街上有土司衙门和会馆大庙等。这里曾经建过至少3个会馆，即石屏会馆、楚雄会馆和四川会馆等,其中石屏会馆建于清雍正年间(1723—1735年),3个会馆至今都已不存在。1941年大庙被火烧,原挂在大庙大门上的一块大匾被保护了下来,匾的中央自右向左刻着斗大的4个大字——福庇西南,反映了茶叶造福一方的巨大价值和稳定西南边疆的重大意义;另从大庙五六尺长的横条地基石台和残存的雕花瓦盖还可看出当时大庙建筑的雄伟气概和汉族文化融入边疆民族区域的积极意义。

西双版纳勐腊县是一个多民族聚居区,有彝族、傣族、苗族、瑶族等,因此,除汉文化外又有很多民族文化和山地农茶文化的特点。各产茶区虽是少数民族聚居的边远山区,但却是整个西双版纳汉文化最为发达的地区。正是民族茶文化的交流,使易武等地成为一个真正多元文化交融的古镇和传承汉文化特征的山城。在勐腊,中原文化的传播是多种多样的,也是异彩纷呈的。汉民族不仅种茶、售茶,还将私塾教育、花灯艺术、建筑风格(四合院)、加工业、商业、养殖业、种植业、酱菜加工技术、农具制作技术、纺织技术等大量先进的文化传入了易武,这些文化在边疆得到广泛宣传,与边疆民族文化交融,形成以汉文化为基础的具有地方特色的优秀文化。每逢春节和喜庆盛事,易武的花灯会、耍狮会、放灯会和彝族的山歌会、"二月八年节"、火把节,以及傣族的泼水节、瑶族

易武茶山采春茶的少数民族妇女

的盘王节等都是本地区各民族的共同节日,都非常热闹并很有特色。在三弦、芦笙、唢呐和对歌声中,各族群众会跳起十分欢快的苗族芦笙舞和彝族三跺脚,舞者少则几十人、多则上百人,围成一圈或几圈,通宵达旦。

中原汉文化由汉人传播到了茶山,再由茶山传播到边疆的各个角落。六大茶山由于茶业的发展和所处的地理位置,自唐朝以来,始终是中原汉文化在边疆传播的重要区域。从易武到普洱及各地的茶马古道和驿站,成为中原内地联结西南边疆的文化走廊,是茶促进多元民族文化在边疆的交流、传播,并推动民族地区社会经济和谐发展的重要体现。

茶马古道的历史意义和作用

　　云南的历史似乎总是与路有关，而通过茶马古道最能解读这种历史。对茶马古道的探寻，其实就如同对历史之路的探寻。起于汉晋、兴于唐宋、盛于明清的茶马古道穿行于高山深谷，隐现于万水千山之间，遍布云南全境。如果以易武为首的六大茶山是茶马古道上普洱茶生产和采购、贩运的起点，那么普洱就是茶马古道上普洱茶的集散中心。

　　在茶马古道的起点——六大茶山，普洱茶名重于天下，明清至民国，各地茶商纷至沓来，使分布在崇山峻岭之中的边远茶山空前繁荣，高山深谷间出现了许多曲折崎岖的采茶、贩茶古道。由于当时贩运茶叶全靠马帮、牛帮驮运，所以人们把茶山通向各地的山道称为茶马古道。从前茶叶主要由西双版纳、普洱茶山经临沧、大理、丽江销往康藏地区，至清朝中晚期，西双版纳六大茶山所产元宝茶除内销外还远销南洋，因此外运茶叶的茶马古道也不断出现，主要有易武至老挝勐悻、磨丁、丰沙里、皇堡等地及经老挝乌德至越南莱州等通往国外的几条主要驿道，成为国际商道。

　　由六大茶山通向内地的茶马古道早就散见于各种志书上，有官道、有山间小道，茶叶通过马帮、牛帮运往普

易武至思茅的古道

洱再销往内地。从文献看，1845年普洱府为了方便贡茶的运输，用官银修了一条宽6尺、长240公里的石板道，从易武一直铺到普洱，此道至今在易武及附近的茶山上仍可看到。除官道外，还有很多将各茶山连接的山道。《滇系》中有记载："攸乐，即今同知治所，其东北二百二十里曰莽芝，二百六十里曰革登，三百四十里曰蛮砖，三百六十里曰倚邦，五百二十里曰曼撒……"

交通是开展商贸活动和文化交流必不可少的条件。思茅经倚邦至易武茶马驿道的开通，不仅使六大茶山茶业更加兴旺，而且保证了贡茶、官茶的及时采办，也为各地茶客进入六大茶山打开了方便之门。连四川、江西、西藏等地客商也不远万里到茶山购买茶叶，谓之"赶茶山"。各地客商以马帮为运输工具将内地的毡毯、布匹、生产工具、生活用品沿茶马古道运进茶山，再将茶山所产之茶运往内地。

茶叶贸易的兴旺也带来了文化的繁荣。如今在六大茶山，残破而断断续续的茶马古道及文化遗址仿佛还传唱着昔日的繁荣。倚邦茶山、易武茶山是当年古六大茶山之重和茶马古道的辐射中心。在倚邦街的正街，还保留着东西长约250米、宽12—16米的茶马古道；东边街头的东北向有石屏街、东南向有曼松街；西边街头沿西北向有出普洱、思茅的茶马古道，西南向有出易武和景洪的茶马古道；沿正街两旁，曾茶号林立，先后有茶号10余家，逢街（赶街子）交易、人喧马嘶，有过历史的辉煌。莽枝茶山牛滚塘（今安乐）曾为喧嚣一时的茶马古道要冲，今街道遗址是昔日用青石铺的，长1公里多，街道两旁茶号商铺排立，居民房屋成片，逢街交易，五日一市，人喧马嘶，茶、盐、布、土特产等物的内外交流异常热闹，以茶为主的贸易曾活跃了一方经济，生产发展，各族安居。

走进茶马古道上的山村古寨，我们常常会听到一句话："马帮为我们驮出了一方富裕，驮出了一方文化。"从明朝末年至民国时期，六大茶山的茶叶外销量是十分可观的，那时候从倚邦到易武的茶马古道上每天都有骡马结队，人来人往。人们经常能看到庞大的马帮、牛帮驮着各个茶号加工制作的各种茶叶向通往国外的山道走去，他们不畏艰辛，勇于开拓，用双脚走出了一条连接世界的茶马古道，通过茶叶交易向世界介绍云南及其深厚的民族文化。至今在东南亚各国还有不少人仍在传颂着九龙江（澜沧江）的大马帮，在他们眼里，云南马帮驮的不仅是名重天下的普洱茶，还是不可小觑的中国茶文化。明清时期，云南境内的茶叶运输由各族马帮及背夫（脚夫）共同完成，那时的背夫中有一群石屏的彝家女子，她们每年成群结队进入茶山为茶商背茶至普洱。清代沈寿榕有诗云："石屏彝女健腰脚，出门大笑男儿弱。而今远作茶山行，茶叶尖如妾命薄。薄命奈如何，听唱垄匆歌。歌拍双双声起舞，郎心不知妾命苦。君不见，普洱城南人几家，家家人有思茅茶。少年饮茶莫饮酒，醉向腰间寻匕首。"这证明有彝族妇女参加到了背夫驮运中。

在今天的普洱仍保留有不少茶马古道遗址。茶庵塘，也称"茶庵鸟道"，路面宽5米，是官道的标准尺寸，全部用青石板铺成，有的地段高出地面，有的地方还能看出当年修的排水沟，这就是茶马官道，从普洱运往昆明进京的贡茶和销往各地的茶必经此道。大道上深浅不一的马蹄窝似乎还记录着当年的繁忙景象。据学者们考察，由普洱出发的茶马古道有东北路、南路、西北路、东南路、西南路5条。东北路经墨江、元江、玉溪到达昆明，全长580.6公里，行程17天，也叫"官马大道"，普洱贡茶被从这条路送到昆明，直至北京；客商以及官员来往、运送茶盐等土特产，都走这条路，所以它特别重要，明清两代沿途设立了若干"营""哨""汛""塘"，严密防守。南路经思茅、车里、佛海、打洛至缅甸，全长311公里，步行单程8天。西北路经景谷、景东、凤庆、弥渡、下关、丽江至西藏，再转口印度、尼泊尔，称"茶马大道"。东南路经江城到越南莱州、海防，直至欧洲。西南路经澜沧、孟连到缅

临沧茶马古道上的鲁史古镇徽式建筑

甸。如今，普洱境内尚遗磨黑、孔雀屏、那柯里等古道。磨黑因盐而得名，马帮把茶、盐驮出去，又把药材、棉花、香料等驮回来，盐、茶相伴是节约成本的运输方式。从磨黑往东就到了现在普洱保存马店最多的古代驿站——孔雀屏，有一条约4米宽的石板路贯穿全村，路边除少数的砖房外，多数是旧时留下的土房，其中在当时是马店的就达34家之多。

除西双版纳外，临沧也是云南的重要产茶区和茶马古道的重要区域，今凤庆和鲁史古镇还保存着很多茶马古道遗迹。临沧段茶马古道分为两条，一条继续北上丽江、中甸，进入四川、西藏；另一条转为向东经祥云、楚雄进入省会昆明，再连接中原内地，这一条是通往省城的路，故民间称之为"通省大道"。自然，那时候中原内地的先进文化与先进技术也都是沿着这条茶马古道进入的。凤庆被称为滇西文献名邦，有

鲁史古镇上保存完好的石板路和店铺

着浓郁的儒家文化和云南第二大孔庙。从景东到最靠近下关的鲁史，沿途都能找到一些散落在民间的曾经繁忙一时的纺车，而且几乎与黄道婆的杰作如出一辙。至今，芒团还生产一种被傣家人称作"沽沙"的白纸，而制造这种纸的全套原始手工艺与东汉蔡伦的造纸术大同小异。凤庆等地的古民居大多是四合院和三合院，四合院是典型的中国北方民居，三合院则是江浙风格。有一座始建于清嘉庆年间的乐家大院，其正房有拱形廊顶，拱顶上又绘有水墨花鸟等，是江南徽派建筑风格。

鲁史古镇是临沧茶马古道最有代表性的多元文化荟萃之地。鲁史原称阿鲁司，位于临沧凤庆县东北部、澜沧江与黑惠江中间，历史上是连接巍山、下关乃至整个滇西北的重要交通枢纽。早在明万历二十六年（1598年）就在此设阿鲁司巡检，并辟街市。清康熙四

作者于2013年出版的
《茶马古道历史文献考释汇编》

年（1665年），云南北胜州（今丽江永胜）设茶马市场，凤庆茶大量经丽江流入西藏。从顺宁府（今临沧）到鲁史镇，中间有澜沧江相隔，清乾隆二十六年（1761年），顺宁知府刘清督民建青龙桥，进一步方便了茶马运输，使鲁史更加商号林立，外来的绸缎、棉纱、布匹、盐巴和本地茶叶、核桃、木耳等土特产在此交易集散。马帮到临沧茶区购茶，要在这里歇脚，每天有两三百匹骡马经过。每年的春茶会，更是马帮塞途。内地商人把带来的货物从这里辐射扩散到其他地方，再把购入的茶叶等运到下关输出。由于地势险要，加之有黑惠江、澜沧江两个天然屏障，鲁史成为茶马古道的"咽喉"，是商品集散地和茶马古道上的重要驿站，今当地还保存完好的老街、戏台、古宅、石板古道、马店和驿站等显示了其当年的繁华。

　　从文献记载看，鲁史最早的土著居民是今天布朗族的先民"蒲蛮"。今鲁史聚居有汉、彝、回、苗、白、傣、壮、满、普米、傈僳等10个民族，既有浓郁的民族文化，也有内地先进的汉文化。据清《顺宁县志》载，明万历二十六年（1598年）改土归流，各省著姓巨族之裔，先后踵至，使鲁史成了一个移民古镇。鲁史街为"三街七巷"的格局，"三街"代表天、地、人和，"七巷"代表七星朝斗，整个古镇以四方街为内心点，三街七巷都以此为基点布局，处处透出儒家传统文化的印记。当时的文人们用"绿树、粉墙、青瓦、古道、小巷、人家"来形容鲁史古镇，这里的房屋结构大多是"三坊一照壁"，讲究的是开敞纳气、接风迎财、通风采光、清爽凉快。现存占地532平方米的骆家大院是一座走马转角楼的四合院，处处体现着精致、豪华，全院有大小房子5幢34间，5个天井中建了两个对称的花园，外观气派非凡，庭院幽静含蓄，通过转角门才可以进入正房，这一拐一转，可以纠正风水，让入门的德气、财气藏而不露，这叫"聚德聚财"，把风水学说体现得淋漓尽致。在鲁史，像骆家大院这样的建筑还有10多座。因茶而兴的鲁史，在内地先进文化的影响下，不仅商业、手工业迅速发展，从明清时期始，其教育和宗教也得到

作者2007年在成都茶博会签售《中国普洱茶百科全书》

迅速发展。明朝时期，鲁史就有私塾医学。在宗教文化方面，先是佛教进入，后是道教进入，佛、儒、道三教进入鲁史，因而寺观很多。

离开临沧，折而向北，从滇西北入藏的滇藏茶马古道更惊心动魄。这段挑战险恶的自然环境、行走于横断山脉和青藏高原的茶马古道，山高谷深、峭崖密布，就在这条连接云南、康巴和西藏的古道上，千百年来不知留下了多少各族先民艰难跋涉的足迹和说不尽的历史。当时滇、川、藏间的商路主要有两条，一条经中甸翻越梅里雪山后经加郎、碧土、扎玉、左贡、帮达至昌都，再分路至江孜或拉萨；另一条则出中甸经乡城、桑堆、理唐、雅江至康定再至日喀则等地入印度。今天的滇藏公路虽有些路段不完全同上，但茶马古道依然是其主体。

丽江束河古镇

弥渡县太花乡今仍存的南诏铁柱显示着当时大理地区六诏统一和南诏政权的建立。而与此同时，西部吐蕃政权也统一了青藏高原各部，并在北方与唐王朝争夺安西四镇，在南方与唐王朝和南诏争夺四川边境和滇西北地区，云南迪庆地区一度尽归吐蕃。707年，唐朝军队在迪庆一带击毁吐蕃城堡，拆除了吐蕃在漾水、濞水上的铁索桥，切

断了吐蕃与洱海地区的交通,并在漾濞江畔立铁柱记功。

唐标铁柱今已不可觅,但丽江塔城铁桥遗迹犹存,当时虽吐蕃、唐王朝、南诏三方在这里争夺、对峙,时战时和,但信使、商贾仍不绝于途。军事斗争是暂时的,而经济和文化的联系与交往则是长存的。北宋时期,大理国主动与宋朝建立藩属关系,使得一度紧张的政治关系松弛下来,在宋朝政府提倡的茶马互市下,西南各民族和大理、吐蕃及宋朝之间的交往被一种

张艺谋导演丽江千古情再现昔日马帮盛况

更积极和有深远意义的经济与文化交往所取代。宋朝至元朝,大理、丽江等云南内地和康藏地区间的商旅、文化宗教信使通过茶马古道频繁往来,商人们将云南的茶、盐及内地的丝绸运至康藏地区沿线,又将康藏地区的马、骡、麝香、羊皮、羊毛及来自印度的珠宝首饰运回。为扩大这种边境贸易并征收税收,宋朝政府还特于四川雅安设博易场和茶马互市司,定期组织大规模的贸易,"……铁桥接吐蕃界,三千二千口交来博易",云南的中甸、德钦、丽江成为滇川藏间的交通和茶马贸易集镇,同时也成为多元民族文化的交汇之地。闻名的丽江古城,这座位于玉壁金川间的纳西古城,包含了极其丰富的民族文化而被列入世界文化遗产名录中,在这超凡脱俗的灵山秀水和有着厚重历史的文化里,曾有过唐宋时期南诏、大理国与内地密切联系和茶马交易的繁荣,这段特殊的历史使得滇川藏间的经济、文化交流变得十分频繁。

茶马古道上的迪庆地区,虽山高水远,却是各民族和地区间通过古道进行以茶、盐为主的经济贸易和文化交流之地。在迪庆茶马古道上,自唐宋时期以来,经济、文化交流往来频繁。这里土地辽阔,草原四周有高大的群山环绕,雪岭连绵,气候高寒;这里多个民族共处,人与自然和谐相生。中甸地处滇、川、藏3省交通要道,自唐代以

来就是茶马互市的主要场所，进出康藏商旅马帮均以此为交换之地，留下了其辉煌的一页。

在茶马古道上，除那些大山、大江给人的震撼外，那些依然屹立着的、残破凄清的建筑，尤其是雪域巍峨宏大的寺院和无比壮丽的建筑雕刻绘画艺术，那种神秘古老和苍凉感，更洗涤着人们的心灵。在中甸草原尽头，有两山横亘，犹如大门半开，"门内"有一山突起，一座广阔宏大的建筑覆于其上，俨然一座山城，周边堵墙排列、褐窗密布、鳞次栉比的殿宇层层井然、金光灿烂、威严雄壮，院内传出阵阵钟鼓之声，无比庄严，

雪岭连绵的迪庆高原

幽远而缥缈，这就是松赞林寺。康熙元年（1662年），五世达赖奏请清廷在康藏地区建立13座大喇嘛寺，松赞林寺名列其中，于康熙十八年（1679年）开始大规模扩建该寺。至雍正年间改名归化寺，寺庙规模不断扩大，成为有1226名僧众的滇藏康边最大的喇嘛寺之一和黄教中心。松赞林寺的建筑、宗教文化和收藏陈列的经书、典籍、医书、雕刻、器皿和绘画等艺术品，均为珍贵文物，它既是藏文化的结晶，也是多元民族文化的荟萃。从最能充分体现雪域高原造型艺术的建筑看，它融汉族、藏族等不同民族建筑的风格于一体。大量的雕塑绘画艺术既有中原文化传统，又受印度、尼泊尔风格及西亚文化的强烈影响，它反映了茶马古道上各民族文化传统的相融并存。

茶马古道的入藏门户——德钦，是一个藏传佛教和西方天主教共融的世界。在这里，不仅可以看到飞来寺、德钦林寺等喇嘛寺，还能看到清真寺和茨中天主教堂，这是多种宗教相生并存的见证。

云南关山万里，古道斜阳的关隘锁住了通向各地的要道，穿越了云南几千年历史的马帮和遍及云南各地的茶马古道、古镇及多彩的民族文化给我们留下了丰富的精神财富。有人说："云南的经济文化交

流是马帮用马驮出来的。"这话不无道理，千百年来，茶马古道上形成的大大小小集镇，不论是易武、鲁史还是云南驿、寺登街，既是茶与盐的始发地，又是马匹、药材、日用百货等的集散地，且它们都有一个共同的历史规律——因茶兴而兴，因茶衰而衰。而茶的兴衰又与国家和民族文化的兴衰紧密联系在一起，沧桑的巨变虽然使茶马古道退出了历史舞台，但它对民族交往交流交融、对促进各民族相互认同、对铸牢中华民族共同体意识的作用及意义将永存。

普洱那柯里古道遗址

云茶大事记（前1066—2020年）

前1066年

东晋常璩的《华阳国志·巴志》记载:"周武王伐纣,实得巴蜀之师……丹漆茶蜜,皆纳贡之。"[①] 据专家考证,贡品中有云南茶。尽管史料记载甚微,但提到了云南茶早在3000多年前就已作为贡品进贡西周王室,也因此得以载入史册,让云南茶首次为外界所知。

僾尼姑娘在制茶

前109年

魏晋时期吴普的《本草·菜部》中记载:"苦菜,一名荼,一名选,一名游冬,生益州川谷山陵道旁……"上述史料说明,至少在汉晋时期云南就已有茶树种植。再从晋人傅巽的《七诲》"蒲桃,宛柰、齐柿、燕栗、垣阳黄梨、巫山朱橘、南中茶子、西极石蜜"来看,"南中茶子"若是指成个、成块的紧茶,那么说明云南紧茶在汉晋时期就已是与宛柰、齐柿、燕栗、垣阳黄梨、巫山朱橘、西极石蜜齐名的特产了。

225年

蜀建兴三年(225年),诸葛亮(字孔明)平定南中(从东汉末起,为全滇和黔西北、川西南的总称)后,为稳定后方,巩固强化政权,对当地少数民族实施了一系列安抚政策和措施。在经济上,开垦土地,广种粮茶。如:将永昌地区数千濮民迁至滇中平坝区的建宁、云南二郡,以实户口,使濮民进行屯田生产水稻;在滇南山区广植茶叶,推广先进农耕技术,帮助各少数民族发展生产、改善生活、防瘴气,倡导种茶、用茶,发展经济。在今天,滇南的很多少数民族传说

[①] 常璩撰、任乃强校注:《华阳国志校补图注》,上海古籍出版社1987年版,第4—5页。

中有不少代代相传的关于孔明让官兵教（民）种茶、饮茶，广植茶园、发展茶业的民间故事，他们还把孔明奉为茶祖祭祀至今。

863 年

唐懿宗咸通四年（863年），唐朝使节樊绰出使南诏，著有《蛮书》，载："茶出银生城界诸山，散收，无采造法，蒙舍蛮以椒姜桂和烹而饮之。"[①]"银生城"即南诏所设"开南银生节度"区域，在今景东。产茶的"银生城界诸山"即在开南节度辖界内，亦包括当时受南诏统治的今西双版纳产茶地区。上述史料一定程度上反映了云南少数民族在唐时已广为用茶、饮茶。

唐代是中国茶文化走向繁荣的开始，也是内地饮茶文化向西北不产茶民族地区传播的起始。道光五年（1825年），阮福《普洱茶记》载："普洱古属银生府，则西番之用普茶，已自唐时。"可见，云南茶在唐代就已传到西藏。

1071 年

宋熙宁四年（1071年），宋神宗下令禁止茶商买马，川茶全部实行官家专卖，茶利统统由茶马司垄断。这标志着宋代川滇茶贸易的重心南移，为普洱茶以后持续不衰的发展带来了机遇。纵观普洱茶历史上的每次大发展，都与茶马贸易的兴盛和滇川藏茶马古道的不断开拓有关。宋代以后，藏族人在日常生活中逐渐不可一日无茶，甚至把茶看作是"血"，是"肉"，是不可分离的灵魂。藏族、蒙古族地区对茶的需求的增大，使得四川、湖南、云南等地的茶叶开始流入西藏地区，"藏民喝茶，汉民售之"，促进了茶叶运输贸易的产生和发展，促进了茶叶输往西藏的道路的开拓，云南也因此有了长期对西藏地区的茶马贸易。持续千年的茶马贸易和茶马古道，可以说是普洱茶长盛不衰的重要原因。

[①]（唐）樊绰：《云南志补注》卷七，第103页。

1274 年

1274年，元朝在云南始设行省，元朝作为中国历史上第一个由少数民族建立的大一统帝国，西藏也正式被其纳入统一的版图，还在西藏建立了以萨迦派为主的"政教合一"的地方政权。这一时期，因战马已不必依赖西藏输入，故对汉藏茶马贸易管理松弛，政府停止茶叶经营，由商人按引纳二缗，自行购运。汉藏之间，任其民间自由互市，打开了茶叶由民间销藏的大门。同时，元朝为了加强对西藏的治理，十分重视交通的畅通，把宋代以茶马互市为主干线的进藏交通路线定为正式驿路，并一路设置驿站进行管理，还在川藏茶马古道沿线共设置了19处驿站。在滇藏交通线上，同样广建站赤（即驿制、驿路、驿站）以"通达边情"，便于"四方往来之使"和"纲运辎重"。① 哈剌章（今大理）—丽江—吐蕃道便是当时的一条主要驿道：自哈剌章北行，经邓川、观音（鹤庆北120里）或剑川达丽江，再北至川西去吐蕃，并经布拉马普特拉河谷去欣都（印度）。《元一统志》中对丽江路"里至"（里程及所经、所达地点）有较详记载。元代开放茶马市和开通滇藏交通为滇茶输藏创造了条件。

1368 年

明洪武元年（1368年），开始进一步加强以茶固边和拓展川滇藏茶马贸易及交通。茶在明代进一步成为中国边疆少数民族的必需品。《明太祖实录》载："秦蜀之茶，自碉门、黎雅抵朵甘、乌思藏，五千余里皆用之。其地之人不可一日无此。"② 可看出，明代西藏对茶的需求更加大了。在明代的茶马交易中，产量最大的川茶由天全、雅安不断输入西藏，而云南的盐及普洱茶也有不少汇聚到雅州、天全一带，由茶课司收贮与西蕃市马。"洪武二十年六月壬午，四川雅州碉门茶马司以茶一十六万三千六百斤，易驼、马、骡、驹百七十余

---

① 《永乐大典》卷之一万九千四百一十六至一万九千四百二十三《站赤》。
② 《明太祖实录》卷二五一。

匹。"随着每年数百万斤茶叶输往康藏地区,川滇藏茶马古道不断延伸并成为官道,逐渐取代了青藏道的地位。

1483年

明成化十九年(1483年),丽江木氏土司在中央王朝的重用和扶持下进兵中甸,统治势力范围向迪庆地区扩大。到明万历年间,整个云南迪庆、四川甘孜康南、木里部分地区、西藏昌都芒康南部等藏族聚居区尽为木氏土司所有,统治时间长达百余年,结束了邻近藏族聚居区土酋割据的分散状态,为进一步开拓滇川藏交通创造了条件。商人往来的方便扩大了云南与西藏间的茶叶等贸易,逐步带动了高原茶道沿线商业集镇的兴起和发展。位于滇西北的丽江、中甸、德钦等滇藏交通枢纽和门户,成为滇藏茶叶贸易和物资交流集散市场,还产生了延续至今的房东制贸易。如明末清初,中甸县城有大商号50余家,归化寺前的小街上有大堆店30余家,两地每年货财出入最少在700万元以上。滇茶不仅成了与川茶并驾齐驱的销藏茶的主力,且除川藏道外,滇藏道在明朝中后期也成了茶马古道的主干道。

1619年

约1619年,谢肇淛在《滇略》中记载:"士庶所用,皆普茶也,蒸而成团。"这是史料中首次提到"蒸而成团"的普洱茶,也是普洱茶第一次作为专有名词在史籍中正式出现。明代云南普洱茶的成名为其之后的大发展奠定了基础。同时,"蒸而成团"说明明代云南已有加工揉制紧茶的技术了。实际上云南的蒸而成团的制茶方法还应更早些,只是无文献记载。至明末方以智的《物理小识》载"普洱茶蒸之成团,西番市之",说明"普洱茶"一名已正式通用。这种蒸之成团的茶,过去均被认为因产于普洱而得名,后因民族学研究与古濮人的"濮儿茶"同音异写而得名。但笔者据清章履成的《元江府志》中"普洱茶,出普洱山,性温味香,异于他产"等史料考证看,普洱茶因出自普洱山而得名。《四库全书》也载:"普洱山在车里军民宣慰司北,其上产茶,性温味香,名曰普洱茶。孟通山在湾甸州境,产细茶,味最胜,名曰湾甸茶。"① 经笔者反复考证调研,产于普洱山的普洱茶因品质优于其他产地所产出名,之后滇南用蒸而成团的方法制成紧压茶也便成为普洱茶的显著特点。②

1576年

1576年,邹应龙、李元阳万历《云南通志》修成,载:"车里司专管贡茶及各勐土司,实行茶引制。"③"自苏、常、镇、徽、广德及浙江、河南、广西、贵州皆征钞,云南则征银。"④ 以上说明官方在明代对普洱茶实施茶政以及列茶法进行管控,并从当时的实际出发,对云南茶马制度进行了"云南则征银"等变通。明代虽是川、湘黑茶因大量销藏而兴起的时代,但至明末的茶政管理失控后,民间大量参与私贩茶,不仅出现了有的茶质量下降的情况,还出现冒名顶替之假茶,因而曾大受欢迎的湖南茶在茶马互市中数量不断减少。《明史·食货志四·茶法》:"中茶易马,惟汉中、保宁,而湖南产茶,其直贱……且湖南多假茶,食之刺口破腹,番人亦受其害。"⑤ 销藏茶除汉中茶外,云南普洱茶因其质量好且耐泡而成了比较受藏族欢迎的茶。明末清初,顾炎武在《肇域志》中谈道:"丽江军民府……境内夷麽、古宗,或负险立寨,相仇杀以为常……与蜀松、维如牴相角。松州赏番茶有杂木叶者,番人怒而掷之。安知滇徼外之茶,彼无仰给乎?"⑥ 该史料说明,藏族对滇茶的喜爱给了普洱茶因质扬名的机会,滇茶进藏数量进一步增多。

---

① 影印四库全书本《御定佩文斋广群芳谱》卷十八《茶谱》。
② 蒋文中:《普洱茶得名历史考证》,《云南社会科学》2005年第3期。
③ (明)邹应龙、李元阳修:《云南通志》,民国二十三年(1934年)重印。
④《明史》卷八十《食货志》,第1947页。
⑤《明史·食货志四·茶法》,第1947页。
⑥ 顾炎武:《肇域志》册4,第2382页。

1661 年

清以后，随着茶马互市的扩大，藏族人以明代设马市不便，达赖喇嘛及根都台吉即遣邓凡墨勒根"赍方物求于北胜州互市茶马。八月初，依其所请，准藏人于北胜州易马"①。清顺治十八年（1661年），清政府同意达赖喇嘛的要求，在北胜州（今永胜县）开茶市以藏马易茶。《清史稿·食货志五》也称，是年，"遂裁陕西苑马各监，开茶马市于北胜州"。至康熙四年（1665年），正式开茶马市（指北胜州茶马市），以藏马易云南普洱茶。"北胜州开茶马市，商人买茶易马者，每两收税银三分，该抚详造交易细数、番商姓名，每年题报。"②清初首开茶马市于云南北胜州后，藏族对普洱茶的喜爱以及大量需求极大地提高了滇藏茶叶贸易量，推动了普洱茶的生产发展。

1674 年

清康熙十三年（1674年），五世达赖与蒙古和硕特部的首领固始汗遣番兵及木里土司兵进入迪庆，之后云南迪庆地区被纳入西藏"政教合一"统治下，滇藏茶道成了连接西藏政权对云南藏族聚居区统治的重要通道，普洱茶贸易不断延伸扩大，炉城（康定）成为川滇茶的重要集散地之一，如"炉城严如国都，各方土酋纳贡之使，应差之役，与部落茶商，四时幅凑，骡马络绎，珍宝荟萃……"。普洱茶凭借着超凡的品质优势，不仅为藏族人所喜爱，在全国的销量也大增。

1723 年

由于清代对普洱茶的重视，从雍正年间（1723—1735年）始，普洱茶正式被列为贡茶，大大推动了普洱茶在全国的兴起。贡茶制在中国古代一直是茶政的一部分。明代，普洱茶作为一种具有专有名词的

---

①《清朝通典·食货八》。
②乾隆《钦定大清会典则例》卷四十九《户部·杂赋上》。

茶开始正式出现。到了清代，普洱茶的身价更日益上涨，成为京师争购品饮的名茶，也成为云南进献皇帝的贡品。清初，云南地方官员便把普洱茶进贡宫中，如康熙五十五年（1716年）十二月初八，开化（今云南文山市）总兵阎光纬"进普洱肆拾圆，孔雀翅肆拾副，女儿茶捌篓"。清代阮福的《普洱茶记》中说："普洱茶名遍天下，味最酽，京师尤重之……"[1] 说明普洱茶声名远播，进入皇宫朝廷，深受王公贵族的欢迎。阮福在《普洱茶记》中对贡茶做了介绍："福又检'贡茶'案册，知每年进贡之茶，例于布政司库铜息项下动支，银1000两由思茅厅领去，转发采办，并置办收茶、锡瓶、缎匣、木箱等费。其茶在思茅厅本地收取鲜茶时，须以三四斤鲜茶方能折成一斤。干茶每年备贡者，五斤重团茶、三斤重团茶、一斤重团茶、四两重团茶、一两五钱重团茶。又瓶盛芽茶、蕊茶。匣盛茶膏，共八色。思茅同知领银承办。"[2] 乾隆年间张泓的《滇南新语》及道光年间阮福的《普洱茶记》中记述有普洱贡茶从采摘、加工到包装，都有极高要求，故深得皇室的喜爱，不仅被用来赏赐给皇亲国戚，还作为礼品赠送给外国使臣。为了配合每年贡茶的制作及处理，清廷还在普洱府建贡茶厂。清廷重视普洱茶，把其列为贡茶并严格要求，大大促进了民间从采摘到制作加工工艺和技术的发展，花色品种从单一走向纷繁。

1726 年

雍正四年（1726年），清政府将远离川省腹地而靠近滇省丽江的维西、阿墩子（今德钦）等地由四川划归云南管辖，又于翌年完成了对丽江的改土归流，设丽江府，茶马市改设丽江，茶马贸易税由丽江府收报。丽江成了茶马古道上的又一个重要中转站。云南藏族聚居区的流官由清政府从内地委派，与内地联系巩固，交通也得到改善。为方便普洱茶的长途运输及税收，清政府专门明确了普洱茶紧压圆茶

---

[1] 道光《云南通志·物产三·普洱府》，《云南史料丛刊》第十二卷第，528—529页。
[2] 道光《云南通志·食货志·物产三·普洱府》，《云南史料丛刊》十二卷，第528页。

以"七子饼"特殊的包装及重量为云南制定茶叶的税收办法。"题准云南商贩，茶系每七圆为一筒，重四十九两，征收税银三钱二分。于十三年为始，颁给茶引三千觔，发各商行销售办课作为定额、造册题销。又，乾隆十三年议准云南茶引，颁发到省，转发丽江府，由该府按月给商赴普洱贩卖，运往鹤庆州之中甸各番夷地方行销……"①清代针对云南普洱茶"七子饼"的包装、重量及商人贩茶的茶引税收的规范管理，保障了普洱茶的健康发展。

清代滇南改土归流和对普洱府地区的开发为普洱茶生产贸易大发展创造了条件。雍正四年（1726年）、雍正五年（1727年），澜沧江以东的景东、景谷很快也完成了改土归流，将普洱地区划归元江府，改为流官制。雍正七年（1729年）七月，鄂尔泰宣布成立普洱府，强化对滇南边陲地方之控制，以宁洱地方为府治，置通判分驻思茅，设攸乐同知，驻右营，统兵500，负责征收茶税等事务。另在勐海、勐遮、易武等地设立钱粮茶务军功司，专门负责管理当地赋税和茶政。雍正八年（1730年），在思茅设总茶店。通过在滇南一系列的改土归流，使原来各地商人前往产地采购茶叶不再受当地的土官"商茶按驮抽银、客贾倮民，任其指使"之苦，内地的军、商、工、农人等的进入带来了中原制茶技术，同时清王朝对蒙古族、藏族地区的经营又为滇藏、滇川间茶叶等物的交流开拓了广阔的市场，从而加快了普洱茶的大发展。如雍正六年（1728年）《滇云历年传》载："莽芝产茶，商贩贱更收发，往往舍于茶户，坐地收购茶叶，轮班输入内地。"由此可看出雍正年间已有大量茶商到六大茶山坐地收茶运销到内地。郑绍谦等道光《普洱府志稿》卷一曰："车里为缅甸、南掌、暹罗之贡道，商旅通焉。威远宁洱产盐，思茅产茶，民之衣食资焉，客籍之商民于各属地或开垦田土，或通商贸易而流寓焉。"

---

①清光绪二十六年（1900年），《普洱府志》五十一卷全书刊成，以道光《普洱府志稿》为蓝本，对道光三十年（1850年）前的事迹有所增益，之后至光绪二十五年（1899年）的事迹为续增。本文选自光绪二十六年（1900年）刊本。

1729 年

清政府于雍正七年（1729年）在思茅设总茶店，由官方垄断茶叶销售，并将茶税一加再加，茶农负担越来越重，进而导致了雍正十年（1732年）的大暴动。清政府为了缓解民怨，不得不于雍正十二年（1734年）两次下檄，要求茶店官役"按照时价，公开采买。如有不法官役，借名多买，短价压送，扰累夷民……官则立即参详，役则立毙杖下"。"前经升任督臣鄂尔泰题明禁止，兵役不许入山。臣等又将官贩私茶严行查禁，但不严定处分，弊累不能永除。请嗣后责成思茅文武，互相稽查，如有官员贩茶图利，以及兵役入山滋扰者，许彼此据实禀报，如有徇隐，一经察出，除本员及兵役严参治罪外，并将徇隐之同城文武及失察之总兵知府，照苗疆文武互相稽察例，分别议处，庶官员兵役，不敢夺夷人之利，而穷黎得以安生矣……"① 由于清廷的抚绥政策，在此之后100多年的时间里，茶叶生产又有了极大的增长。"普洱府，民皆夷，性朴风淳，蛮民杂居，以茶为市。《大清一统志》：衣食仰给茶山，服饰率纵朴素。旧《云南通志》：夷汉杂居，男女交易，土农乐业，盐茶通商。《思茅厅》：五方杂处，仰食茶山。"② 清政府因普洱茶而起的对普洱府地区的开发及对发展茶叶的扶持措施，促进了滇南广袤边陲地域与内地的联系。至道光年间，普洱茶进入鼎盛时期，包括元江以南的他郎厅（今墨江县）已经是"汉民皆非土著，系由黔安、建水、石屏、新兴及川、广流寓而入籍，耕读贸易，习以为常"③。

1748 年

乾隆十三年（1748年），是乾隆施政从宽转严全面"收敛"的一年。清政府对云南茶叶贸易进行了重新规定："云南茶引颁发到省，

---

① 雍正《云南通志》卷二十九《艺文·疏》。
② 郑绍谦等：道光《普洱府志稿》卷九《风俗》。
③ 道光《元江府志》卷九。

转发丽江府,由该府按月给商,赴普洱府贩买,运往鹤庆州之中甸各番夷地方行销。其稽查盘验,由邱塘关并金沙江渡口照引查点,按则抽税,其填给部引,赴中甸通判衙门呈缴,分季汇报,未填残引,由丽江府年终缴司。"① 这一新规明确了普洱茶的产销地域——必须由"普洱府贩买",并"运往鹤庆州之中甸各番夷地方行销",进一步保证了茶叶的质量和销往西藏的市场管理。

1755 年

约写于乾隆二十年(1755年)张泓的《滇南新语》载:"滇茶有数种,盛行者曰木邦,曰普洱。木邦叶粗味涩,亦作团,冒普茗名,以愚外贩……普茶珍品,则有毛尖、芽茶、女儿之号。毛尖即雨前所采者,不作团,味淡香如荷,新色嫩绿可爱;芽茶较毛尖稍壮,采治成团,以二两、四两为率,滇人重之;女儿茶亦芽茶之类,取于谷雨后,以一斤至十斤为一团,皆夷女采治,货银以积为奁资,故名。制抚例用三者充岁贡……而岁贡中亦有女儿茶膏并进蕊珠茶。"这是对云南普洱茶又一翔实的记述,说明那时普洱茶产品已丰富多样了。

1799 年

写于清嘉庆四年(1799年)檀萃的《滇海虞衡志》卷十一《志草木》载:"普茶名重于天下,此滇之所以为产而资利赖者也。出普洱所属六茶山:一曰攸乐,二曰革登,三曰倚邦,四曰莽枝,五曰蛮砖,六曰曼撒,周八百里。入山作茶者数十万人,茶客收买,运于各处,每盈路,可谓大钱粮矣。"反映了当时普洱茶产销兴盛的状况。

1845 年

清道光二十五年(1845年),为了方便贡茶和茶叶的运输,普洱

---

① 托津等奉敕纂:《钦定大清会典事例》卷一百九十二《户部·杂赋》茶课,《近代中国史料丛刊三编》第642—660册,(台湾)文海出版社。

府出资并动员民众捐款，组织拓宽修缮普洱至昆明、普洱至易武的官道。至道光三十年（1850年），修建完工了始于昆明、止于普洱的官马大道。该道宽2米，全长480里，马帮行程7天，完全为青石板铺成。随后又修通从思茅至易武的茶马驿道，该道从易武经曼撒、倚邦、勐旺到思茅，全长240公里，宽1.2—1.6米不等，避免了道路的泥泞，方便了贡茶和普洱茶的运销。当时在崇山峻岭中修筑这样一条道路十分不易，为方便采办皇家贡茶，耗银万两以上，由官府、茶商、茶山土弁、茶民分担，动用民工不计其数。该道虽经百余年，今仍有部分尚存，蜿蜒壮观，与原坎坷崎岖难以逾越的羊肠小道相比，堪称"坦途"，不仅保证了贡茶、官茶的及时采办，还为各地茶叶运销往来打开了方便之门。各地客商以马帮为运输工具将内地的毡毯、布匹、生产工具、生活用品运进茶山，再将茶山所产之茶运往内地，茶山人口日增，茶叶贸易更加兴旺。

1838年

易武茶商张应兆和全寨人在原易武石屏会馆关帝庙右侧竖立茶案碑，石碑文1142字，记载了张应兆、胡邦有上诉易武土官，要求减轻茶税，但土官不予采纳，还监禁虐待张的两个儿子，于是张又约吕文彩上控易武土官，引起普洱府重视，黄主讯断了全案，谕易武土官"听其民便，不得苛索"并提高了茶价，减少了茶税的故事。为了不使易武土官或日久反复，再滥派茶税，张应兆便在易武立了一块茶案碑。此碑今仍存，见证了清政府对茶叶生产的抚绥政策。

在清政府抚绥下，云茶生产及商业达到了鼎盛。道光《普洱府志》记载，六大茶山出现了"蛮民杂居，以茶为市……衣食仰给茶山……夷汉杂居，男女交易，士农乐业，盐茶通商"的繁荣景象。《普洱府志稿》也载："国家财用所繁也，普洱物产丰饶，盐茶榷税之利甲于滇南。"① 普洱天天为街，日日为市，甚至还出现了夜市，

---

① 道光《普洱府志稿》卷十九《食货志六》。

且有行商、坐商和货郎之分，成为滇南商业活动中心。磨黑、石膏井、勐先等集市亦随之日益兴隆。道光年间，仅六大茶山年产干茶8万担，达历史最高水平。滇南普洱及车里地区几乎山山种茶。段永原的《信征别集·卷下》载："思茅厅地方，茶山最广大，数百里间，多以种茶为业，其山川深厚，故茶味浓而佳，以开水冲之十次，仍有味也。而归其美名于普洱府。其实普洱之茶，皆思茅所产也。"①另据黄桂枢先生有关研究，清道光三十年（1850年），思茅厅外来客籍户已达5571户，是土著户1016户的4.5倍，多数为商人。②

易武与茶有关的清代茶案碑

1856年

清咸丰六年（1856年）五月，杜文秀起义。在战乱中，滇藏茶马古道一度中断，古六大茶山产量从4000多吨锐减至1000吨。北茶马古道的中断使商人们不断寻求新的通道。从清末至民国初，茶商至少新开通了从易武经老挝乌德至越南莱州和由勐海打洛出缅甸的多条通往国外的茶马驿道，普洱茶开始大量远销南洋各地。

1871年

1871年，昆明宝森号茶庄成立，为近代昆明成立最早的茶庄。茶庄是集生产、销售于一体同时又有自己商标的茶叶企业，标志着近代云南茶业工商资本经济的发展。清末民初，宝森号茶庄一直是省城茶

---

①赵春洲、张顺高编：《版纳文史资料选辑》第四辑《西双版纳茶叶专辑》，中国人民政治协商会议西双版纳傣族自治州委员会文史资料工作委员会1988年11月编印。

②黄桂枢：《清代、民国时期普洱和思茅的茶庄商号》，《中国茶叶》2007年第6期。

叶界的领袖，1909年还在北京成立了分号。宝森号茶庄还是民国初年昆明的茶叶培训所，有意无意地培养了很多茶叶经营人才。直至20世纪50年代公私合营，宝森号茶庄被并入昆明百货公司。

1884年

1884年，石屏刘姓茶商创建同庆号，这是目前我们所知道的易武成立最早的茶庄。除同庆号外，易武在光绪初年还产生了宋聘号、福元昌号、同兴号、同昌号等大茶庄，在昆明、香港及东南亚地区开有茶行，兴盛活跃到20世纪40年代。

在普洱，从道光年间至光绪初年，普洱茶的产销盛极一时，商贾云集，市场繁荣，民间发展形成了恒和园、裕泰丰、雷永丰、鼎光恒、同仁利、裕泰丰、信仁和、广益祥、协太昌、同心昌、荣和昌等一批专业加工销售茶叶的较大商号，每年由产地茶山运至思茅加工的毛茶在万担以上。在宁洱加工的普洱茶有圆饼、方砖、紧团茶和双喜牌茶，还有毛尖、芽茶、小满茶、金月天等品牌，外形为团饼、方砖、牛心和人头团茶等。每年都有大批藏族商队到此买茶。还有东南亚、南亚的商人也前来普洱做茶叶生意。有秦晋、两广、四川、江西、两湖及玉溪、建水、石屏、盱江、通河等会馆10余处，有商号180余家，这些商号多数经营并加工茶叶，除销往内地外，有的还在蒙自、昆明、上海、香港有代售处，在缅甸仰光、阿瓦（曼德勒）和暹罗（泰国）曼谷、清迈以及新加坡等地设有分号及分售处。①

1893年

光绪十九年（1893年），随着英帝国主义对西藏侵略的加剧和《中英印藏条约》的签订，英印便在中印口岸亚东开埠通商，英国殖民者通过东印度公司将其在印度所生产的茶大肆销往西藏，争夺华茶

---

①黄桂枢：《清代、民国时期普洱和思茅的茶庄商号》，《中国茶叶》2007年第6期。

在西藏的利益，同时借此向西藏渗透，这不仅严重冲击了汉藏边茶贸易，对四川、云南的茶叶生产也造成了威胁，导致华茶特别是川滇茶在西藏的行销遭受巨大的损失及西藏土特畜产品大量外流，遭到了西藏僧俗各界及川滇爱国民众的抵制和反对。为抵制英印在茶叶上对西藏的经济入侵，云南茶业界积极行动起来，尽管国危民贫，商人和马帮从未停止越过重重险阻和法英海关的厘卡，将藏族人喜爱的普洱茶通过滇藏道和滇缅道等源源不断地运到西藏，压制了英印茶在西藏的影响。"自民国十八年至二十七年十年间佛海县销藏茶量……在一万担以上。每担合六十三点四公斤，即年运销西藏紧茶六十三万四千多公斤。其中比较著名的'云南恒盛公商号'为贩运滇茶入藏，于猛海设立茶厂，在拉萨设分号，并与西藏'热振昌'合作开设了康定至拉萨的茶叶运销业务，年运茶入藏达一万包。"①普洱茶在参与保护华茶、保卫西藏中发挥了重要作用。

1897 年

光绪二十三年（1897年）后，英法殖民者先后在思普地区设立海关。近代西方列强也把云茶经济视为掠夺对象，看上了普洱这个当时在中国具有相当规模的茶叶利税之区。清光绪二十一年闰五月二十八日（1895年6月20日），法国强迫清政府在北京签订《中法续议商务专条》，其中第三条规定："议定云南之普洱开办法越通商处所。"光绪二十三年正月初三（1897年2月4日），英国又强迫清政府在北京订立《中缅条约附款十九条》，其中第十三条规定："将在普洱设立英国领事馆驻扎。"根据上述两个条款，1897年7月2日，法国在普洱建海关、划租界。1902年5月8日，英国在普洱开商埠、设领事，思茅海关、领事、租界均征关税，使各民族赖以生存的茶业发展充满艰辛。

---

①杨嘉铭、琪梅旺姆：《藏族茶文化概论》，《中国藏学》1995年第4期。

1903年

清光绪二十九年（1903年），随着下关永昌祥号、复春和等茶庄的创办，沱茶市场需求生产不断扩大，沱茶的花色品种也更多了，现代形状的云南沱茶开始在下关及佛海创制。在佛海，民国元年（1912年）将团茶改制成带把的心脏形紧茶，取名宝焰牌紧茶。民国五年（1916年），云南沱茶首次被定型加工为现在的碗形沱茶。

1904年

1904年，英帝国主义派兵入侵拉萨，同时继续加强组织东印度公司大规模地将印度茶倾销西藏，以达到掠夺中国经济并分裂西藏的目的，强迫藏族人饮用印度茶，但遭到藏族人拒绝。不甘失败的英国殖民者认为是印度茶不适合藏族人的口味，于是又盗窃普洱茶种在印度大吉岭种植，并在印度西里古里秘密仿制佛海紧茶，无耻地伪造佛海商标，运至噶伦堡混售，以欺骗藏族人。为抵制英印茶，保卫中国茶和藏族人热爱的普洱茶，云南茶界发起加强普洱茶行销西藏的爱国行动，不仅让外表相似但本质不同的印度假普洱茶无处立足，同时也进一步促使民国时期云南中国茶叶贸易股份有限公司下设顺宁实验茶厂、宜良茶厂、昆明复兴茶厂、佛海茶厂、下关康藏茶厂及促进了云南省思普企业局等的正式成立，以加大制造藏销紧茶、砖茶等。当时，勐海茶厂主要生产紧茶销往西藏；昆明茶厂的主要任务是用勐库和凤山茶为原料加工生产复兴沱茶销往西藏；而下关茶厂的成立直接由云南中茶公司与康藏商人代表蒙藏委员会委员格桑泽仁订约，各出资15万元，专门生产销往西藏大众的紧茶等，使英帝国主义阴谋夺取茶叶贸易、割断藏族人与祖国经济联系的企图覆灭。

1912年

民国元年（1912年），由纪襄廷与本家纪人寿在小景谷街创办恒丰源茶庄，民国八年（1919年）在昆明南正街设立分号，销售普洱茶。纪家于1880年提倡种茶，于塘房山播种数十万株，精心培植，数年后蔚然成林，可供采摘。纪家带动民众大量种植茶树，使景谷乡大量荒野变为茶园，昔日的穷乡僻壤变为商贾云集之地。沱茶被发明后，景谷也参照下关沱茶（亦名关沱）的做法生产了沱茶（亦名景沱），与关沱工艺、用料均有区别。关沱每筒5枚，景沱每筒4枚。

1925年

民国十四年（1925年），周文卿在佛海正式成立可以兴茶庄，至1927年制成圆茶、砖茶、沱茶，用笋叶和竹筐包装，销往藏族聚居区。1928年试销香港，销路较好。1932年，加入佛海茶业联合贸易公司，公司年出口茶叶数量达2万多驮。"可以兴"成为当时海外华人喜欢的一大普洱茶品牌，带动了普洱茶在海外的市场。1941年，受第二次世界大战影响，可以兴茶庄而被迫停业。民国初期是云南茶庄大发展的时期。这种发展得益于西藏和海外对普洱茶需求的不断增加，使滇茶产地扩大，不断诞生新形制和品类的茶（沱茶、红茶、绿茶等）。

1926年

1926年，据《中国旧海关史料》记录："……迨至年终又值封禁马匹二余月之久，凡进思驼马胥被磨黑盐局拦截阻禁……商人为权宜之计，暂用牛脚以代马运……普茶运往香港取道东京（河内）茶叶出往蛮得烈景昧各处销售……"从思茅海关史料看，法国海关为加强对在其认为的茶叶出口走私管控获取厘金，曾通过清政府设法阻挠民间走私茶叶出境，还封锁马帮贩运，迫使茶商和运输不断开辟新的出境之道，于是被称为"新茶路"的茶马古道南路被不断开辟出来，进一步扩大了普洱茶的出口贸易量。

1938年

民国二十七年（1938年），中华民国经济发展部所属中国茶业公司与云南全省经济委员会合资，于12月16日正式创建成立云南中国茶叶贸易股份有限公司（云南茶叶进出口公司的前身），办公地址设在昆明威远街208号。缪嘉铭任董事长，郑鹤春任经理。同年，佛海茶厂开建，标志着云茶生产开始走向现代工业化道路。

1939年

民国二十八年（1939年）3月8日，云南中国茶叶贸易公司顺宁实验茶厂正式成立，冯绍裘任厂长，1945年10月31日任命吴国英为厂长；5月，云南中国茶叶贸易股份有限公司在宜良县城近郊的下栗者村租用村民旧房设临时制茶所，何亦鲁任所长，是省办茶叶技术人员训练班的实习场所；同年10月改为茶场。民国二十九年（1940年）5月，改茶场为茶厂，童衣云任厂长；10月，云南中国茶叶贸易股份有限公司在昆明建立复兴茶厂（昆明茶厂前身），厂址设在昆明金碧路478号（今342号），童衣云任厂长。

1940年

民国二十九年（1940年）4月1日，佛海茶厂正式成立投产，范和钧任厂长。厂址在博爱路（今保健路）。厂区占地面积40亩，有厂房2160平方米，有职工80人左右，主要生产紧茶销往西藏。1942年太平洋战争爆发，茶厂停产。1952年正式恢复生产，唐庆阳任厂长。1953年3月更名为中国茶业公司西双版纳制茶厂，1954年更名为云南省茶业公司西双版纳茶厂，1959年更名为思茅专区勐海茶厂，1961年更名为勐海县茶厂，1963年更名为云南勐海茶厂，1970年复称勐海县茶厂，1982年更名为勐海茶厂。现在的勐海茶厂是1958年由老厂搬至新茶路一号重建的厂。

1941 年

民国三十年（1941年）3月，云南中国茶叶贸易股份有限公司与康藏商人代表蒙藏委员会委员格桑泽仁订约，合资15万元，在下关成立康藏茶厂，制造销藏紧茶、砖茶，任命周昌为厂长。

1942 年

民国三十一年（1942年）4月1日，云南省思普企业局成立，以茶叶为主要产品，种植场设于车里之南糯山，制茶厂设于南糯山之石头寨。

1943 年

法国在普洱建海关的历史宣告结束。

1945 年

抗日战争胜利。抗日战争时期是云茶大发展的重要时期。为支援抗日战争、创收经济来源、换回进口物资，云南茶业生产及马帮运输做出了重大贡献，同时也获得了一次跨越式发展。随着国民政府在云南成立中茶云南公司和相继创办佛海、顺宁、宜良、昆明、下关茶厂，引进了机械压制普茶的加工技术，大大提高了生产力，普洱茶的生产中心也由勐海逐渐取代了江内古六大茶山。1939—1941年，勐海县年产紧压茶达2000吨以上，畅销至香港地区及南洋一带。特别是各茶厂专门为藏族聚居区生产的销藏紧茶深受欢迎，抵制了英印茶，由此成为云茶走向规模化工业生产的盛大开篇。

1950—1959 年

中华人民共和国成立后，各级党委和政府非常重视茶业发展并采取了一系列措施，在全省各族人民的共同努力下，云南茶叶生产得到恢复与发展。经过1950—1959年10年的恢复与发展，全省茶园面积从1949年的20万亩增加到1959年的52.15万亩，产量也从1949年的2500吨增加到1959年的13145吨。

　　1950年9月，云南中国茶叶贸易股份有限公司更名为中国茶业公司云南省公司。1951年8月，云南省农林厅佛海茶叶试验场在接收民国时期思普企业局思普垦殖场（勐海南糯山）的基础上成立，成为后来的云南省农业科学院茶叶研究所的前身；同年，云南省农业科学院茶叶研究所在勐海县南糯山半坡寨发现树龄达800余年的栽培型古茶树，该树位于海拔1100米的茶树林中，树高9.55米、树幅10米、主干直径1.38米；12月15日，"中茶"商标注册，经中央私营企业局核准发给商标审定书，取得专利权。

1960—1972年

　　1960—1962年，云茶生产出现大幅度下滑。1962年茶园面积缩减到35.24万亩，比1959年减少32.4%；产量下滑到6250吨，减少52.3%，面积和产量均退回到1955年的水平。在云南省政府的重视下，经过致力抓茶叶发展，不断垦复老茶园，大力发展新茶园，特别是推广种植新技术快速发展新茶园，使1963—1972年成为云茶第二个生产恢复并有较大发展的时期。1972年茶园面积发展到94.05万亩，比1962年增加58.81万亩，增长1.7倍，年平均增长16.7%；茶叶产量恢复并超过1959年的水平，达14550吨，比1962年增长1.3倍，年平均增长13.4%。1965年新植茶园面积比上年增长39.7%，为最大增幅年。但受"文化大革命"的影响，1966—1969年茶叶产量在0.88万—0.96万吨之间徘徊。产品主要是红茶及绿茶，由云南茶叶进出口公司出口。

　　1962年2月24日发现巴达野生古茶树。巴达野生古茶树主干直径1米、树高32.12米、树龄在1700年左右。1966年5月28日，经省科协同意、省人委办公厅批准，在勐海举行茶叶学会成立大会。1967年下关茶厂将心脏形紧茶改成长方形砖片，每片净重250g，用"中茶"商标。

1973—1978年

1973—1978年，经过持续发展，至1978年云南茶园面积为149.4万亩，居全国第3位。这一时期，推广密植速成茶园、改造低产茶园及防治病虫害等综合技术措施。在加工技术上逐步实现以电力为主的机械生产，其中红碎茶成功实现批量生产。绿茶开始推广烘青、炒青等烘炒型绿茶加工技术。在普洱茶方面，鉴于国际市场对普洱茶的需求，1973年云南茶叶进出口公司开始办理自营出口茶叶业务，并在昆明茶厂试制渥堆发酵普洱茶成功，当年出口普洱茶10.2吨，成为现代普洱茶（发酵熟茶）的开篇。1974年，云南茶叶进出口公司在昆明、勐海、下关、普洱4个茶厂推广加工生产渥堆发酵普洱熟茶，20世纪90年代初逐步扩大到多家茶厂生产。

1979—1993年

党的十一届三中全会后，在云南省委、省政府的重视领导下，随着改革开放的不断深入，各产茶区政府及农垦系统不断加大全省的茶叶种植生产。1979—1993年是云南茶叶第三个持续发展时期。1986年，云南在全国率先提出了生态茶园的理论，在速成高产的基础上，开创了云南茶树栽培生态化发展方向。云茶开始在生态良种茶园栽培技术、使用良种、无公害生产技术、对茶树病虫害的有效控制及茶园机械化修剪技术等方面进行试验示范和推广，至1989年全省茶园面积达239.75万亩，产量达4.28万吨，至90年代末开始在全省范围内大面积推广。

在加工技术与产品发展方面，从英国和印度引进CTC红碎茶生产技术成套设备取代转子揉切机技术，使"滇红"产量及品质在国内居首位，在国际上可与肯尼亚、斯里兰卡和印度等国的同类产品匹敌，红茶产区不断扩大，产量迅速增加，到1980年，全省有20多个县生产红茶，产量达7290吨，占全省茶叶总产量的40.97%；1998年产量达

18745吨，为历史最高年。红茶成为云茶主要出口商品茶。同时，90年代初期，云南开始研发高档名优绿茶，中后期开始批量生产。发酵普洱熟茶开始推广（2004年开始大量生产）后，形成了生普洱、熟普洱并驾齐驱的发展格局。云茶在厚积薄发中迈向21世纪。

1979年云南农业大学设立茶叶专修科，学制3年，校址在寻甸回族彝族自治县。1980年，云南农业大学迁至昆明市黑龙潭；1984年改为4年本科，隶属园艺系；1994年成立茶学系。

1980年2月21—25日，云南茶叶进出口公司在昆明召开普洱茶加工座谈会，拟定了《云南普洱茶制造工艺要求（试行办法）》，统一了9个标准样，确定了普洱茶茶号的编号办法，统一了普洱茶的质量标准和加工工艺。会上，在《云南省普洱茶制造工艺要求（试行办法）》中首次明确指出："普洱茶是由茶叶中的多酚类经过缓慢的后发酵的转化作用而逐渐形成的色、香、味，具有越陈越香的风格……"奠定了普洱茶独特并易久存的价值基础。9月，下关甲级沱茶荣获国家银质奖，并被评为省优产品。

1981年10月19日，云南省茶叶进出口公司以（81）云外茶技字第142/29号文件向昆明、下关、勐海、普洱、澜沧、景谷各茶厂下发《检发云南普洱茶品质规格试行技术标准的通知》，规定了普洱茶的感官指标、理化指标、成品质量、包装材料等。

1986年3月10日，云南普洱沱茶在西班牙巴塞罗那第九届国际食品评奖会上荣获世界食品汉白玉金冠奖；10月，英国女王伊丽莎白二世偕其丈夫菲利普亲王（爱丁堡公爵）来昆明访问，饶有兴致地鉴赏了陈列在西山华亭寺中的云南普洱茶；10月23日，全国人大常委会副委员长班禅额尔德尼·确吉坚赞视

班禅一行参观下关茶厂

察下关茶厂，表示仍有部分藏族人喜欢带把的心脏型紧茶，于是下关茶厂开始恢复带把的心脏型紧茶的生产。

1987年7月15日，云南茶叶进出口公司在欧洲的沱茶总代理商法国甘浦尔先生在巴黎王子酒家举行了法国国家级的云南沱茶研究报告会，并发布临床试验报告称云南沱茶特有疗效，可降低人体中的血脂含量，从而受到媒体广泛关注。由下关茶厂生产的云南沱茶在德国杜塞尔多夫第十届国际食品节荣获世界食品金冠奖，引发了云南下关沱茶在欧洲市场的热销。

1988年11月，由赵春洲、张顺高主编的《版纳文史资料选辑》第四辑《西双版纳茶叶专辑》在西双版纳州文史委内部出版，内有16篇关于普洱茶的珍贵资料和文章；12月13日至次年1月1日，台湾茶艺大陆观光团由台北茶艺文化事业联谊会会长季野先生率领，一行14人到云南昆明、下关、勐海等茶区考察普洱茶，寻根访祖，朝拜勐海巴达1700年的野生古茶王。

1989年，云南省茶叶进出口公司王树文、苏芳华、陈露云率云南代表团"云茶苑"茶艺表演队在北京参加了"中国首届茶与文化展示周"茶文化活动，他们编排（以陈露云为主）的"云茶苑"茶艺表演轰动京城，中外20多家媒体争相对其进行了报道，这是云茶第一次如此广泛地受到人们的关注。随后"云茶苑"的茶艺表演又被指定为1990年亚运会表演节目，云南民族茶文化从此不断走向全国乃至世界。

1989年王树文、苏芳华、陈露云率领的
"云茶苑"茶艺展演在北京引起了
外宾的极大兴趣

1990年11月30日，"宝焰"牌紧茶注册商标正式启用，注册证号码为535357。同年，在亚太地区国际肿瘤学术会议上，昆明天然药物研究所国家级专家梁明达、胡美英教授公开展示了普洱茶抗癌作用的科研成果。他们发现，普洱茶杀灭癌细胞的作用最为强烈，甚至常人喝1%的浓度的茶亦有明显作用。

1991年3月，在澜沧县富东乡邦崴村发现了树高11.8米、树幅8.2米×9米的古茶树，专家学者经4次考察论证，一致认为这是介于原始野生型与栽培型茶树之间的过渡型茶树，并定名为"邦崴古茶树"，为研究茶树的起源与进化提供了新的证据。

1992年，"松鹤"牌沱茶（内销）注册商标正式启用。次年3月15日，下关茶厂生产的云南沱茶在西班牙马德里第十六届国际食品节上荣获世界食品（饮料）金冠奖。

1993—1997年

1993年4月，中国普洱茶国际学术研讨会暨中国古茶树遗产保护研讨会以及首届中国普洱茶叶节在思茅隆重举行。会议认为，"云南邦崴大茶树是较印度阿萨姆种更原始、起源更早的茶树，是野生型向栽培型过渡的过渡类型"。这一结论再次证明了中国云南是茶树的原产地中心，这是颠覆"世界茶叶原产地在印度"这一说法的重大科学突破。4月13—16日，首届西双版纳国际茶王节在景洪市举行，旨在以茶会友，弘扬茶文化，促进贸易，振兴西双版纳。

1994年8月12—15日，中国国际茶文化研究会和云南省人民政府在昆明市联合召开第三届国际茶文化研讨会，会后香港、台湾等地的15名知名茶人在中华茶艺联谊会会长吕礼臻的带队下前往景迈考察，接着又在云南省茶司陈露云的协助下前往易武考察。之后吕礼臻先生于1995年定购并监制的第一批易

作者采访陈露云、吕礼臻后合影

武茶在易武乡乡长张毅和省茶司陈露云的协助下做成了"真淳雅号"销往台湾,让沉寂已久的普洱茶和易武茶山古镇走向了复兴,由此翻开了振兴普洱茶的又一重要篇章。8月30日,由下关茶厂、云南茶叶进出口公司、重庆渝中茶叶公司等5家单位共同发起,经云南省体改委批准,云南下关沱茶股份有限公司在下关茶厂挂牌成立。

1996年11月12—17日,思茅地区在镇沅县举行了哀牢山国家自然保护区云南镇沅千家寨古茶树考察论证会,经专家组系统考察确认:在该县九甲乡和平村千家寨的大茶树群落,是迄今为止已发现的世界上最大、最古老的野生茶树群落,类似这样的茶树群落有8处,计4200亩之多。

1997年2月28日,第二届中国普洱茶国际学术研讨会在澜沧县召开。同年4月8日,我国首套《茶》邮票在全国发行。

1998年12月,以下关沱茶股份有限公司为母公司,以大理州茶叶有限责任公司和南涧茶叶有限责任公司为子公司,组建下关沱茶(集团)股份有限公司。

2000—2007年

2000—2007年,云南茶业迈入以普洱茶带动产业及文化的大发展时期。云南茶业实现了3个突破。一是茶园面积翻了一番,突破500万亩;二是茶叶产量突破17万吨;三是云南独特的普洱茶得到发扬光大,产量突破9.9万吨。在茶业大发展的同时,云南茶文化大崛起,在围绕普洱茶的一系列科学文化研究中,涌现出大批茶科学和茶文化学者,产生了大量研究成果,特别是云南作为世界茶源和最早种茶、用茶和茶文化发祥地得到确立,为云南茶产业和文化产业的发展奠定了坚实的基础。

2003年3月,经过长达1年关于"什么是普洱茶"和云南普洱茶标准的大讨论,云南省质量技术监督局正式颁布《云南普洱茶地方标准》。这是云南省第一个茶叶地方标准。

2005年3月27—30日，由云南省政协文史委员会、中国国际茶文化研究会、西双版纳州人民政府主办的"纪念孔明兴茶1780周年暨中国云南普洱茶古茶山国际学术研讨会"在勐腊县勐仑镇中国科学院西双版纳热带植物园隆重举行。会上通过了以"保护和利用古茶树资源"为主题的《勐仑宣言》。10月31日，云南"普洱茶"地理标志证明商标得到了国家商标总局批准注册；11月，国家商标总局向云南普洱茶叶协会颁发了《普洱茶原产地证明商标注册证》，这是云南省继"文山三七""呈贡宝珠梨"之后获准注册的第三个地理标志证明商标，也是唯——个地域范围跨多个州市的证明商标。

2006年7月1日，云南省质量技术监督局发布《云南省地方标准 普洱茶》（DB53/103—2006）和《普洱茶综合标准》（DB53/T171—173—2006）。次年7月1日，云南省正式启动"普洱茶"地理标志证明商标的使用、管理和保护工作，这是云南省茶产业发展和商标注册工作的一项重大突破，是云南省大力实施商标战略、加快茶产业发展的又一重大成就，它标志着传承千年的普洱茶产业进入一个依托品牌加快发展的新阶段。

2004年2月，中国普洱茶研究院在云南省思茅茶树良种场基础上成立，院长为杨柳霞。2005年10月28日，全国首家普洱茶品质检测中心在云南云药实验室挂牌成立，这是专门从事普洱茶研究与开发和普洱茶品质检测分析的机构。2006年5月10—20日，由云南省质量技术监督局杨春华处长和云南民族茶文化研究会李师程、蒋文中等组成调查组，在六大茶山调研普洱茶传统生产的市场准入，提出"易武模式"。2006年4月9日，云南农业大学龙润普洱茶学院和云南普洱茶研究院挂牌仪式在云南农业大学隆重举行。

2004年，台湾邓时海所著《普洱茶》由云南科技出版社出版。2005年1月，黄桂枢主编的《普洱茶文化大观》由民族出版社出版；2月，由云南科技出版社和云南民族茶文化研究会编的《云南普洱茶·春夏秋冬》出版，该书每年编辑出版4期；3月，周红杰主编的

《云南普洱茶》由云南科技出版社出版；4月，张孙民主编的《普洱茶源》由云南人民出版社出版；8月，由蒋文中以"滇濮茶人"为笔名编著的《中国普洱茶》由中国水利水电出版社出版，以及邓时海、耿建兴所著《普洱茶续》由云南科技出版社出版；12月，王美津主编的《普洱茶·经典文选》由云南美术出版社出版。

2006年2月，西捷主编的《云茶》专业双月刊由云南人民出版社出版；2月，蒋文中、张明春编著的《中华普洱茶文化百科》由云南科技出版社出版，并在昆明新知图书城举行签售会；3月，詹英佩所著《中国普洱茶六大茶山》由云南美术出版社出版；7—8月，由云南民族茶文化研究会学术委员会主任蒋文中教授、云南报业集团记者林世兴等组成的调查组对全省产茶区及广东等地进行"发展云茶产业对策"调研，完成《普洱茶深度大调查》，并在《滇池晨报》发表系列报道。

2007年3月，蒋文中、张明春编著的《爱随茶香》由云南人民出版社出版，同年8月蒋文中、华林编著的《古茶乡韵》由云南人民出版社出版，被媒体誉为"颇具人文色彩反映普洱茶思想与艺术之美的文化力作"。

上述众多研究成果的出版发表对推动普洱茶科学文化传播及产业大发展起到了极大的宣传作用。

这一时期还有一些值得记述的事——

2002年11月24日，在2002广州茶博览交易会第二届（秋季）优质茶评比大赛中，云南古普洱茶公司的宫廷普洱茶荣获"普洱茶王"称号，100克宫廷普洱茶王拍卖了16万元。

2004年6月16日，由云南六大茶山茶叶公司为广东芳村茶叶城开业制作的重3.6吨的巨型普洱茶饼获得上海大世界基尼斯总部颁发的"大世界基尼斯之最"证书。

2005年4月26日，第七届中国普洱茶叶节评出了首届"全球普洱茶十大杰出人物"。5月1日，由胡明芳等筹备组织的首届"马帮茶道·瑞贡京城"出发活动在普洱县举行，共有120匹马，驮有224筐共14420片普洱茶于当日自普洱出发，途经云南、四川、陕西、山西、河北、北京等6个省市的80多个县市区，行程4000多公里，于10月9日到达北京；10月15日，云南马帮进京文化活动在北京老舍茶馆举行了"希望工程云南普洱茶慈善拍卖"，著名演员张国立捐出委托马帮驮到北京的一筒普洱茶，共拍得160万元高价；10月27日，马帮返回昆明。2005年11月10日，"滇茶大益天下 马帮西藏行"活动在勐海县拉开帷幕，由99匹马组成的驮运普洱茶的马帮，其中有13名女子马锅头，他们沿滇藏茶马古道进入西藏。

2006年2月12日，由西双版纳州人民政府、中国电视艺术家协会和北京亚视星空国际文化艺术交流中心举办的"马帮贡茶万里行"活动从勐腊县易武镇出发，由99匹马组成的大马帮驮运普洱茶经广西、广东、福建、浙江等地，于7月到达北京。4月8日，云南普洱市茶协会在普洱宣告成立。4月30日至5月2日，中国临沧首届茶文化博览会在临沧市临翔区举行。9月23日，在云南普洱茶国际博览交易会上，由云南民族茶文化研究会李师程、蒋文中撰稿并协助云南卫视摄制的电视纪录片《普洱茶——时光在吟唱》举行首播仪式。

2000—2007年，云南大型茶企、茶叶交易市场及普洱茶国际博览交易会不断出现。2000年8月8日，云南茶叶批发市场在昆明市金实小区南门隆重开业，这是经云南省商品市场建设和管理办公室云市办〔2000〕005号文件批准、由云南省思佳工贸有限公司和云南省茶业协会共同主办的省级大型茶叶专业市场。2001年2月28日，云南省普洱茶（集团）有限责任公司在原普洱茶公司内隆重成立，原外贸公司经理赵华琼出任公司董事长、总经理。

2005年4月，第七届中国普洱茶叶节、首届全球普洱茶嘉年会、云南首届普洱茶交易会在思茅市举行。7月31日，全国首个以普洱茶为经营内容的茶叶城在广州芳村开业，占地2万多平方米，百余家大小茶商云集于此。10月13日，首座"普洱茶都"落户京城马连道茶城，这是思茅市和北京市宣武区政府联合建立的"普洱茶都",也是中国首家以普洱茶为主体的茶叶展示交易中心。2006年9月22—26日,云南省人民政府主办的首届中国云南普洱茶国际博览交易会在云南茶叶市场隆重举行,在中国云南首届普洱茶茶王评选活动上,评出普洱生茶饼、砖、沱,普洱熟茶饼、砖、沱,以及宫廷普洱茶7个茶王。澜沧古茶有限公司的宫廷普洱散茶100克拍卖了22万元。

至2007年底,全省、市、县各级党委、政府高度重视茶业发展,把茶业发展纳入经济工作的重要议事日程,作为产茶山区农民脱贫致富必不可少的建设项目和政策措施,在社会各界的同心合力下,云茶产业达到了一个前所未有的发展高度。这一时期,在自然科学及人文社会科学方面,云南作为世界茶源和茶文化发祥地的确立、普洱茶定义和标准的确立,为云南茶产业和文化产业的发展奠定了坚实的基础。在以普洱茶为标志的云茶产业经济快速发展的带动下,茶文化的发展空前繁荣。茶文化的发掘、弘扬和推广推动着云南整个茶产业的生机勃勃。在云南省委、省政府关于"发挥优势、注重特色、做实做深文化产业,不断提高文化产业增加值占全省GDP的比重"的思路推动下,在省文产办范建华等的倡导下,茶文化产业被列入云南省重点扶持的十大文化产业项目,与民族民间工艺品、珠宝、旅游文化等一道逐渐形成云南特色文化产业集群。

2008—2010年

2007年底以来,随着国际金融危机的蔓延,普洱茶市场出现波动,整个云茶产业受到巨大冲击。2008年,云南茶叶总产量自2000年以来首次出现减产,企业和茶农效益降低,云茶产业的稳定和发展面临巨大压力和困难。全省茶业经济的大滑坡使新兴的云茶产业经受着严峻考验。面对震荡中的云茶市场,云南省委、省政府出台了一系列扶持茶产业发展的政策,各级政府加大了对茶业发展的扶持,帮助企业渡过茶市低迷难关,并及时采取了"稳面积、调结构、育品牌、拓市场"的应对措施。各茶区恢复了名优绿茶、花茶、红茶等优势品种的生产，改变了普洱茶产量增长快于消费增长的局面，让普洱茶、滇红茶和名优绿茶协调同进。

2008年12月1日，随着《地理标志产品　普洱茶》（GB/T 22111—2008）开始实施，云茶品牌战略得到了进一步实施，涌现出了一批知名品牌，如勐海茶厂2000年7月正式注册使用的"大益"、下关沱茶集团的"松鹤""宝焰"、滇红集团的"王子冠""凤牌"、昌泰集团的"易昌"、勐库茶叶公司的"勐库"、海湾茶业的"老同志"、六大茶山茶业公司的"六大茶山"、牛洛河茶业公司的"牛洛河"、龙生集团的"龙生"、普洱茶集团的"普秀"、龙润集团的"龙润"等。2008年"大益"斥巨资到央视上打广告，无疑在极大程度上重新提振了市场的信心，一时间"茶有益，茶有大益"之广告语响彻全国。

2009年后，云茶产业发展又开始趋于稳定。大益茶制作技艺入选第二批国家级非物质文化遗产名录。

2010—2013 年

2010年，云南省政府出台了《关于进一步加快茶产业发展的意见》，明确了云茶产业发展的总体思路、发展目标、区域布局、重点工程和保障措施。云南省茶叶在调整提质增效中逐渐走向稳步发展。至2013年，全省茶叶种植面积上升到490万亩，比2006年全省茶叶种植面积370万亩增长了120万亩。

2011年微信的到来进一步改变了信息的传播方式及人们的生活方式，也使茶叶进入新的网络时代。云南涉茶类微信公众号呈密集式增长，如"茶业复兴""茶泡泡""茶搜搜""弘益茶道美学""书香茶香"等具有影响力的微信公众号，相继开创了茶文化传播、茶叶品牌建设、市场销售多元渠道。同时，茶粉、茶膏、茶饮料及茶护肤品等高科技、高附加值茶产品取得新进展，成为大众市场新品。

2013年5月,在中国茶叶区域公用品牌评比活动中,普洱茶在最具带动力排名中位居第一,在品牌评估价值方面以52.1亿元位居全国第四。"一带一路"的推行对茶业未来的发展产生了持续影响,云南茶界也积极响应。其中,蒋文中发表了《让中国茶跟上"一带一路"的步伐》《用茶文化助推"一带一路"国际文化交流》等多篇论文。

至2013年底,云南茶企在国内外设立办事处、分公司、旗舰店100多个,新增经销商2000多户,市场网络从一线城市向二、三线城市延伸,市场拓展取得明显效果;组织茶企参加省外茶博会、推介会数十场,市场拓展成效明显。

2014 年

2014年,按照云南省委、省政府关于发展高原特色农业和加快传统优势特色产业发展步伐的指示精神,全省在"强基地、促加工、优结构、树品牌、拓市场、秀文化"的六大举措下,云茶产业又出现了一个快速发展时期。

2014年,全省茶园面积达到595万亩,实现茶叶综合产值370亿元,创历史新高。茶农来自茶产业的人均收入达2400多元。产业规模持续扩大,全省通过QS认证的企业达1000多家,产值过亿元的企业达24家、5000万—1亿元的企业达30多家、1000万元以上的企业达170多家。普洱茶产量达11.4万吨,产值首次突破百亿,达101亿元。[①] 大益勐海茶厂产值达21亿元。全省国家农业产业化重点龙头企业达4家、中国驰名商标9个、省级龙头企业50余家,新增省著名商标21个。以天士力帝泊洱、贡润祥、云南白药天颐等茶企为代表生产的茶粉、茶膏、茶饮料及茶护肤品等高科技、高附加值茶产品有新发展。

2014年,全省创建农业部标准高优生态茶园14个,创建面积达1.5万余亩;建设省级现代农业优势农产品茶叶示范基地17个,创建高优

---

① 云南省茶叶产业办公室:《2014年云南省茶产业发展报告》,《云南经济日报》2015年1月14日。

生态茶园面积达1.77万亩；实施中低产茶园改造47万亩；打造示范带动标准化生产茶园12万亩、生态绿色防控茶园25万亩，实现全省无性系茶园230万亩、无公害茶园520万亩、有机茶园39.2万亩、"三品一标"认证茶园190万亩。

2014年，经中国茶叶流通协会评选，云南省有18个县入围2014年全国重点产茶县百强，是入选全国茶叶百强县最多的省份。此外，昌宁县还荣获2014年度"全国十大生态产茶县"称号。在全国区域公用品牌价值评选中，普洱茶市场竞争力排名第一；滇红茶产量5万余吨，品牌价值11.61亿元。一些县市区也在深入打造区域公用品牌，如西双版纳州勐海县打造"中国普洱茶第一县"、临沧市凤庆县打造"中国红茶之都"、保山市昌宁县打造"昌宁红"等，推动了云茶品牌建设。

2014年，古树茶知名度继续提升。古树茶、名山茶市场继续保持高热，价格持续上扬，产销两旺，成为茶农增收的亮点，如西双版纳州古树茶春茶总产量400吨，实现农业产值超2亿元，同时带动了台地茶鲜叶收购价上扬，部分古茶区台地茶鲜叶收购价达40元/公斤以上；临沧市区域名山茶价格同比上涨40%以上。古树茶知名度的扩大还带动了旅游业的发展。

2014年，第九届中国云南普洱茶国际博览交易会实现总交易14亿元，同时以省茶博会为依托实施了"云南展团·云茶巡展"活动，积极拓展省外市场。至年底，全国新增云茶经销商2200多户，营销网络继续向二、三线城市（镇）延伸，如大益集团在福州开设品饮店、勐库戎氏在石家庄开设形象店、滇红集团在乌鲁木齐开设专卖店等。各地不断挖掘少数民族茶文化。普洱、临沧、保山、西双版纳等以千年古茶树为重点举办祭茶祖活动，还融入了云南少数民族特有文化元素。一些茶企组建了茶文化表演队，创新推介形式，借世界杯等热点营销普洱茶，紧跟时代潮流，加大宣传力度。有的在全国很多城市发起世界杯有奖竞猜活动，有的举行慈善义卖活动，有的为消费者提供

"即饮售卖+自助冲泡+茶品品鉴+空间体验"等新型综合性服务,有的推出玫瑰普洱、陈皮普洱及海盐普洱奶茶等花草调饮系列产品体验馆营销模式,有的赞助"飞跃百部电影人生"成龙深圳演唱会,有的在国学讲堂讲授"国色天香·中国茶",有的举办"健康饮茶·百万茶会"斗茶大赛、发起组建"茶人部落",有的发起大师签名会,有的推出"好茶向广东致敬"活动。同时,云南茶山游成了一个热门。云南各地茶山、茶企还推出"茶山体验日""茶乡之旅"等深度体验旅游,让爱茶人零距离接触古茶树和茶叶制作,感受普洱茶从采摘到品饮的全过程。

2014年,马云和李连杰共同投资北京太极禅品牌管理有限公司,表示要借助电商网络渠道助推普洱茶走向全国乃至全世界。随后推出了太极禅系列普洱茶,并请星云大师题字,该系列普洱茶成为业内争相收藏的普洱茶高端产品。电商巨头、明星效应助力了普洱茶在全国乃至全世界的推广。

2015 年

2015年4月10日,云南省勐海县被中国民间文艺家协会授予"中国普洱茶文化之乡"匾牌。

5月15日,以"展高原特色神韵·享彩云之南香茗"为主题的第十届中国云南普洱茶国际博览交易会在昆明国际会展中心举办,参展企业400余家,成交总额达12.75亿元;新增协议代理商、经销商1200余户。22日,中国农业科学院茶叶研究所与云南天士力帝泊洱生物茶集团有限公司联合举办的普洱茶产业发展的新机遇和挑战论坛暨国家茶产业工程技术研究中心普洱茶分中心授牌仪式在天士力帝泊洱生物茶谷举行。22—26日,以"天赐普洱·世界茶源·传承文化·保护遗产"为主题的第十四届中国普洱茶节在云南省普洱市举行,来自海峡两岸及香港、澳门的茶叶行业组织、专家学者、知名茶企齐聚普洱,共襄茶叶盛会。

6月，云南首家普洱茶茶器研究中心在玉溪市易门县陶瓷工业园区挂牌成立。

9月，云南普洱茶交易中心在普洱市开业。

10月20日，在第十一届中国茶业经济年会上，勐海县被授予"2015年全国重点产茶县十强""2015年度中国茶业十大转型升级示范县"称号。

12月14日，七彩云南茶业顺利登陆新三板（七彩云南835024），成为中国普洱茶第一股。16日，云南大益茶业集团、云南出入境检验检疫局技术中心战略合作签约暨云南中检大益集团茶叶检测中心揭牌仪式在昆明大益集团微生物研发中心隆重举行。同时，国家茶产业工程技术研究中心普洱茶分中心落户普洱市。

2015年除上述的众多茶事外，还突显出茶叶市场正式与金融市场的对接，打通了茶叶市场与金融市场之间的壁垒。除成立云南普洱茶交易中心外，还有则道曼松贡茶在深圳联交所挂牌上市，南京的大圆普洱交易中心向云南6家企业下单164吨，众筹茶叶、茶馆建设如火如荼。此外，各家媒体与茶企积极组织的云南茶山游成为普洱茶业一大热门。

2016年

2016年是"十三五"规划开局之年，也是云茶产业实施高原特色农业现代化战略的起步之年。

2016年，全省茶叶种植面积增加至610万亩，茶叶总产量达37.5万吨，其中普洱茶产量达13万吨、红茶产量达7万吨、绿茶产量达16万吨。全省茶叶综合产值达670余亿元，提前完成了"十三五"茶产业规划开局之年的目标任务。全省茶农来自茶产业的人均收入达2900元。

2016年，在全国茶叶公用品牌评选活动中，普洱茶品牌价值达57.09亿元，位居全国第三，并被评为"最具品牌传播力"的三大品牌之一；滇红茶品牌价值达15.91亿元。全省茶叶企业获评国家农业产业化重点龙头企业4家、中国驰名商标12件、省级龙头企业60余家、省著名商标新申请认定23件。

2016年，柑普、金花普洱等新式茶饮带来了茶消费新趋势。此外，如"像做咖啡一样做茶"的高度标准化生产流程以及全球采购的模式，让中国的茶品牌有了全球化甚至国际化的可能，简单易饮型茶的需求和年轻化、时尚化的趋势成了消费导向之一。由茶衍生出的茶会、茶人服、茶旅游、茶培训、茶空间逐渐成为一个新中式生活方式消费体系，带来了新的商业价值。

2017年

2017年，云茶着力重点推进茶产业一二三产业融合协调发展，积极培育产业互联网平台主体，强化云茶品牌竞争力，大力扩展国内外市场，提升茶产业综合效率。在产业加工体系上，茶叶初制所（厂）有8000多个、精制厂有1000多个，精深加工规模位居全国第2，已分别在勐海、凤庆、翠云木乃河初步形成了3个以茶叶为主的工业园区。

年初，随着小罐茶的广告登上央视，很多高科技、高附加值新茶产品如速溶茶、茶粉、茶膏、茶饮料、茶牙膏、茶面膜等不断涌现。数百家茶企的柑普茶销量继续倍增，与传统茶叶行情相比，柑普茶的逆市传奇显示出大众消费群体对茶叶的需求已不再只是解决味蕾上的刺激和享受，而是更理性地追求、饮用养生茶、健康茶。

2月21日，人力资源社会保障部发布的《关于职业资格目录清单公示内容调整情况的说明》中，茶艺师重新被划分至"餐饮服务人员"类别，这对于恢复职业定位有引领作用（在2016年12月16日公示的国家职业资格目录清单中，茶艺师资格证被取消，曾引发激烈争论）。茶艺师重获正名，有望引领更多从业者专注于茶文化的弘扬。

3月为春茶开采期，各名山头古树茶被争相追捧，成千上万的茶商、茶人聚集古茶山，吃住在茶农家，品鉴、购买古树茶。"名山茶"自驾游热成为展示云南丰富多彩民族茶文化的一张名片。在名山头古树茶热潮和茶价高涨中，勐海老班章"茶王树"春茶以每公斤32万元的天价包采的消息在网上快速传播。若按照每公斤32万元的价格计算，差不多每片叶子就高达100元以上。随后，茶叶协会针对此事发表声明，称老班章没有树龄达1280年的茶王树，此行为误导了古树茶爱好者，影响了茶农、茶商、普洱茶消费者对古树茶价格的判断，扰乱了古树茶市场秩序，影响了普洱茶产业的健康发展。

3月17日，国家卫生和计划生育委员会在其官方网站发布了《食品安全国家标准　食品中真菌毒素限量》（GB 2761—2017）及《食品安全国家标准　食品中污染物限量》（GB2762—2017），解读其中规定：不再为包含茶叶在内的植物性食品设置稀土限量标准。茶叶稀土限量标准的取消意味着消除了中国茶叶外销壁垒，有利于中国茶企的发展。

5月18日，由农业部和浙江省人民政府主办的首届中国国际茶叶博览会在杭州举行。开幕式上，习近平总书记专门发来贺信。20日，在中国国际茶叶博览会上，普洱茶及滇红工夫茶继续被评选为全国十大区域公用品牌，临沧市荣获"中国红茶之都"称号。

6月15日，新任云南省茶业协会代理会长邹家驹就云南茶叶产业发展的8点建议，提出要"正确认识生茶，修改相关标准，让消费者知晓生茶的本质——晒青绿茶"，再次引发人们对"生茶到底是绿茶还是普洱茶"这一老问题的激烈争论。

7月14日，知名科普微信公众号"科学世界"发布了方舟子的《喝茶能防癌还是致癌？》一文，矛头直指普洱茶，称"普洱茶含有黄曲霉毒素，它是最强烈的致癌物之一"，引起一片哗然。尽管方舟子的论点、论据丝毫站不住脚，但对普洱茶市场仍造成了严重影响。同年9月9日，云南省普洱茶协会正式起诉方舟子，要求其对自己的不当言论做出公开道歉，同时索赔600万元名誉损失费，以补偿茶农。中国工程院院士、中国茶叶学会名誉理事长陈宗懋于9月12日在"中国茶叶学会"微信公众号上发文，认为"关于普洱茶中的黄曲霉毒素对人体的安全问题尽可放心"。但方舟子仍频频列举大量研究数据，坚持其错误观点。云南普洱茶专家纷纷发表文章反驳方舟子的论点，其中蒋文中在今日头条和云南省社会科学院网站连续发表7篇文章，以大量翔实的研究证明普洱茶的安全性及方舟子的观点是错误的。

  8月22日，易武镇政府公告落水洞茶树王死亡的消息引起广泛关注。当地群众和一些茶人、茶商自发前去瞻仰、祭拜。茶树王生长在易武镇落水洞海拔1400米的山谷中，树龄800余岁，树基根部周长1.27米、树高12.6米、树冠直径6米。这棵树被易武当地人誉为栽培型"茶树活化石"，是被列入全国第七批重点文物保护单位古茶园中的一棵茶树王。古茶树是一部人与自然的发展史，是活的历史文物，也是优良茶种基因库，更是一笔留给子孙后代的宝贵财富。保护古茶树已刻不容缓。

  11月，南涧县被评为2017年度中国茶旅融合竞争力全国十强县。云南下关沱茶（集团）股份有限公司、云南白药天颐茶品有限公司、云南六大茶山茶业股份有限公司、云南滇红集团股份有限公司、云南普洱茶（集团）有限公司、云南农垦集团勐海八角亭茶业有限公司、云南中吉号茶业有限公司、云南龙生茶业股份有限公司、云南双江勐库茶叶有限责任公司、勐海陈升茶业有限公司等10家企业被评为2017全国茶叶行业百强企业。11月6日，为促进全省茶产业提质增效、茶农持续增收、茶区脱贫致富，以茶产业助力乡村振兴战略，中共云南省委、省政府制订了《云南省茶产业发展行动方案》，进一步明确了打造云茶大产业的发展要求。11月11日，"双十一"节后统计的数据显示：普洱茶依然位列全国茶叶销售排行榜第一的位置，并且销售量还比2016年高出4.24%。在热销的茶产品中，普洱熟茶占了绝对主导地位，这也说明在大众消费市场，熟茶才是主流。与往年不同的是，茶产品排行榜上还多了私人定制茶。小青柑仍继续在普洱茶市场占据一席之地。大品牌中虽"大益"仍独占鳌头，但一些在线下不出名的品牌销量已超过有的龙头企业。

2018 年

2018年，紧紧围绕中共云南省委、省政府打造世界一流"绿色食品牌"的部署，云茶产业全面贯彻落实《关于推动云茶产业绿色发展的意见》，打好云茶"绿色茶、有机茶、健康茶"牌，更加突出绿色生态优势，出台了"以绿色发展"为方向的一系列政策，提升云茶品质，打造云茶品牌，将绿色云茶产业打造成为茶农脱贫奔小康的致富产业、茶区乡村兴旺发展的支撑产业，以云茶绿色生态优势进一步带动云茶产业健康发展。

采茶的少数民族妇女

3月，全省有凤庆县、勐海县、昌宁县、临翔区、云县、思茅区、双江县、镇康县、永德县、景谷县、澜沧县、龙陵县、梁河县、景东县、南涧县15个县（区）荣获"2018年度中国茶业百强县"称号。在两会期间的第一场"两会聊天室"，云南代表还举行云茶产业专业专题会，向大众传播了云茶信息。

4月，第十三届中国云南国际茶叶博览交易会实现交易总额13.81亿元，参展茶企达500多家次，交易额达10多亿元，新增经销商、代理商300多户。同时，云南普洱、临沧、西双版纳等地也先后举办了茶博会、茶叶节庆等茶事活动，展示了云茶产业优势，为云茶开拓市场、建立销售渠道起到了积极的推动作用。

5月，由浙江大学中国农村发展研究院（CARD）中国农业品牌研究中心联合相关机构评选并公布了"2018年中国茶叶区域公用品牌价值十强"名单，普洱茶名列其中，其公用品牌价值为64.1亿元，并连续两年位居第一；"滇红工夫茶"的公用品牌价值达21.02亿元，居全国第二十六位。

6月,云南省打造世界一流"绿色食品牌"领导小组办公室公布"大益"牌经典7542普洱茶(生茶)、"勐库"牌本味大成普洱茶(生茶)等入选云南省2018年"十大名茶"。有3家茶叶生产企业分别荣获绿色食品"十强企业""二十佳创新企业"称号。在杭州举行的第二届中国国际茶叶博览会上,云南的普秀牌普洱山普洱茶、昌宁红牌丹凤展翅等茶产品品牌获金奖。

7月以后,云南茶叶评价检测溯源中心成立,通过溯源保真建立诚信,以保护消费者合法权益。全省还通过茶叶行业协会组织开展"云南茶区行"活动,邀请省内外知名专家深入云南省产茶区和茶企中做全方位指导;组织"十佳匠心茶人"评选活动;组织申报全国重点产茶县、全国茶叶行业百强企业、全国百佳茶馆;动员产茶县乡和茶企参加由中国农业国际合作促进会组织的全国魅力茶乡、最美茶园评选活动;与台湾联合举办以"茶·壶"为主题的文创沙龙;与中国农业银行云南省分行联合主办"新时代金融与普洱茶产业发展"活动;针对茶区从业人员需求,开办13期培训,累计培训国家中、高级茶艺师、评茶员600余人次。

至2018年底,全省茶叶种植面积增至630万亩,采摘面积达600万亩,茶叶总产量达39.8万吨,茶产业综合产值达843亿元,比上年增长13.6%,茶农人均增收比上年增加300元左右。在增强企业发展实力、拓市场、促流通中,全省年产值1000万元以上的茶叶企业达180多家,有国家级龙头企业4家、省级龙头企业75家。据有关统计,云茶市场营销网络已覆盖全国各省区市。全国有2万多个云茶代理店、经销点,营销人员达三四万人。大益、滇红、澜沧古茶等茶企步入国际市场,在国外设立办事机构。①

2019年

2019年,云茶产业围绕云南省人民政府《云南省茶产业发展行

---

① 《云茶2018年综合产值达843亿元,产品价格持续上扬》,中国新闻网,2019年4月26日。

动方案》及《云南省人民政府关于推动云茶产业绿色发展的意见》要求，继续打好"绿色、有机、健康"这张牌，力争全省茶园绿色化、有机化及绿色加工达一流水平，实现茶产业产值达到1200亿元的目标。

2月5日，云茶大数据中心正式启动运行，这是云茶产业投资集团投资创建的产业大数据平台，以物联网、云计算、区块链等信息技术为基础，为云南茶产业提供产品溯源技术、数字茶园监管、智慧茶仓、产业金融风控等基础运营及增值运营服务，加速助力云南茶产业转型升级。

3月，普洱等地建立云南绿色有机联盟，充分发挥云南茶叶评价检测溯源中心的作用，强力推进有机茶园建设，发展壮大云南绿色有机茶产业，着力打造好"普洱茶""滇红""滇绿"三大区域公用品牌。

春芽吐翠

4月26日，第十四届中国云南普洱茶国际博览交易会在昆明国际会展中心开幕，会上普洱市有机茶产业联盟正式成立。

5月6—8日，时任云南省委副书记、省长阮成发在西双版纳傣族自治州调研时强调，要高度重视、下大决心保护好古茶资源，科学规划、双管齐下，打造普洱茶更为完整的产业链条，大幅提升茶叶产业附加值，充分释放名优茶效应，做大做强云茶产业，推动高质量跨越式发展。5月底，在认真推动茶旅融合项目的实施中，勐海茶业有限公司以"文化+旅游+科研+康养+特色产业"为主题，建设大益庄园。天士力帝泊洱生物茶谷、中华普洱茶博览苑分别成功申报为国家AAAA级、AAA级旅游景区。

6月，茶业龙头企业上市挂牌，全省共有14家茶叶企业进入上市后备企业资源库,其中2家茶叶企业经审定为"金种子",新增普洱澜沧古茶股份有限公司、腾冲市高黎贡山生态茶业有限责任公司为国家级农业产业化龙头企业,全省已有6家茶叶企业被评为国家级农业产业化龙头企业。

古茶园

8月31日,围绕云南省委、省政府决定将发展"一县一业"作为打造世界一流"绿色食品牌"的重要抓手,勐海、双江、思茅入选"一县一业"示范县,昌宁入选"一县一业"特色县。

9月,全省按照"一所一档"要求,普查建档茶叶初制所6487个,确保以茶为主的县域主导产业培育有突破,以示范引领云茶高质量发展。云南"十大名品"活动评选出的"十大名茶"分别是勐海茶业有限责任公司的大益普洱茶生肖茶、云南下关沱茶(集团)股份有限公司的松鹤延年牌下关甲沱沱茶、昆明七彩云南庆沣祥茶业股份有限公司的庆沣祥正山古树普洱茶(生茶)、云南天士力帝泊洱生物茶集团有限公司的帝泊洱茶珍、云南龙生茶业股份有限公司的龙生绿茶、勐海陈升茶业有限公司的陈升老班章普洱茶(生茶)、普洱祖祥高山茶园有限公司的祖祥有机普洱茶无量淳普、云南农垦集团勐海八角亭茶业有限公司的八角亭(班章)普洱茶、云南昌宁红茶业集团有限公司的龙腾沧江、普洱澜沧古茶股份

广州南国书香节上,作者接受记者采访

有限公司的001大饼等。

10月，云南省高规格表彰2018—2019年连续两年评选出的"十大名茶"。通过组织"十大名茶"企业参加各类展会、制作国庆献茶、开发"一部手机游云南"APP、形成"十大名茶"专题、打造昆明长水机场"绿色食品牌"、参与十大名品展示销售中心建设等，提升了"十大名茶"的知名度和影响力。

至2019年底，全省茶叶种植面积比上年增加46万亩，达676万亩，茶叶总产量达43.1万吨，茶业综合产值达936亿元，茶叶出口7958.57吨，出口金额达20.2亿美元；全省有机认证茶园面积达71万亩，绿色食品认证茶园面积44万亩，为绿色茶叶品质的提升奠定了基础。

2020年

2020年虽受疫情影响，全省茶园面积及茶叶产量仍稳中有增，茶园面积突破720万亩，产量为46.6万吨，全省茶叶综合产值突破千亿元大关，达1001.4亿元。茶产业作为精准扶贫的重要产业之一，在云南打赢脱贫攻坚战中发挥了重要作用。全省茶产业涉及茶农600多万人，"十三五"期间，茶农来自茶产业的人均收入达4050元。茶产业为精准脱贫做出了积极贡献。

景迈山生态古茶园

2020年，全省有机认证茶园面积达82万亩，居全国首位；绿色茶园认证面积达45.4万亩，有345个"绿色食品牌"产业基地，总面积为158.5万亩。

"十四五"期间，云南省将继续围绕打造世界一流"绿色食品牌"，大力推进"大产业+新主体+新平台"建设，培育"一县一业"。认真贯彻落实习近平总书记关于"把茶文化、茶产业、茶科技统筹起来",让茶产业"成为乡村振兴的支柱产业"等重要指示精神,处理好产业主体与产业特色、现代茶园茶产品与古树茶产品、国内市场与国际市场、品饮与收藏之间的关系以及茶文化与茶产业的融合发展,认真推进云南茶叶评价检测溯源,助力茶产品质量安全和流通。同时以构建云茶质量安全溯源体系、提高云茶质量安全"公信力"为宗旨,推动企业从基地管理、原料控制、初加工、精加工、贮存、库存管理、经销商管理、

普洱万亩茶园

防伪防窜货管理等全链条引入标准化的管理及质量控制水平。此外,2020—2021年,云茶产业将重点抓好古茶树的普查建档保护,有机茶园的建设改造,龙头企业、著名茶庄园的建设,普洱茶可追溯体系的应用,普洱茶地理标志申请及建设名牌普洱茶的培育,普洱茶全产业链的建设,等等,力争在2020—2025年使茶产业的综合产值达到1400亿元以上,推动云茶在高质量发展中更好地走向全国,走向世界。

后记

本书从着手到出版，历时8年，其间收集资料、研究推敲、田野考察，煞费苦心，虽常力不能及，但总算达成了初衷，首次将云南茶史研撰成书，以此为以史学研究筑牢云茶历史文化和产业发展贡献一份力量。

研究云南茶史、茶文化源于我在云南省社会科学院历史、文献研究所逾30年对云南地方史、民族史和民族文化的研究积累，在查阅大量史籍过程中，我一次次为那些地方文献中出现的关于普洱茶的记载而震动，发现在历史上云南并非总是边远封闭落后之区，至少明清至民国初期，以矿业、盐业和普洱茶为

2008年在广州举办的"金芽奖""陆羽奖"品牌评选中，作者被评为"陆羽奖"国际十大杰出贡献茶人

代表的云南经济曾有过近400年不亚于内地的持续大发展时期。普洱茶曾造福了一方，成为中国名茶和云南的一项主要经济来源。伴随着茶叶等商业贸易，不仅出现了云南最早的商贸交通集镇网络，还走出了一条通向西藏并直至南亚东南亚的国际大通道——茶马古道。这是一条如走在云上的茶路，任何深入过云南茶山和茶马古道的人都会为各民族群众对茶的敬爱、为那一站站如接力棒传递茶叶贸易、在万水千山的人背马驮中对万里茶路的开拓深深震撼，为云茶及茶马古道和各民族经济文化和谐交流与团结相生、共同发展中散发出的民族精神之光所感动。

多年来，云南独有的乔木大叶种茶和茶马古道深深吸引着我研究的注意力。茶作为世界上备受称赞、最具影响力的一种植物，其在云南边疆民族地区社会经济发展史上的作用与影响十分深远。世界上没有哪个地方的茶如云南茶之古老，没有哪一个地域像云南这样有如此众多的民族围绕着茶相依共融，也没有哪一条路如茶马古道般可唤起人们对这片高原大地如诗的吟诵。历史悠久的普洱茶文化，是云南也是中国乃至全世界共同拥有的一笔宝贵的自然文化遗

产，深入发掘云茶历史文化价值有着重大的现实意义。

在着手对茶的研究中，得先从茶的起源传播和不同茶类的属性、特点及生产工艺中去探索。从2000年开始，经过查阅历史文献记载到走遍全国和云南茶叶生产区的比较调研，我先后撰写并出版了《走进西部·云南》《云南民族文化探源》《中国普洱茶》《中华普洱茶文化百科》《茶马古道文献考释》《茶马古道研究》《云茶史志辑考》等专著，主编有《云茶大典》《中国普洱茶百科全书》等，也因之成为普洱茶文化研究领域的一名学者。之后在不断持续深入的研究中，我发现普洱茶还与众多少数民族的历史文化紧密相连，因而在走遍云岭茶山和民族村寨及茶马古道的田野工作中，在大量有关茶与人文地理及社会经济调查中，2007年后，用历史人类学的研究方法写作出版了《云南茶业大调查》《爱随茶香》《古茶乡韵》《云上的茶路——大地史诗·茶马古道》等大量调研报告及著作，之后为配合云南省打造文化产业于2011年完成了《"十二五"云南茶文化产业发展规划》，出版了《云南文化产业丛书·茶艺》。

通过这一系列的研究，我这些年来对茶史研究体会颇多。第一，茶史研究在资料上应有新的突破。随着对云茶和茶马古道历史文化研究的深入，我发现还有不少值得去深入挖掘的史学研究空白，因而对文献的基础支撑研究显得愈加重要。对此，结合我个人始终致力的云南对外交通及贸易史研究，抓住云南历史上最活跃的从古代持续到近现代的茶叶贸易现象和茶马古道，从潜心做文献研究入手，同时应省文化部门对茶马古道的保护与开发和申遗的委托，我用5年（2009—2014年）的时间将历史上云南茶与交通贸易有关的史料进行了全面、深入、系统的收集整理，并结合田野调查考证，完成了约25万字的《茶马古道文献考释》，于2014年交由云南人民出版社出版。在这一过程中，我进一步感到，有新资料的发现和补充才能推动学科及未知领域的研究，因此我不断从新的考古发现、出土文献、少数民族古文书、墓志、族谱、家谱等中去拓宽资料来源。自2015年起至2019年止，我又用了5年的时间对云南茶叶生产及贸易有关史料，云南茶马贸易茶政、茶法、茶税史料，云南地方志有关云南茶叶及生产贸易的史料，清末云南思茅海关茶叶贸易方面的资料,云南茶叶入藏贸易方面的史料,近现代有关云南古茶山田野调查的资料等进行了全方位的辑录考证,完成了《云茶史志辑考》,并于2021年由云南人民出版社出版。这些对资料的深入广泛发掘,为我的研究带来了很大的推动力,为研究茶马古道及云南茶史打牢了基础,也为我通过史学上的追本溯源,尽可能地做到全面、深入、系统、完整、准确地著述云南茶史,并以此为史学研究,为云南茶业资讯及产业发展应用研究提供了有价值的参考。

第二,茶史研究在研究和方法上应有所创新和突破。作为一名史学研究者,在将传统历史学与文献学相结合的过程中,要开辟和建立新领域和新学科。我不断在交通史、城镇史、区域史、产业史、文化史等新领域中找寻其与茶史的关联,拓展研究范围,促进了相关领域研究,也为重新认识云南茶史和茶马古道提供了新的视角。如近年来云南正大力将云茶打造为代表中国绿色食品的世界品牌,大力做强云南茶产业,助力脱贫攻坚和乡村振兴,怎么去实现呢?

云茶从明清直至民国初期曾有过近400年的繁盛,但在抗日战争后逐渐走向衰落,直到21世纪初才又开始逐渐走向复兴,再次成为享誉海内外的一张云南名片,其中一大原因便是普洱茶具有自然、传统和绿色生态健康之优点,具有独特深厚的地域特色及民族文化底蕴。近20年来,云茶虽有复兴和不断发展,但发展速度和品牌效益还远远不够,其知名度和经济效益尚不成正比,原因便是没有很好地坚守把握住自身的特色和优点,因而一直未能打造成为代表中国云南并影响世界的茶叶大品牌。经济效益不能提升,便不能加快发展。因此,云茶产业要实现跨越式发展,首先得坚持弘扬以普洱茶为代表的优秀茶传统和茶文化,在传承的基础上创新突破。正如2021年3月22日习近平总书记在武夷山考察时指出的,"要把茶文化、茶产业、茶科技统筹起来",让茶产业成为"乡村振兴的支柱产业"。其中茶文化的历史研究也得服务于云茶产业。对此,我与相关单位合作完成了一些应用项目,如两次主编并主要撰写《云茶大典》及新编版《云茶大典》,参与政府制定《云南茶文化产业发展规划(2010—2014年)》《云茶产业"十四五"规划》,以及与茶叶协会合作研究"地理证明商标与普洱茶的品牌""茶城与茶文化产业的建设"等。

第三，茶史研究应加大多元化交流与合作。对云南茶史及茶文化的研究，不仅应超越云南范围，还应注重与中外历史在不同阶段的比较研究，在互相交流中为"一带一路"建设发挥云南面向南亚东南亚辐射中心的作用。写好云南茶史有助于从另一个方面探索人类历史的共同规律及文化传播途径。我在参加南亚智库论坛和东盟茶文化论坛时，发表了《用茶马古道扩大"一带一路"国际经济文化的交流》《将丝绸之路的"旧边缘"转变为"新前沿"》等论文；参与完成省、院级课题"发挥昆曼公路文化纽带作用对策研究""云南与南亚东南亚文化交流与合作研究"并完成了《发挥云南茶文化优势，加强与南亚东南亚文化交流与合作》《茶文化在昆曼公路文化建设中的对策及措施》《云南产茶区农村市场化进程中精准扶贫方法创新》《茶旅互促，产业联动，融出富美乡村》等调研报告，还在《云南智库要报》撰写发表了多篇建言献策稿子，如《以绿色茶庄园助推山区脱贫发展》《普洱茶迫切需要打造成一张响亮的名片》等，所有这些皆得益于我对云南茶史的基础研究。

第四，茶史研究应与横向扩展研究相结合。在横向扩展研究上，结合自身在云南交通贸易史方面的研究，把由商业活动带来的包括周边文明与中原文明、汉族与沿边民族文化的交流融合等作为课题，并在研究方法上，由重中原文明的传播和周边民族"汉化"转向关注多种文化之间的互动、少数民族对汉族文化的影响等，对各文化之间的互动有了更全面的解析。众所周知，近现代中国历史学在很大程度上是传统史学与西方方法相结合的结果，许多理论和术语都源于西方。而在国内，基本是以中原主流文化为中心看边地文化，要进行多维研究，就须从充分认识边疆民族历史的共性与个性来重新对云南茶进行综合及总结性研究。因此，我个人结合茶史和茶马古道研究，在已出版的《中国普洱茶》《中华普洱茶文化百科》《茶马古道研究》《云上的茶路——大地史诗·茶马古道》等专著及发表的《普洱茶得名历史考证》《茶马贸易与汉藏民族关系》《普洱茶与清代滇藏贸易》《茶的政治功用与固边大政》《清代"驿屯"与云南边疆治理和经济开发》《清代茶在滇南民族地区社会经济发展中的作用》《茶与民族关系》等论文中，均旨在梳理中国茶文化的脉络，重新认识和构建云南茶的历史和文化理论体系，并从不同的视角和维度去评估中国茶文化及云南茶在世界史上的独特地位及其影响。

今天，中国人民正在为实现中华民族伟大复兴而努力，茶文化热正在不断升温，虽然茶马古道已经成为历史，但作为中华优秀传统文化组成部分的茶文化发展之路还在继续。发挥云茶优势，继承茶马古道的民族精神，让这条源远流长的国际商贸通道在"一带一路"建设中发挥作用，让普洱茶不仅能在古代"蛮荒之地"的云南民族地区造福一方，在今天也同样能让云南漫山遍野的茶花变为金花、银花。这不是一种宿命的理想存在，这是绿色发展的必然延伸。源于云南乔木大叶种茶并影响世界的中国茶文化，历千年而不衰，这在中外历史上是绝无仅有的，这样一条走了几千年还在延续的中国茶文化之路，犹如云上的茶路。那依然如故的无与伦比的美，那传递给世界各国人民和平、文明、健康、快乐的无声语言，需要我们毕其一生去感悟，去继续弘扬。

本书得以出版，要感谢云南省社会科学院历史、文献研究所和杜娟所长为我提供了良好的科研环境和条件；感谢光明日报社高级记者云南站站长任维东先生、云南省社科联原主席范建华教授及《云南日报》理论部主任高级编辑耿嘉先生帮助审稿，感谢在参考资料方面为我提供过大力协助的同人江燕、顾胜华教授。另外，还要特别感谢对普洱茶十分有研究的专家及资深茶人邓时海、姜育发、陈露云、邝信和、马哲峰、陈汝奋、李剑威、陈芳、杨克海、梁树新、冉皓冰、李春元、耿东、阮卫红、张忠于等在本书调研过程中给予的大力帮助和支持。

最后，需要说明的是，本书不足之处，敬请方家海涵、指正，并在此表示深深感谢！

蒋文中
2022年8月于昆明